机工IT

人工智能科学与技术丛书

AI大模型编程实战
全栈开发小程序

谭双江◎著

本书深入探讨了如何使用AI大模型技术全方位优化小程序的开发流程。全书涵盖了从需求分析、系统设计、编码到调试与测试的完整开发过程，强调大模型工具不仅能提升项目的开发效率，还减少了人为错误。既讲解了小程序开发的基础知识，如前端技术栈、云函数、数据库设计等，也介绍了大模型辅助编程方法和开发技巧。

本书既可以帮助有经验的小程序开发者通过AI大模型技术提升工作效率，也为编程初学者提供了系统的学习路径，帮助他们快速上手小程序开发。

书中案例源码与素材的获取方式见封底。

图书在版编目（CIP）数据

AI大模型编程实战：全栈开发小程序 / 谭双江著. 北京：机械工业出版社，2025. 5. --（人工智能科学与技术丛书）. -- ISBN 978-7-111-77993-3

Ⅰ. TP18

中国国家版本馆CIP数据核字第2025LH1018号

机械工业出版社（北京市百万庄大街22号　邮政编码100037）

策划编辑：李晓波　　责任编辑：李晓波　章承林

责任校对：王荣庆　陈　越　　责任印制：刘　媛

涿州市般润文化传播有限公司印刷

2025年5月第1版第1次印刷

184mm×240mm · 17.5印张 · 365千字

标准书号：ISBN 978-7-111-77993-3

定价：99.00元

电话服务　　网络服务

客服电话：010-88361066　　机　工　官　网：www.cmpbook.com

010-88379833　　机　工　官　博：weibo.com/cmp1952

010-68326294　　金　书　网：www.golden-book.com

封底无防伪标均为盗版　　机工教育服务网：www.cmpedu.com

前　言

PREFACE

在当今这个数字化飞速发展的时代，我们正共同见证着一场技术革命的悄然兴起——大模型的诞生与崛起。

大模型作为人工智能领域的重大突破，正逐步改变着我们认识世界与解决问题的方式。大模型凭借庞大的数据训练基础和深度学习能力，不仅能够实现语言的细腻表达、图像的精准识别，甚至掌握了编写代码、设计系统等以往专属人类智能的领域。这不仅标志着人工智能技术的一次飞跃，更为程序员及整个科技行业带来了深远的影响与挑战。

对程序员而言，大模型的出现如同一股冲击波，撼动了传统的工作模式。曾经需要大量时间和精力完成的任务，比如烦琐的文档编写、代码调试、算法优化等，现在大模型能够提供高效的支持，甚至直接参与其中提高工作效率。这一变化要求程序员不断更新知识体系，学习如何与这些智能工具协同工作，提升自身的竞争力。

大模型已经渗透到多个开发领域，针对目前热门的移动互联网应用——微信小程序开发，大模型彰显了其强大的 AI 辅助力量，不仅能辅助编码，而且还可以协助进行市场分析、产品设计、系统设计、测试和运营等技术工作，成为微信小程序开发者不可或缺的开发伙伴。

根据腾讯控股 2024 年半年报，微信月活跃用户数达到 13.7 亿，小程序使用者增加 20%，同时小程序上的交易量提升也超过 10%，呈现出巨大的市场活力。

微信小程序以其无须下载、即开即用的特性，在电商、餐饮、旅游、医疗等行业遍地开花，提升了用户体验，开辟了商业新蓝海。

本书作者作为曾经从事过程序员、产品经理和架构师多重职业的 IT 领域资深人士，亲历了小程序的迅猛发展与大模型的兴起，深刻洞悉两者间的联系与价值。

常规的小程序开发团队，必须包括产品经理、系统架构师、前端开发人员、后端开发人员以及 UI 设计人员，开发时间长、费用高，难以满足快速增长的用户需求。

鉴于小程序市场的井喷式增长及开发成本高昂的现状，对于初入行者而言，借助大模型快速实现开发变得尤为关键。

有了大模型的辅助，开发人员只要理解了小程序的技术原理，就可以快速跳过长篇的语法知识和调用接口的学习，一步到位，快速开发适合市场需求的小程序，通过市场的检验，快速迭代，无疑在这个竞争激烈的时代多了一分助力。

本书将带您深入了解微信小程序和大模型的背景、应用场景以及开发技巧。它不仅仅是一本编程指南，还是一份软件工程的重构指引，本书深入介绍了如何通过大模型进行产品业务逻辑分析，系统设计、编码调试以及平台运营等多个方面的知识和技巧。

为了便于读者学习，本书分为以下几个部分：

1）大模型与微信小程序基本概念：介绍常用的大模型，如 ChatGPT、文心一言、智谱清言、通义千问等。探讨它们的使用方法，包括文本生成、问答、代码生成等方面。同时，我们将探讨大模型的市场发展以及与编程开发结合的几种常见场景。

2）微信小程序语法知识：重点介绍微信小程序的语法、组件、API 等基础知识。包括页面结构、事件处理、数据绑定等。我们将提供实用的示例代码，帮助读者快速上手微信小程序开发。

3）大模型全流程辅助开发：详细介绍大模型在产品设计、编程、系统设计和测试等方面的应用。例如，如何利用大模型优化用户体验、提高搜索效果、进行个性化推荐等。还将探讨大模型在小程序开发中的角色，以及如何协助开发人员提高效率。

4）实战案例：通过实际案例，展示如何开发功能丰富、智能化的微信小程序。例如，电商小程序的商品列表、壁纸小程序的绘图提示语工具、微短剧视频播放等内容。贴近实战，既分享开发过程中的经验和技巧，也陪伴读者在真实的项目环境中历练。

5）展望与技术未来：探讨大模型和微信小程序领域的发展趋势，展望未来的技术创新和应用场景。

谭双江

CONTENTS 目录

微信小程序开发环境 / 22

第8章 CHAPTER.8 实战案例： AI 大模型开发热门小程序 / 209

第9章 CHAPTER.9 AI 技术改变程序员的未来 / 253

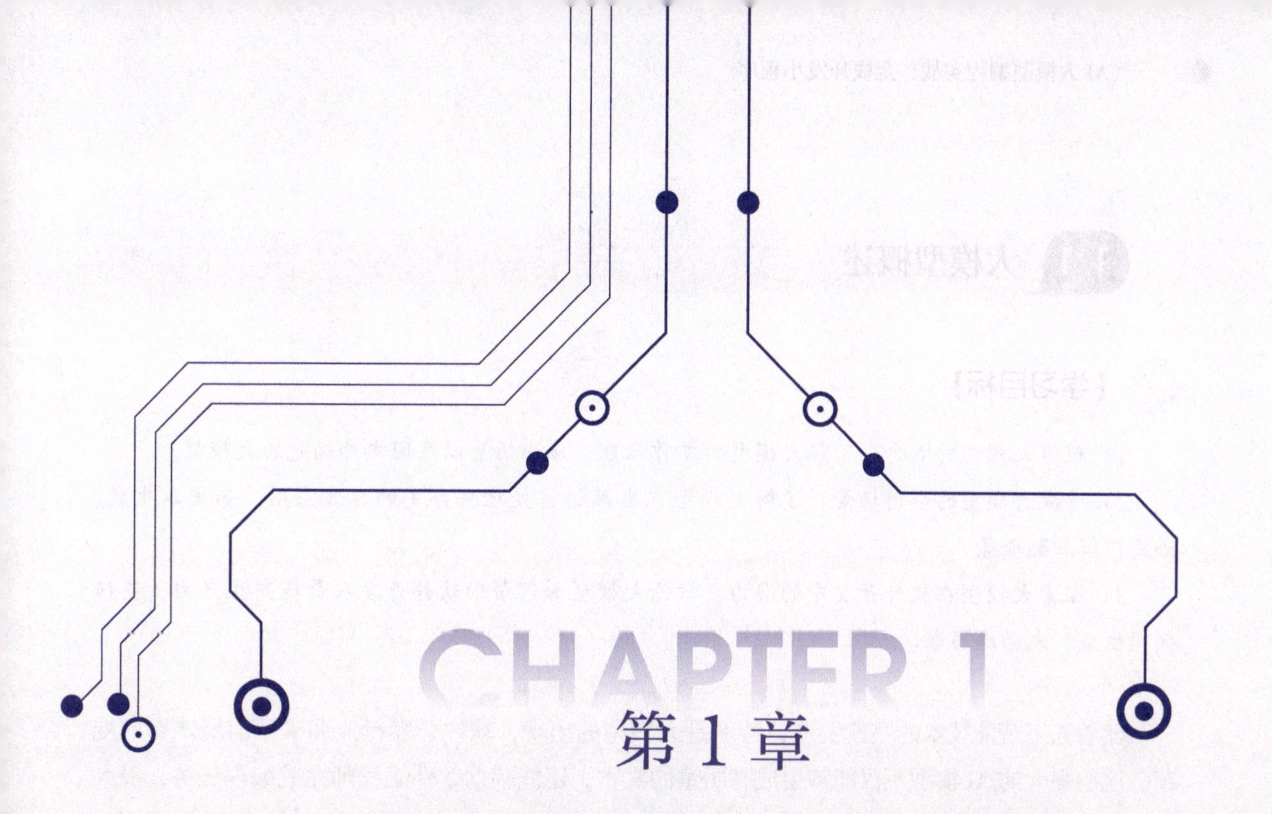

CHAPTER 1

第1章 AI大模型编程及小程序概述

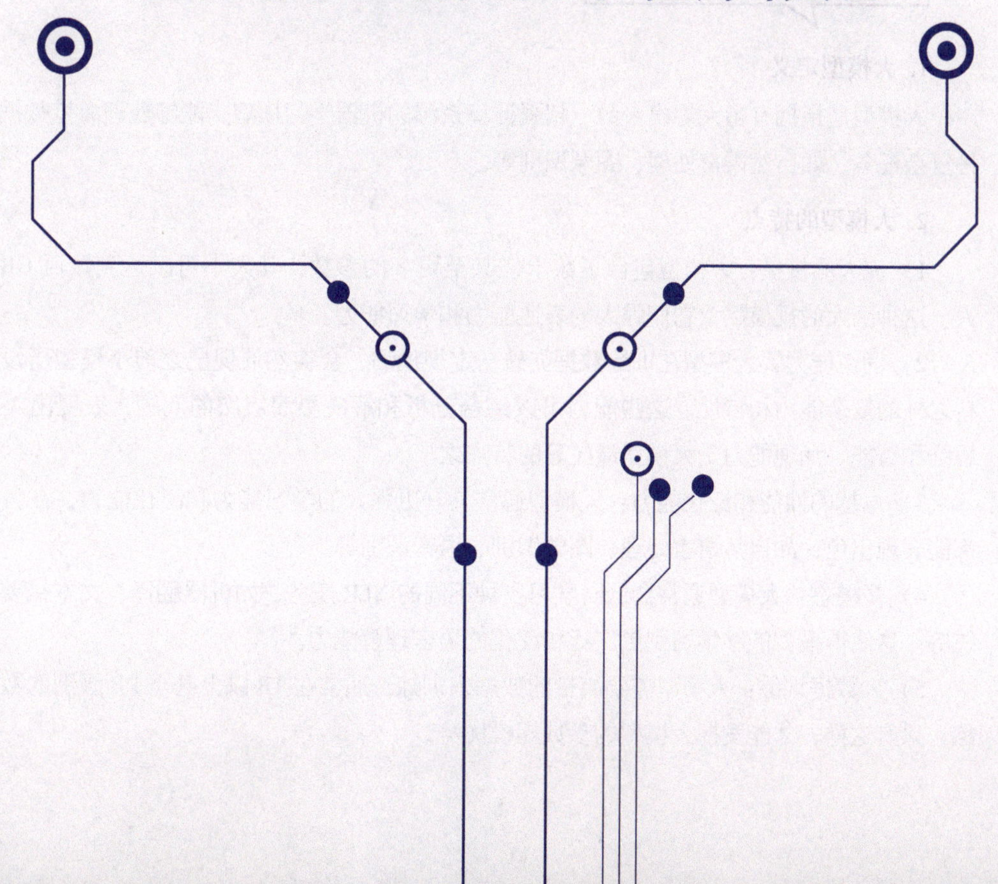

1.1 大模型概述

【学习目标】

1）理解大模型的概念：了解大模型的工作原理、应用场景以及国内外领先的大模型。

2）掌握大模型的应用场景：了解大模型在自然语言处理任务中的具体应用，如文本生成、语义理解和翻译等。

3）探索大模型在软件开发中的潜力：讨论大模型如何帮助软件开发人员提高生产力，包括代码生成、文档编写等。

随着人工智能技术的飞速发展，特别是大模型的出现，软件开发行业迎来了前所未有的变革。这些强大的 AI 模型不仅能够生成高质量的文本，还能辅助软件工程师完成编程任务，极大地提高了开发效率和代码质量。

1.1.1 什么是大模型

1. 大模型定义

大模型是指拥有超大规模参数、超强计算资源的机器学习模型，能够处理海量数据，完成各种复杂任务，如自然语言处理、图像识别等。

2. 大模型的特点

1）庞大的规模：大模型包含了数十亿甚至更多的参数，其大小可以达到数百 GB，甚至更大。这种巨大的规模赋予它们强大的表达能力和学习能力。

2）涌现能力：大模型在训练数据突破一定规模后，会突然展现出之前小模型所没有的、意料之外的复杂能力和特性。这些能力可以综合分析和解决更深层次的问题，表现出类似人类的思维和智能。涌现能力是大模型最显著的特点之一。

3）卓越的性能和泛化能力：大模型通常具有更强大的学习能力和泛化能力，在各种任务上都能表现出色，如自然语言处理、图像识别、语音识别等。

4）多模态：大模型通常会同时学习多种不同的 NLP 任务，如机器翻译、文本摘要、问答系统等。这使得模型能够学习到更广泛和泛化的语言理解能力。

5）大数据训练：大模型需要海量的数据来训练，通常在 TB 以上甚至 PB 级别的数据集上训练。只有这样，才能发挥大模型的参数规模优势。

6）强大的计算资源需求：训练大模型通常需要数百甚至上千个 GPU，以及大量的时间，通常在几周到几个月。

7）迁移学习和预训练：大模型可以先在大规模数据上进行预训练，然后在特定任务上进行微调，从而提高模型在新任务上的性能。

8）自监督学习：大模型可以通过自监督学习在大规模未标记数据上进行训练，从而减少对标记数据的依赖，提高模型的性能。

9）领域知识融合：大模型可以从多个领域的数据中学习知识，并在不同领域中进行应用，促进跨领域的创新。

10）自动化和效率：大模型可以自动化执行许多复杂的任务，提高工作效率，如自动编程、自动翻译、自动摘要等。

大模型的出现，标志着人工智能技术的重大突破，为各个领域带来了无限可能。

1.1.2 大模型的应用场景

随着参数规模和训练数据量的不断提升，大模型的应用场景变得越来越广泛。由于大模型能够从大量的在线信息中学习并穷举各种可能性，相较于传统的人工智能模型，它们在许多领域展现出更为卓越的性能和潜力。以下是大模型的几个应用场景。

1. 写作

大模型在自然语言处理方面的强大能力使其在写作领域有着广泛的应用前景。

从新闻报道到小说创作，大模型能够生成高质量的文本内容，帮助作家提高创作效率。

如图 1-1 所示，作家可以利用大模型生成灵感草稿，编辑和润色内容，从而节省大量时间。大模型还可以用于撰写技术文档、市场报告等需要准确性和专业性的文本。

2. 编程

大模型在代码生成和自动化编程方面也展现出巨大的潜力。通过对大量代码库和编程文档的学习，大模型能够理解编程语言的语法和结构，帮助开发者完成代码编写、调试和优化。

如图 1-2 所示，开发者可以利用大模型生成冒泡算法的 python 代码片段，解决特定的编程问题，甚至打印日志验证效果。这不仅提高了开发效率，还减少了人为错误的发生。

3. 机器人情感陪同

随着大模型在自然语言理解和生成方面的进步，它们在机器人情感陪同中的应用也越来越广泛。大模型可以使机器人更好地理解人类的情感和需求，从而提供更加贴心的陪伴和互动。例如，在老年人护理中，情感陪同机器人可以与老人进行日常对话，提供情感支持，帮助缓解孤独感。在教育领域，机器人可以作为孩子们的学习伙伴，提供个性化的教学和陪伴。

• 图 1-1　大模型辅助写作

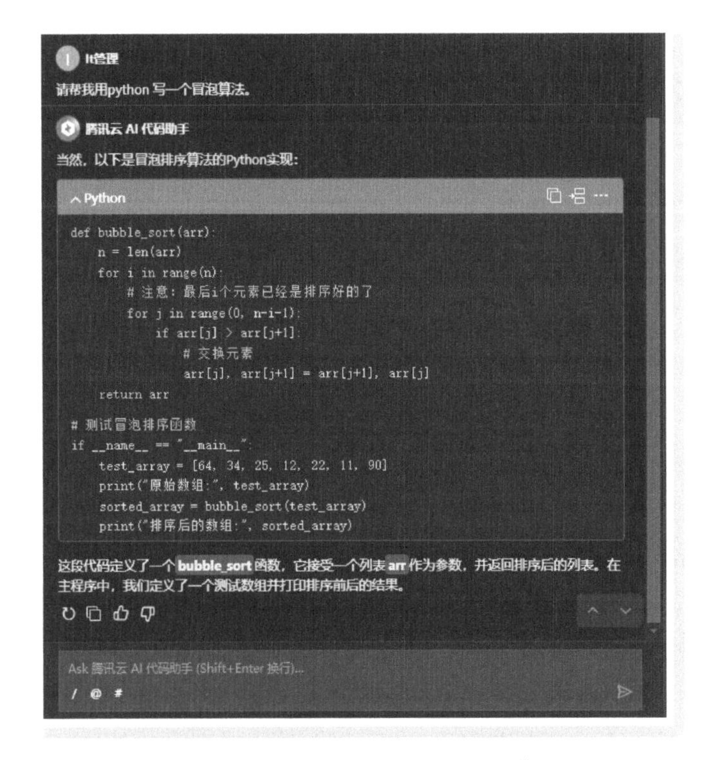

• 图 1-2　大模型协助编写冒泡算法

在情感陪同方面，大模型可以根据用户的偏好和互动历史调整其行为和语言风格，从而提供更加个性化的体验。通过情感识别技术，机器人能够感知用户的情绪状态，并据此调整自己的回应方式，以提供安慰、鼓励或建议。

4. 多媒体领域

大模型在多媒体领域，特别是图像和视频生成方面，已经取得了显著的进步。这些丰富的功能包括AI绘图（Midjourney）和AI视频生成（Sora、可灵、智谱清影）。

Midjourney是一个基于文本到图像生成技术的服务平台，用户可以通过简单的文本指令来生成独特的AI图像。这种技术依赖于深度学习模型，特别是生成对抗网络（GAN）和扩散模型等技术，能够创造出高度逼真且富有创意的艺术作品。Midjourney可以用于个人创意项目、社交媒体内容创作、广告设计等领域。如图1-3所示，展现了通过大模型绘图技术生成的各类艺术作品，它们丰富多彩，精彩绝伦。

图1-3 大模型生成的艺术作品

Sora是由OpenAI开发的一款用于生成视频的大模型。它采用了类似于GPT的Transformer架构，并且使用了改进的Diffusion模型结构来提高视频生成的质量。Sora使用了Transformer结构代替传统的U-Net结构，从而提高了模型在深度和宽度上的可扩展性，为生成更长的视频片段奠定了基础。Sora可以用于视频创作、电影特效生成、虚拟现实内容创作等领域。

大模型因具有庞大的参数量和丰富的训练数据，而在多个领域展现出了广泛的应用场景和巨大的发展前景。未来，随着技术的不断进步，大模型在各个领域的应用将会更加深入和广泛，为人们的生活和工作带来更多便利和创新。

1.1.3 全球领先的大模型

近年来，随着深度学习技术的进步，人工智能大模型在自然语言处理（NLP）、计算机视觉（CV）等多个领域取得了显著成就。本小节将重点介绍几种在全球范围内受到广泛关注的AI大模型，包括ChatGPT、Llama 3.1、BERT等，并探讨它们的特点、优势以及背后的开发团队。

1. GPT-4o

GPT-4o 是由 OpenAI 公司开发的一款基于 Transformer 架构的自然语言处理模型。这款模型基于 GPT-3.5，通过引入人工数据标注和强化学习（RL）进行训练。

目前 GPT-4o 是全球使用人数最多的大模型，它具备以下特点：能够生成高质量的自然语言文本；支持多种语言；可以生成复杂的句子结构和多种文本类型；具有生成多种文本主题、风格和表达方式的能力；能够理解上下文，并在对话中保持一致性。

2. Llama 3.1

Llama 3.1 是 Meta Platforms 发布的一款先进的语言模型。Llama 3.1 是在 Llama 2 的基础上发展而来，旨在提高模型的性能和效率。它最主要的优势是开源，因此成为全球大语言应用的首选模型，不少厂商基于 Llama 3. 1 开发出自己的大模型，并在此基础上进行调优和应用。

Llama 3.1 具有强大的多语言处理能力，支持多模态，包括但不限于文本生成、问答、摘要和翻译。它采用了高效的架构设计，能够在较少的计算资源下运行，并在多个基准测试中表现出色，尤其是在处理低资源语言时。

3. BERT

BERT（Bidirectional Encoder Representations from Transformers）是 Google 在 2018 年发布的模型。BERT 采用双向 Transformer 编码器，能够理解文本中词语的上下文含义。

该模型能够双向处理文本，捕捉词语在句子中的前后文关系。通过预训练和微调的方式，该模型可以在多种 NLP 任务上达到最先进的性能，尤其在命名实体识别、情感分析等任务上有非常好的表现。此外，该模型已开源并广泛应用于学术界和工业界。

1. 1. 4 中国的大模型

随着人工智能技术的迅猛发展，我国本土的大模型（LLM）也涌现出了许多具有代表性的产品。这些大模型不仅在自然语言处理方面展现了卓越的能力，还在智能体应用、个人知识库构建等多个领域提供了丰富的支持。以下是国内几款具有代表性的大模型：

1. 文心一言

文心一言是我国最早的大模型之一，由百度开发，支持多种语言的理解能力。作为国内人工智能技术的先锋，文心一言在语言理解和生成方面表现出色，支持多种语言的处理能力。其应用范围广泛，从对话生成到文本总结，再到机器翻译，覆盖了众多的自然语言处理任务。文心一言的推出标志着我国在大语言模型领域的开端，为后续国内大模型的发展奠定了坚实的基础。

2. 豆包

豆包是一个多功能的混合大模型平台，它不仅整合了如 GPT-4 这样的先进国外模型，还融入了多种自研模型，提供丰富且价格亲民的服务，因此具备独特的竞争力。

豆包的核心优势在于它的多面性和可选性，用户可以根据需求选择不同的模型来完成任务。无论是高质量的文本生成还是特定领域的语言处理，豆包都能够以较低的成本提供可靠的解决方案。

3. Kimi

Kimi 是国产的一款长文本处理模型，以其在处理长文本方面的卓越表现而闻名。它特别适合需要高精度文本理解和生成的场景，例如长篇文章的撰写、复杂文档的摘要等。Kimi 的优势在于它能够在保持上下文连贯性的同时，生成长篇内容，从而在市场中占据了一席之地。

4. 智谱清言

智谱清言由清华大学计算机系创业团队开发，是一款具备丰富智能体应用的大模型。它不仅能够完成传统的语言生成任务，还具备强大的智能体（Agent）应用能力。如图 1-4 所示，智谱清言智能体包括公众号写作工具、智能问答、高考解答大模型工具，将大模型的对话能力与专业的知识库技能组合，为用户提供了丰富的服务。

● 图 1-4　智谱清言智能体

智谱清言智能体的推出为企业级用户提供了一个全面的解决方案，在帮助企业提升服务质量和效率方面表现突出。

5. 通义千问

通义千问是阿里巴巴推出的大模型，具有开源和低成本的特点。它特别适合用于个人知识库的构建，支持用户个性化的定制和扩展。

由于其开源性质，通义千问不仅在学术研究中被广泛应用，也成为中小企业和个人用户的首选工具，帮助他们以较低的成本实现知识管理和信息处理。

6. 腾讯元宝

腾讯元宝大模型是腾讯公司推出的先进人工智能模型，具备强大的跨模态能力。它能够处理文本、图像、音频等多种类型的数据，实现跨模态的理解与推理。这意味着用户可以通过多种方式与模型进行交互，获取更加丰富和多样的信息。

在编程领域，腾讯元宝大模型展现出了惊人的实力，它与小程序的完美结合，为开发人员带来了前所未有的便捷与高效。在编程过程中，腾讯元宝大模型能够协助开发人员快速编写代码。它具备强大的自然语言处理能力，可以将开发人员的自然语言描述转化为准确的代码。这样一来，开发人员无需手动敲击键盘，只需通过语音或文字描述，即可轻松生成所需的代码片段。

目前，我国的大模型领域已经形成了百花齐放的局面，各种大模型在不同领域展现出独特的优势和竞争力。这些大模型不仅为国内的人工智能应用提供了强有力的支持，也在全球范围内展现了中国在人工智能领域的创新能力和技术实力。

1.1.5 大模型的发展趋势

随着大模型（LLM）的不断进化，未来的发展趋势逐渐显现。大模型不仅在技术层面持续创新，同时在应用和资源优化等方面也面临着新的挑战。以下是大模型未来发展的几大趋势：

1. 应用为王

在大模型的发展过程中，应用的实际落地成为关键。各大厂商都在积极寻求所谓的“杀手级应用”，期望能够通过某些特定应用来扩大模型的影响力和市场份额。然而，随着大模型功能的逐渐趋同，仅依靠通用的对话功能吸引用户的效果正在减弱。为此，许多模型厂商开始利用智能体来探索新的应用领域，如自动化任务执行、复杂问题的决策支持等。

尽管这些尝试丰富了大模型的应用场景，但在真正形成颠覆性市场效应方面收效有限。根据知名调查机构 Sensor Tower 研究显示：2024 年 1 月至 8 月，全球 AIGC 应用收入为 20 亿美元，虽然进展迅速，但考虑到巨量的设备支出，收益率不高。

因此，未来大模型的发展趋势是需求更加直接地引导产品的开发，模型的优化和应用场景的创新将更加紧密地结合，以更好地满足用户的实际需求。

2. 训练成本优化

大模型的训练成本一直是一个巨大的挑战。随着模型参数的不断增加，计算资源的消耗也呈指数级增长，导致模型训练的成本居高不下。为了应对这一问题，各大厂商正在努力优化资源利用，寻找更加高效的训练方法。其中，减少模型参数、精简模型结构成为一种重要的策略。

此外，一些厂商，如 OpenAI，已经开始涉足硬件研发，试图通过开发专门适用于大模型训练的芯片架构来降低成本。这种软硬件结合的方式不仅可以显著降低训练的能源和时间成本，还可能推动整个大模型生态的进一步发展。

3. 多模态成为必选项

随着人工智能技术的不断进步，多模态已成为大模型发展的必然趋势。未来的大模型不仅需要在文字生成和理解方面表现出色，还必须具备处理多模态信息的能力。也就是说，文字理解能力，AI 绘图、AI 视频等多模态技术都将成为模型的重要组成部分。这种融合将使得大模型能够处理更复杂的任务，提供更丰富的用户体验。更进一步，多模态的发展还将推动智能体的进化，使其具备更强的感知能力和更广泛的应用场景，从而实现更高层次的人工智能。

大模型未来的发展将围绕应用需求、资源优化和多模态能力三个方面展开。尽管目前的技术和市场环境仍然面临诸多挑战，但这些趋势为大模型的持续进化提供了明确的方向。未来的大模型将不仅仅是一个工具，而是能够真正改变行业和用户生活的智能系统。

1.2 小程序概述与市场情况

【学习目标】

1）理解小程序的定义：明确什么是小程序，以及它与传统应用程序的区别和优势。

2）掌握小程序的运营模式：了解小程序如何进行运营和推广，以及成功运营小程序的关键要素。

3）分析小程序的市场发展现状：深入了解当前小程序市场的发展情况，包括主要的市场参与者和用户规模。

4）识别小程序开发的市场需求：理解市场对小程序的需求，并探讨其背后的驱动因素。

5）展望小程序的未来发展趋势：把握小程序未来可能的发展方向，尤其是在技术和市场环境变化下的新机遇。

在数字经济快速发展的过程中，小程序作为一种轻量级、便捷的应用形式，已经在中国得到了广泛的应用和关注。本节内容将深入探讨小程序的基本概念、运营模式以及市场现状，旨在帮助读者全面理解小程序这一新兴技术的发展背景及其在市场中的角色。

1.2.1 什么是小程序

小程序是一种全新的应用形式，它通过大型主流 APP（如微信、支付宝、抖音等）直接连接用户与服务，提供了无需下载即可便捷访问的使用体验。这种应用模式极大地方便了用户获取和传播服务，避免了传统 APP 需要安装的烦琐步骤，同时依托于主流平台的小程序，能够显著提升用户体验。

当前，我国的小程序生态系统已经初步形成，涵盖了微信小程序、支付宝小程序、抖音小程序等多个平台。在这些平台中，微信小程序占据了超过 50% 的市场流量，因此在本书中，除非特别说明，小程序均指微信小程序。

随着微信生态的发展，接入的第三方服务越来越多，需要更丰富的底层功能来提升服务的易用性和灵活性。最初微信开发团队通过直接调用 HTML5 底层能力来实现这些功能，随着更多开发者的加入和效仿，这种做法逐渐形成了微信内网页开发的事实标准。

2015 年初，微信发布了 JS-SDK，开放了拍摄、录音、语音识别、二维码、地图、支付、分享、卡券等多个 API，从而为 Web 开发者提供了使用微信原生功能的能力。但由于 API 调用方式的非标准化，在不同的应用中，这些功能很难获得用户满意。

微信团队意识到，需要一个全新的系统来解决这些问题，使得所有开发者都能在微信中获得良好的用户体验。因此，他们设计了小程序，使其具备以下特性：

加载速度快、功能强大、能提供移动端原生 APP 功能、可实现安全的微信数据开放，而且开发过程高效且简便。

小程序的主要开发语言是 JavaScript，与普通网页开发有许多相似之处，前端开发者从网页开发迁移到小程序开发的成本并不高。然而，二者在一些方面仍存在显著差异。小程序的逻辑层与渲染层是分离的，分别运行在不同的线程中。这意味着，网页开发中常用的 DOM API 调用在小程序中不可用，同时，部分软件服务在小程序环境中也无法运行，必须通过微信小程序特殊的消息传递框架才能够执行。

开发一个完整小程序涉及申请小程序账号、安装开发者工具、配置项目等多个步骤。与网页开发有所不同，小程序的开发团队必须包括前端开发，后端开发以及云函数开发人员。正是这些技术和环境的差异，使得小程序能够为用户提供更加流畅、原生的使用体验，成为连接用户与服务的重要桥梁。

1.2.2 小程序的运营模式

小程序作为一种新型的应用形态，因其轻量化和便捷性的特点，迅速成为各类企业和个人创业者青睐的平台。不同类型的小程序因其功能和用户群体的不同，运营模式也呈现出多样化的特征。以下是几种典型的小程序运营模式：

1. 电商小程序运营

电商小程序通常以自营模式为主，依托线上线下联动的方式来提升用户黏性和销售转化率。其运营重点在于如何通过线下流量带动线上销售。例如，某珠宝品牌通过线下门店活动引导用户关注和使用小程序，进一步在线上完成购买行为，形成闭环。这种模式有效整合了线上和线下资源，使得用户能够在不同场景下都能方便地完成购物行为。通过精准的用户画像分析和个性化推荐，电商类小程序能够持续吸引用户，提高复购率。

2. 微短剧小程序运营

微短剧小程序的运营模式以快速爆发和持续性内容更新为主。由于微短剧的内容具有强烈的吸引力和传播性，运营者通常采用高频次的内容投放策略，以保持用户的持续关注。

这类小程序的运营重心在于“投流”，即通过大规模的广告投放和社交媒体传播迅速积累用户，形成短期内的爆发式增长。在保持内容更新的同时，借助热点话题和流行 IP 进行精准投放，从而在短时间内增强用户黏性，进而将这些用户转化为长期用户。

3. 内容自媒体小程序运营

内容自媒体小程序的运营模式高度依赖于 IP 和热点引导。自媒体运营者通常会借助当前热门话题或事件，结合自身的内容特点进行定制化内容创作，吸引流量和关注。同时，通过与官方渠道合作获取流量支持，进一步放大内容的传播效果。

这类小程序的成功关键在于内容的策划和执行，内容需要具有足够的价值、相关性和时效性，才能在信息流中脱颖而出。通过持续的内容输出和用户互动，内容自媒体类小程序能够有效增强用户黏性，进而形成稳定的流量池。

无论是哪种小程序，精准定位都是成功运营的起点。在策划阶段，运营者需要深入分析目标市场，了解潜在用户的需求和偏好。通过市场调研和数据分析，确定小程序的核心功能和服务范围，以此制定精准的推广策略。

用户体验则是小程序成功的关键因素。简洁的界面设计、快速的加载速度、良好的操作体验，都能够有效提升用户的使用感受。同时，运营者需要持续收集用户反馈，及时优化小程序的功能和内容，保持持续更新，以满足用户的动态需求。

此外，内容在小程序的运营中也扮演着至关重要的角色。优质的内容不仅能够吸引新用户，还能促使老用户回访并持续使用。通过结合社交属性，小程序能够借助用户之间的分享和互动，快速扩大影响力，实现口碑传播。数据驱动则是现代小程序运营的核心，通过数据分析工具监控用户行为，运营者可以实时调整策略，优化产品设计和推广效果，实现精细化管理。

总之，小程序的运营需要综合运用市场分析、用户体验设计、内容管理、数据分析、社交传播等多种手段，根据小程序的类型和目标用户进行有针对性的运营，才能在竞争激烈的市场中脱颖而出。

1.2.3 小程序市场发展现状

当前，小程序在互联网生态中展现出巨大的市场潜力，尤其是在小游戏、微短剧和视频类应用领域，正处于爆发性增长阶段。这些小程序不仅吸引了大量用户，还成为互联网流量增长的重要引擎。

根据 QuestMobile 的数据显示，从 2022 年 11 月至 2023 年 11 月，中国用户月人均使用 APP 的个数同比下降了 0.2%，这表明传统 APP 市场的流量增长已经接近饱和。然而，月人均使用小程序的个数同比上升了 5.0%，这反映出小程序正在成为互联网流量的新驱动力。

如图 1-5 所示，小程序市场出现了快速增长，主要受到以下三大因素的推动：

小程序类型	分类	2023年11月	2022年10月	同比变化
微信小程序	总和	9.2	9.13	+0.80%
微信小程序	生活服务	3.22	3.92	-17.95%
微信小程序	金融理财	1.01	0.64	+58.40%
微信小程序	实用工具	0.74	1.19	-37.97%
微信小程序	移动购物	0.74	0.73	+0.80%
微信小程序	手机游戏	0.64	0.27	+135.20%
微信小程序	办公商务	0.73	0.46	+58.70%
微信小程序	出行服务	0.34	0.44	-23.57%
微信小程序	教育学习	0.37	0.27	+37.04%
支付宝小程序	总和	6.79	6.35	+7.00%
支付宝小程序	生活服务	3.12	3.3	+5.35%
支付宝小程序	移动购物	1.09	0.70	+55.64%
支付宝小程序	实用工具	0.61	0.57	+7.00%
支付宝小程序	金融理财	0.54	0.44	+22.29%
支付宝小程序	出行服务	0.34	0.44	-23.57%

图 1-5 微信小程序和支付宝小程序的 MAU（Monthly Active User，月活跃用户人数）变化（亿人）

1. 政府服务类小程序强化用户使用习惯

在过去几年里，与政府工作服务相关的小程序极大地改变了用户的使用习惯。这些小程序的高频使用提高了用户的留存率，并使得用户逐渐习惯在日常生活中依赖小程序完成各类任务。

2. 小程序底层技术的提升

小程序底层基建功能的提升，例如 APP 包体大小的优化，极大地增强了小程序的兼容性并改善了用户体验。更多新产品开始采用小程序技术作为落地方式，进一步推动了小程序市场的扩展。

3. 抖音对微信流量的开放

反垄断背景下，抖音于 2022 年 3 月打通了与微信的流量通道，此举极大地推动了各类小程序的快速增长。此后，各种小程序产品纷纷上架，形成了“百花齐放”的市场局面。

在小程序市场中，游戏类和短剧类小程序的增长尤为显著。2023 年，小游戏市场规模达到 200 亿元，较往年有显著增长。随着 APP 流量的见顶和用户对轻量化娱乐需求的增加，小程序游戏逐渐展现出其独特的优势。微信小游戏广告费增长了 30%，商业规模增长超过 50%，显示出其在用户中的高受欢迎程度。

短剧市场也在经历快速增长。2023 年，短剧市场规模达到 373.9 亿元。由于短视频和短剧具有快速传播的特性，这类内容在小程序平台上的表现尤为抢眼。用户画像显示，短剧用户主要集中在三四线城市，且多为中低收入群体，进一步突显了小程序平台在下沉市场中的强大潜力。

目前，小程序已经从一个辅助功能逐步成长为互联网生态中的重要组成部分。随着小游戏、短剧、视频类应用的爆发性增长，小程序在用户日常生活中的地位愈发重要。未来，随着技术的进一步发展和更多创新应用的出现，小程序市场有望继续扩大，成为互联网流量增长的核心驱动力之一。

1.2.4 小程序开发的旺盛需求

随着小程序市场的蓬勃发展，越来越多的领域开始依赖小程序来推广产品和业务。无论是零售、电商，还是医疗、教育等行业，小程序已经成为企业与用户之间的重要桥梁。然而，小程序虽小，开发的技术要求却不容小觑。

小程序开发不仅仅是简单的界面设计。它要求研发人员不仅精通前端技术，如详细的 CSS 语法，以确保用户界面美观且易用，还需要熟练运用动态的 JavaScript 语句来实现复杂的交互功能。此外，后端开发同样至关重要，包括数据库设计、云函数开发等，以确保小程序的数据处理和存储功能稳定高效。再加上产品设计和运营的知识，一个高质量的小程序往往需要一个专业团队的共同努力才能完成。

随着市场对小程序需求的不断增加，企业迫切希望找到更高效的开发方法。目前，传统的小程序开发模式成本高昂，周期较长，难以快速响应市场需求。因此，市场渴望一站式的技术解决方案，借助人工智能的力量，使得小程序开发能够更加高效、低成本地完成，以便产品能够快速推向市场。

AI 辅助的小程序开发工具有望降低技术门槛，使开发流程更加简洁和自动化，从而满足日益增长的市场需求。随着市场的不断演进，小程序的开发展现出以下几个主要趋势：

1. 更多的视频应用与定制功能

小程序正在逐步拓展其在视频领域的应用，尤其是面向客户的定制功能。这种趋势不仅仅是为了满足用户的个性化需求，更是为了提供差异化服务。通过提供定制化的视频服务，企业可以更精准地触达目标受众，并提高用户黏性和转化率。

2. 广泛应用先进的 AIGC 技术

随着人工智能生成内容（AIGC）技术的快速发展，小程序正逐步引入这些先进技术以提升用户体验。例如，智能客服系统的应用能够为用户提供更快速、准确的服务；AIGC 绘画技术可以使用户在小程序中生成个性化的图像；AIGC 语音技术则可以实现更自然的语音交互。AIGC 技术的应用不仅使小程序变得更加智能化和用户友好化，还能显著提升其在市场中的竞争力。

3. 从单一平台向多端发展

过去，小程序主要集中于微信或支付宝等单一平台；如今，它们正向多端发展。这意味着一套软件不仅要支持微信和支付宝，还要同时兼容 Web 客户端、苹果和安卓 APP。这种多端兼容的趋势对开发者提出了更高的技术要求，不仅需要确保在不同平台上的一致性和性能表现，还要考虑跨平台用户体验的优化。这一趋势推动了技术的进步，也为开发团队带来了新的挑战和机遇。

旺盛的市场需求表明，小程序将持续进化，逐步成为更加多功能和智能化的应用工具，满足日益多样化的市场需求。

1.3 大模型辅助全栈开发小程序

【学习目标】

1）了解如何利用大模型技术优化小程序的开发流程，提升开发效率和产品质量。

2）深入理解本书所采用的国产大模型的特点及其在开发中的应用场景。

3）学习如何通过对话方式与大模型互动，实现更加自然和高效的开发体验。

4）了解大模型在界面设计、功能实现和代码编写中能提供的智能支持。

5）学习如何利用大模型技术快速发现并修复代码中的错误，并进行自动化测试以提升软件的稳定性和可靠性。

随着小程序开发需求的不断增长，如何高效地创建和优化小程序成为开发者面临的重大挑战。传统的开发流程往往涉及多个环节和多种技术，需要团队级别的协作才能完成。

本节将深入探讨如何利用大模型辅助全栈开发小程序，从设计到编码再到测试，全面覆盖开发流程中的各个环节。同时，我们也将介绍本书采用的国产大模型及其辅助方法，帮助开发者更好地理解和应用这些先进技术。

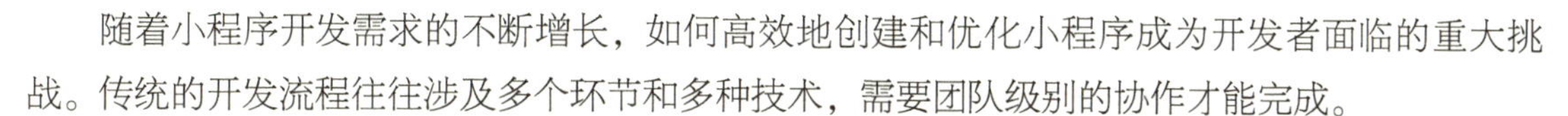

1.3.1 大模型辅助小程序开发的方法

本书不仅仅是一部编程书，它涵盖了小程序开发的多个环节，包括需求分析、产品设计、系统设计、编程、测试以及运营。每一个环节都至关重要，共同决定了产品的最终表现与成功与否。在这个过程中，大模型辅助技术作为一种新兴工具，为开发者提供了前所未有的支持。

1）需求分析：大模型可以通过自然语言处理和数据分析，帮助开发者更好地理解用户需求。通过分析用户反馈、市场趋势以及历史数据，大模型能够提供更加精准的需求建议，从而帮助团队更快地确立产品方向。

2）产品设计：在产品设计阶段，大模型可以辅助生成界面设计、提出用户体验优化建议，甚至可以根据用户行为预测来调整设计方案。大模型生成的设计草图可以帮助设计师快速迭代，缩短设计周期。

3）系统设计：系统设计需要高度的逻辑性和结构性。大模型辅助工具可以帮助开发者自动生成部分系统架构，或在现有架构基础上提出优化建议。特别是在涉及复杂数据库设计和云函数配置时，大模型可以极大地提高开发效率，降低错误率。

4）编程：大模型在编程阶段的作用最为明显，通过智能代码补全、错误检测以及代码优化等功能，大模型不仅提高了编程速度，还显著减少了代码中的错误。尤其是在面对复杂的CSS、JavaScript和数据库操作时，大模型能够提供实时的帮助，帮助开发者轻松应对挑战。

5）测试：大模型技术可以自动生成测试用例，并通过模拟用户行为进行压力测试和性能测试。此外，大模型还能够自动识别代码中的潜在问题，并提出修复建议，大大缩短了测试周期，提高了测试覆盖率。

6）运营：在产品运营阶段，大模型可以实时监控用户行为，提供数据分析和反馈建议。借助大模型的帮助，运营团队可以更准确地了解用户需求，调整运营策略，进而提高产品的用户留存率和市场竞争力。

大模型辅助技术贯穿小程序开发的各个阶段，它不仅提高了开发效率，还确保了产品质量。通过合理运用这些技术，开发者可以更加专注于创新与创造，最终打造出更加符合市场需求的小程序产品。

1.3.2 为什么本书采用国产大模型

在小程序开发的过程中，选择合适的技术工具和方法至关重要。本书特别采用了国产大模型——智谱清言、通义千问及腾讯元宝来辅助开发工作。这些模型不仅具备强大的中文自然语言处理和生成能力，还能在本土环境中更好地遵循国内的法律和政策要求，从而避免使用国外技术可能带来的法律限制和合规风险。

在选择用于小程序开发的大模型技术时，使用国产大模型有着显著的优势：

1. 合规性更高

随着数据安全和隐私保护的重要性日益提升，合规性已成为开发工作中不可忽视的因素。使用国产大模型，可以有效避免使用国外技术时可能遇到的法律和政策风险。国内的大模型更适合在本土环境中操作，确保开发过程中的数据处理和存储符合国内相关法规要求，为开发者提供了更加安全可靠的选择。

2. 中文处理能力出色

近年来，国产大模型在中文自然语言处理方面的表现已可以与国际领先模型媲美。对于小程序的开发环境和语境，国产大模型更为熟悉，能够提供更加精准且上下文相关的语言理解与生成能力。这对于开发中文界面和服务的小程序尤为重要，因为它能确保大模型生成的内容更符合本地用户的语言习惯和文化背景，从而提升用户体验。

3. 免费且高效的智能体生成

目前，许多国产大模型都是免费提供的，这无疑降低了开发者的成本。

此外，国产大模型还能够方便地生成面向小程序的智能体（Agent），这些智能体具备更高的精准度，能够更有效地理解和执行编程任务。在编程过程中智能体起到了至关重要的作用，它们可以帮助开发者自动化生成代码、进行代码审查、调试错误以及优化代码性能，从而大大提升开发效率，降低人为失误的可能性。

在代码编写能力的评测中，国内模型与国际一流模型之间有一定差距。例如，GPT-4 系列模型和 Claude-3 模型在代码通过率上表现更加突出，领先于国内大多数模型。即便如此，国内一些表现较为优秀的模型，如 GLM-4、文心一言 4.0 以及讯飞星火 3.5，它们的性能也接近全球先进水平。

这表明国内模型在技术上正迅速追赶。然而，即使是这些表现最好的模型，代码生成一次通过率也仅约 50%，这表明代码生成任务对于目前的大模型而言仍然是一项重大挑战。因此，不能指望仅仅通过 AIGC 就能一次性生成可以运行的代码，对提示语进行修正和运用更多的设计技巧，仍然需要开发者具备一定的软件技能。

通过选择国产大模型，开发者不仅能够享受合规、安全的开发环境，还能充分利用中文处理优势和智能体技术，提升小程序开发的整体效率和质量。在代码生成方面，虽然国内模型仍有改进空间，但其在不断进步的同时，也为开发者提供了越来越强大的工具支持。

1.3.3 对话方式辅助开发的优势

在本书中，大模型辅助开发主要采用了对话式的辅助方式，而非类似 GitHub Copilot 那样的自动化编程工具。这种选择背后是关于易用性的思考。

1. 对话方式更直接面向问题的解决方案

对话式大模型的最大优势在于其灵活性和直观性。通过自然语言的交互，开发者可以直接表达他们的需求或问题，大模型则可以立即提供针对性的建议或解决方案。这种互动方式更符合开发过程中思维的自然流动，能够帮助开发者更迅速地找到问题的核心并获得相应的帮助，而不是局限于特定的代码片段或工具功能。

2. 降低了操作复杂性

专业的自动化编程工具如 GitHub Copilot，虽然功能强大，但往往需要集成到特定的集成开发环境（IDE）中。对于一些开发者来说，这种集成和配置过程可能过于复杂，从而增加了使用难度。而对话式大模型可以在任何平台上进行互动，无需额外的安装和配置，降低了操作复杂性，使得各个层次的开发者都能轻松上手。

3. 更全面的大模型辅助开发场景

自动化编程工具往往聚焦于代码的生成与优化，虽然在某些任务上表现出色，但在产品设计、系统设计等更高层次的开发需求上往往力有不逮。对话式大模型则不同，它不仅能够生成代码，还可以参与需求分析、产品设计、系统设计等多个开发阶段。通过对话，开发者可以与大模型协同工作，从顶层到底层地构建完整的开发思路，在每一个环节中都能获得有效的支持，进而实现更全面的大模型辅助开发场景。

综上所述，对话方式的大模型辅助不仅解决了操作复杂性的问题，更为开发者提供了一种从需求分析到产品设计再到代码生成的完整支持方式。这使得开发者能够在整个开发过程中获得大模型的协助，从而更有效地完成项目，提升产品的整体质量。

1.3.4 大模型辅助设计技巧

在使用大模型来辅助产品设计时，了解设计的主要流程和方法至关重要。大模型可以帮助开发者在产品开发的各个阶段提升效率和创造力，从市场调研到系统设计，大模型的参与能为你带来显著的优势。

1. 市场需求分析

产品设计的第一步通常是收集市场需求，了解用户对产品的期待和市场对产品的反馈。在这一阶段，你可以将市场分析文档输入给大模型，并请求大模型帮助你生成一份市场需求说明书。大模型可以快速分析大量的数据，提炼出关键的市场需求点，从而帮助你准确把握市场动向，确保你的产品能够满足用户的真实需求。

2. 产品形态设计

收集并整理好市场需求后，下一步是确定产品形态。此时，大模型可以根据市场需求，为你设计初步的网页布局、对话框以及界面逻辑。更进一步，大模型还可以生成一些相似的界面原型，帮助你在短时间内完成多种设计方案的对比和选择。这种辅助设计不仅可以节省大量的时间，还可以激发设计者在界面美观性和用户体验方面的创新思路。

3. 系统设计

产品形态确定后，接下来就是系统设计。在这一步，大模型可以根据你的产品模型，推荐适合的系统架构、技术组件和编程模式。例如，如果你设计的是一款移动应用，大模型可以为你推荐合适的前后端框架、数据库类型、云服务平台等，甚至可以给出具体的开发模式和代码示例。大模型的系统设计建议不仅可以提高开发效率，还能帮助你避免技术选型中的常见误区，从而提升整个项目的成功率。

通过掌握这些大模型辅助设计的技巧，开发者可以在产品设计的各个阶段充分利用大模型的能力，让整个开发过程更加高效和智能化。无论是需求分析、产品设计还是系统架构设计，大模型都能够为你提供强大的支持，帮助你打造出符合市场需求的高质量产品。

1.3.5 大模型辅助编程技巧

大模型辅助编程是本书的重点，也是使用 AIGC 最能提升工作效率的部分。在当前出版的 AIGC 书籍中，很多关于 AIGC 编程或大模型编程的内容通常会针对某一类辅助软件进行深入介绍。然而，本书采取了一种更直接且实用的方式——通过对话提示语来进行辅助编程。这种方法简单直接，但也有其固有的局限，例如提示范围过大时，大模型可能会给出天马行空的回答，或者表示无能为力。

因此，本书根据作者的实践总结了一些有效的技巧，帮助开发者在编程时更精准地利用大模型。

1. 逐步缩小目标，提升编程精准度

在使用大模型进行编程时，避免一次性提出过于宽泛的问题，应逐步缩小问题的范围，将复杂的任务拆分为多个小步骤。通过一步步引导，使大模型的输出逐步精确，接近你需要的结果。

例如，不要直接要求生成一个完整的应用，而是先生成某个功能模块，再逐步完善。

2. 编辑智能体，以减少大模型的虚幻输出

通过构建或编辑特定的智能体，可以为其增加特定的知识库或背景信息。智能体是在大模型的基础上，进一步限定大模型思考和回答范围的小应用，同时它还可以加入知识库、语音、大模型绘图等多个元素，帮助提供更可靠和准确的回答。

笔者就曾经制作了一个“高考数学模拟”的智能体，如图 1-6 所示，将其功能范围限定在解答高考数学题上，并在知识库中存储了约 500 套“数学高考真题”。使用当年的高考题进行测试，它的准确程度超过了 GPT4o。

智能体有助于大模型在回答问题时基于更真实和准确的信息，减少虚幻或不相关的回答。同时，可以通过持续训练智能体，使其逐渐适应特定的开发需求。

● 图 1-6 “高考数学模拟”智能体

3. 针对函数级别的提问，避免泛泛而谈

编程提问应当具体到函数级别，并要求使用者具备一定的软件知识，了解详细设计的流程和功能概念。通过针对性提问，减少大模型生成不相关代码的可能性。例如，问“大模型，请生成一个处理页面下拉事件的函数，该函数让图片跟随滚动，并根据下拉后得到的新数组长度，对图片列表 xxx 进行刷新”的实现效果，一定会超过类似“帮我实现一个淘宝网站”这样宽泛的问法。

4. 具备基本编程语法知识，辅助模型校正

开发者需要具备一定的编程语法知识，以便在代码编译或运行出现错误时，能够迅速定位

问题并提醒大模型进行校正。因此本书在第 5 章中，详细地介绍了微信小程序编程所需的基本语法和常用的组件知识，以便帮助读者更快地进入编程的世界。当编译出现错误时，向大模型提供具体的代码错误信息，可以帮助其更快地生成正确的代码。例如，如果编译时报错，直接告诉大模型错误的原因和期望的修正方向。

5. 逐步修正，记下生成代码成功的提示语

编程是一个反复修正的过程，特别是使用大模型进行辅助编程时。通过逐步调整提示语，反复调校输出结果，开发者最终可以找到成功率较高的提示语或模板，并将其记录下来，便于下次加快开发速度。这样不仅提高了工作效率，还可以逐步构建出一套高效的提示语库，帮助未来的项目更快地启动。

1.3.6 大模型协助编译排错和测试

在编写代码时，语法错误是开发者最常遇到的问题之一。传统的编译器通常以英文形式呈现错误信息，此时，对编程语言不够熟悉或缺乏实践经验的开发者，可能会不知所措。解决一个简单的 bug，可能会耗费大量的时间和精力。

如今，随着大模型的发展，这种问题得到了显著改善。大模型不仅可以敏锐地捕捉编译错误，还能快速、准确地指出问题所在，并提供详细的排错指导。

1. 编译错误的快速定位与修复

当代码编译失败时，只需将相关的错误信息发送给大模型，它通常能够迅速识别错误的根源，并提供相应的解决方案。这种高效的错误排查方式极大地减少了开发者在调试过程中的困扰和时间浪费。如果编译器给出一个复杂的错误提示，开发者很可能不知道从何入手，但大模型可以迅速分析出错误的类型、可能的错误原因，并给出修复建议。

2. 自动化代码审查与测试用例设计

在代码测试过程中，大模型不仅能帮助开发者审查代码，还能主动提供优化建议。它可以根据代码功能和业务逻辑，帮助生成更为详细和全面的测试用例，确保代码在各种情况下都能正常运行。这种自动化测试支持有助于快速发现代码中的漏洞，并减少测试阶段的人工干预。

3. 降低新手门槛，提升开发效率

对于编程新手或对某些编程语言不太熟悉的开发者来说，大模型的出现显著降低了编程的门槛。通过模型的辅助，开发者不再需要频繁地查找资料或试错，能够更快地掌握问题的本质，并在短时间内修复代码中的错误。这不仅提高了个人开发效率，也有助于团队协作中减少不必要的沟通成本。

4. 提高代码的稳定性和可靠性

通过大模型的协助，开发者可以在编写代码的同时对其进行实时的审查并提出优化建议，以确保代码逻辑的正确性。与此同时，通过自动生成的测试用例，开发者能够更全面地验证代码的稳定性，减少潜在的 bug 和系统漏洞，从而提升整个项目的可靠性。

大模型在编译排错和测试阶段提供了强大的支持，不仅简化了排错流程，还为代码审查和测试提供了智能化的解决方案。大模型无疑是现代编程中不可或缺的重要工具。

CHAPTER 2

第 2 章

微信小程序开发环境

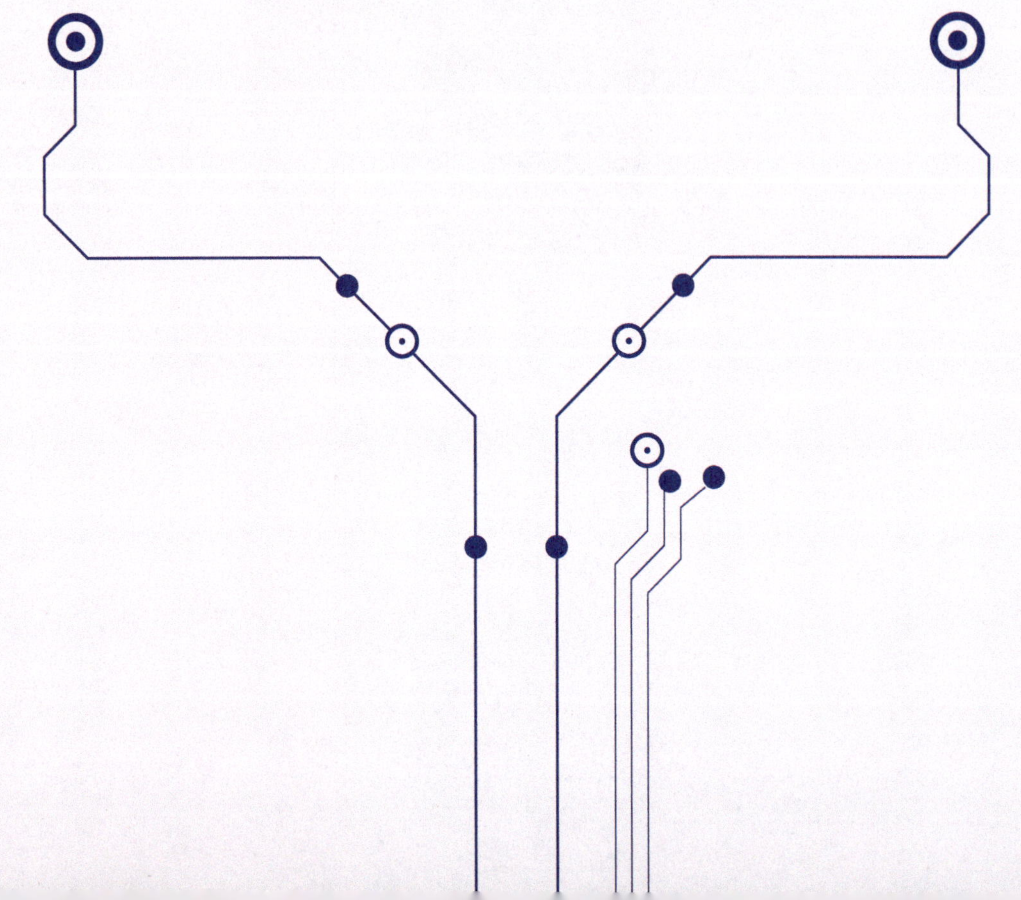

2.1 微信小程序简介

【学习目标】

1）了解微信小程序的基本概念、发展历程，以及它在当前移动数字生态系统中的重要性。

2）了解微信小程序的主要应用场景：认识微信小程序的独特优势，并掌握其在实际应用中的主要场景，为后续的小程序开发打下坚实的理论基础。

微信小程序作为一种轻量级应用，自推出以来迅速获得了广泛的关注和应用。它不仅改变了用户的日常生活方式，而且为开发者和企业提供了一种低门槛、高效率的应用开发和推广平台。无论是新手开发者，还是希望在移动互联网拓展业务的企业主，了解微信小程序的基本知识都是迈向成功的第一步。

2.1.1 小程序的概念与发展

小程序是一种无需下载安装即可使用的轻量级应用程序，凭借其便捷性和高效性，已经成为移动互联网时代的重要组成部分。

小程序的概念最早可以追溯到 2013 年，当时百度 CEO 在百度世界大会上宣布推出“轻应用开放平台”。这一平台的主要特点是无需下载、开放检索、智能分发、功能强大，并支持订阅推送，旨在为用户提供更加便捷的体验。

2015 年，Google 提出了渐进式网页应用（PWA）的概念，此后，这项技术逐渐演变成了浏览器上的插件形式，进而为轻量级应用的发展起到了进一步的推动作用。然而，小程序在移动互联网领域的真正爆发始于微信平台。2017 年 1 月 9 日，第一批微信小程序正式上线，由此开启了小程序生态系统的新时代。

微信小程序的出现源于腾讯对用户需求的深入理解。张小龙为弥补微信公众号网页应用的不足，将小程序与腾讯的生态系统紧密整合，通过 SDK 提供了丰富的底层支持。这种整合解决了 H5 应用的局限性，并充分利用了微信的社交属性，形成了一种以分享助力和社群营销为核心的新型营销模式。

微信小程序的成功案例不胜枚举，其中以微信小游戏“跳一跳”为代表，如图 2-1 所示。据微信当时提供的数据，该游戏的次日留存率达到 65%，三日留存率为 60%，七日留存率为 52%，这几乎可与非常活跃的 APP 媲美。

这种现象与传统 H5 游戏行业 20% 左右的留存率形成了鲜明对比。研究表明，同样品质的

H5 游戏，如果改为微信小游戏，留存率通常会提升 10%左右。

此外，微信小程序在商业领域的应用也极为广泛。以拼多多为例，如图 2-2 所示，拼多多的电商平台通过微信小程序实现了社群分享和营销的高度结合，带来了巨大的流量增长。据拼多多报告，当时来自微信端的流量占比超过 20%。如今，拼多多已经成长为中国价值最高的电商平台之一，这也充分证明了微信小程序在推动企业发展方面的强大潜力。

• 图 2-1　微信小游戏“跳一跳”

• 图 2-2　拼多多团购小程序

小程序的概念和发展不仅改变了用户的日常使用习惯，也为开发者和企业带来了全新的商业模式和增长机会。随着技术的不断进步和微信生态的持续扩展，小程序的影响力将会进一步扩大，成为未来数字经济中不可或缺的重要组成部分。

2.1.2　小程序的优势与应用场景

近年来，微信小程序凭借其轻量级、高效便捷的特性，在日常生活中的应用愈发广泛。随着政府服务小程序的普及，用户逐渐形成了使用小程序处理日常事务的习惯，这进一步强化了小程序的重要性。同时，随着底层服务支撑能力的不断提升，小程序在功能性和用户体验方面也得到了极大的增强。

在当前中国互联网反垄断的大背景下，新兴的 APP 越来越难以独立引流和运营。用户安装的 APP 数量趋于稳定，市场竞争日益激烈。为了在这一局面中脱颖而出，越来越多的应用选择通过小程序来引流和推广。小程序无需下载安装、使用便捷，成为很多企业和开发者触达用户的重要途径。

根据 2023 年底的应用排名，小程序的应用场景已经涵盖了多个领域，其中以下几类尤为突出。

1. 生活服务类小程序

生活服务类小程序的使用频率最高，用户通过这些小程序解决日常生活中的各种需求，例如餐饮外卖、家政服务、出行交通等。

如图 2-3 所示，展示了知名餐饮企业麦当劳的电商小程序。由于这些服务属于刚需，用户对这类小程序的依赖度较高。然而，随着用户习惯的固化，生活服务类小程序的使用量出现了下降的趋势，这意味着市场已经趋于成熟。

● 图 2-3　麦当劳餐饮小程序

2. 金融理财类小程序

近年来，金融理财类小程序的用户量和活跃度呈现出快速增长的趋势。通过这些小程序，用户可以方便地进行理财产品的购买、投资管理、账户查询等操作。

这类小程序不仅方便了用户的日常财务管理，还为金融机构提供了新的服务渠道和用户触达方式。

3. 移动购物类小程序

移动购物类小程序在过去几年表现出色，用户可以通过这些小程序快速浏览商品、下单、支付等。它们在各大电商平台和品牌推广中扮演着重要角色，特别是在社交电商模式中，小程序的分享和传播功能被广泛应用于社群营销和拼团活动中，进一步推动了线上消费。

4. 手机游戏类小程序

手机游戏类小程序的用户留存率和参与度都有显著提高。微信小游戏“跳一跳”等成功案例证明了小程序在游戏领域的潜力。与传统游戏相比，手机游戏类小程序无需下载、即时启动，能够快速吸引用户的注意力，并通过社交分享功能提升用户黏性和互动性。

5. 视频类应用小程序

视频类应用，如短视频和学习视频，在小程序中的表现也不容忽视。如图 2-4 所示，展示了知名的腾讯视频小程序版本，很好地满足了用户对视频内容的基本需求。

● 图 2-4 腾讯视频小程序

随着用户对内容消费需求的增加，这类小程序的使用频率和时长不断攀升。无论是娱乐类短视频，还是在线教育类学习视频，小程序都提供了快速便捷的观看和互动体验，成为用户获取信息和娱乐的重要渠道。

微信小程序的优势在于其高效便捷、功能丰富以及与微信生态的无缝整合。随着用户使用习惯的固化和 API 能力的不断增强，小程序在各类应用场景中的地位将会更加稳固。本书的实战部分会贴近应用，为读者介绍如何设计订餐服务类，视频类的小程序，并且提供丰富的编程技巧。

2.2 前期准备与注意事项

【学习目标】

1）掌握开发微信小程序的基础准备工作，了解微信开发者账号的注册流程，个人账号与企业账号之间的差别。

2）熟悉小程序开发的相关政策与规范。通过学习本节内容，读者将能够为小程序开发做好充分的前期准备，确保开发过程顺利进行，并避免违反相关规定。

在开发微信小程序之前，做好前期准备是至关重要的。成功注册微信开发者账号是迈向小程序开发的第一步，同时，了解微信小程序的相关政策和规范也是确保开发过程合规的重要环节。

2.2.1 注册微信开发者账号

要从事微信小程序开发，第一步是注册一个微信开发者账号。开发者需访问微信公众平台的官网 https：//mp.weixin.qq.com/，如图 2-5 所示，选择页面下方的“小程序”选项，然后按照提示进入注册流程。

● 图 2-5　小程序开发者账号注册页面

在注册过程中，需要特别注意以下几点。

1. 选择主体类型

微信小程序的主体类型包括企业、个人、政务、媒体等。每种主体类型对应的权限和功能有所不同，开发者应根据实际需求选择适合的主体类型。需要注意的是，个人主体最多只能注册 5 个小程序。

因此，如果开发者计划开发多个小程序，或者小程序的功能较为复杂，可能需要考虑选择企业主体。

2. 个人主体的限制

虽然个人主体注册小程序相对简单，但功能和运营的限制较多。例如，个人主体不能运营涉及商品支付的功能、知识视频内容、大部分小游戏，以及其他需要特殊许可证的项目。如果开发者的小程序涉及这些功能或内容，建议选择企业主体，以便获得更广泛的权限和运营能力。

3. 个人小程序的优势

虽然个人主体有功能限制，但也有其独特的优势。首先，个人小程序无需进行企业认证，节省了相关的注册费用和税收。其次，如果个人小程序具有创新性和独特性，还有可能获得微信平台的推荐流量，从而吸引更多用户。这对于个体开发者来说，是一个极具吸引力的机会。注册成功后，开发者可以通过微信扫码登录微信开发平台，进入开发管理页面，如图2-6所示。

● 图2-6　小程序开发者管理页面

在该页面中，左侧菜单列出各种功能，包括管理页、统计页、开发页，以及版本管理、运营分析、第三方插件接入等。右侧区域展示对应菜单的应用详情，展示了每个功能的具体内容和相关设置。

对于开发者来说，最常用的功能是统计数据和版本管理。统计数据功能能够帮助开发者了解用户行为和小程序的运营情况，为优化和改进提供数据支持。版本管理功能帮助开发者管理不同版本的小程序，并在开发完成后向微信平台提交新版本以供人工审核。只有审核通过后，小程序才能上线发布，供用户使用。

通过以上步骤和注意事项，注册微信开发者账号将变得更加顺利。选择合适的主体类型，充分了解其限制和优势，将有助于开发者更好地规划和开发微信小程序，确保项目的成功推进。

2.2.2 了解小程序开发政策与规范

在进行微信小程序开发时，合规运营至关重要。违反微信平台的开发政策和运营规范可能导致账号被处罚、罚款，甚至永久封禁。因此，开发者必须认真了解并遵守相关规定，以确保小程序的顺利运营。

开发者可以在微信开发者文档中查看微信小程序的开发政策与规范，文档网址是 https：//developers.weixin.qq.com/miniprogram/product。

目前，微信平台已经制定了大约 50 条运营规范，并且这些规范还在不断更新和完善中。这些规范主要针对以下几个方面进行规范和约束：

1. 用户隐私保护

小程序在收集用户数据时，必须严格遵循隐私保护相关规定。未经用户明确授权，开发者不得收集、存储或使用用户的个人信息。任何涉及用户数据的操作都需要透明、合法，并且应提供明确的隐私政策供用户查看。

2. 诱导分享行为

微信平台严厉打击任何形式的诱导分享行为。小程序中不得通过奖励、强制性提示或其他方式，诱导用户分享内容至朋友圈或微信群。这种行为不仅会影响用户体验，还会破坏平台的社交生态。

3. 多级分销与传销

微信小程序禁止任何形式的多级分销或传销活动。任何涉及多级收益、下线推广等模式的小程序都会受到严格审查，并可能被立即下架或封禁。如果小程序涉及分销模式，开发者需要特别谨慎，确保运营模式符合平台规定。

作为微信小程序开发者，熟读并理解这些运营规范是必不可少的。这不仅有助于避免违规操作，还能提升小程序的运营质量，确保其能够长期稳定地在微信生态中运行。忽视这些规范可能带来严重后果，如账号封禁和遭受经济损失，因此必须将合规运营作为开发工作的首要任务。

2.3 下载与安装微信开发者工具

【学习目标】

1）掌握如何下载并安装微信开发者工具，了解不同版本的工具特点。

2）熟悉工具的界面布局与主要功能，为微信小程序的开发做好准备，并能有效利用工具中的各种功能进行开发和调试。

有别于常见的 Web 前端开发模式，微信为小程序创建了独特的开发工具，以便更好地调用微信底层接口，开发丰富的移动互联网应用。通过本节的学习，读者能够顺利安装开发者工具，为微信小程序的开发做好准备，并能有效利用工具中的各种功能进行开发和调试。

2.3.1 工具介绍与版本选择

进入微信官网的微信开发者工具下载页面，网址为 https：//developers.weixin.qq.com/miniprogram/dev/devtools/download.html，开发者可以选择下载的版本。建议下载最新的稳定版微信开发者工具（Stable Build）。稳定版经过充分测试，功能完整且相对可靠，适合大多数开发者的日常开发工作。预发布版和开发版虽然功能较新，但也有可能隐含错误，因此一般适用于激进的开发者使用。

开发者可以根据开发者的工作平台，选择 Windows 64 位、Windows 32 位，或 Mac OS 版本的安装包下载，运行安装包即可在本地部署安装微信开发者工具。

2.3.2 安装步骤详解

安装微信开发者工具的步骤如下。

从官网下载微信开发者工具的安装包，并双击运行。

1. 进入安装向导欢迎页面

在安装向导的欢迎页面中，单击“下一步”按钮继续。

2. 查看许可协议

请认真阅读许可协议，确认同意后，单击“我接受”选项继续。

3. 选择安装路径

建议使用默认的安装路径，或者选择其他盘符。建议路径名称最好使用英文，避免日后可能出现的兼容性问题。

4. 耐心等待安装

单击“安装”按钮，如图 2-7 所示。安装过程需要几分钟时间，请耐心等待。

5. 单击“完成” 按钮

安装完成后，单击“完成”按钮，微信开发者工具将自动启动。

安装微信开发者工具的几个建议：

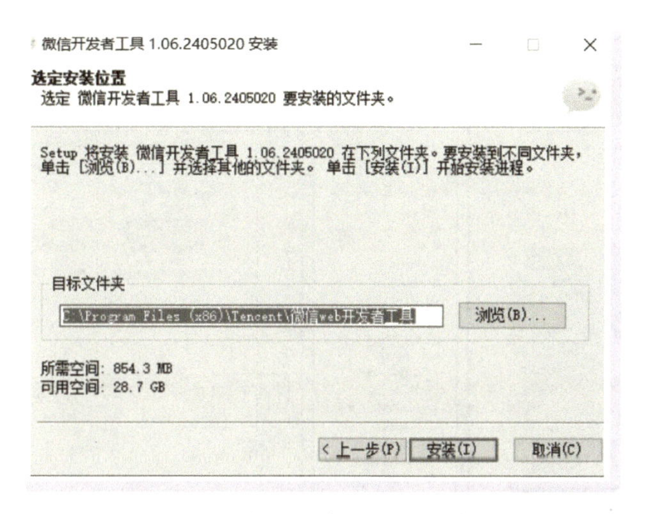

● 图 2-7　微信开发者工具安装对话框

（1）卸载旧版本

如果系统中曾经安装过其他版本的微信开发者工具，务必卸载干净之后再安装新版本，以避免潜在的兼容性问题。

（2）遇到下载地址打不开的问题

如果下载地址无法访问，可以用文本编辑器打开 C:\Windows\System32\drivers\etc 目录下的 hosts 文件，查看 https://dldir1.qq.com 这个地址是否被重定向。如果发现有重定向，请将该行注释掉，这样就能正常下载和安装了。

（3）注意安装路径

安装微信开发者工具时，确保安装路径和开发者的源代码路径不同。否则，将来在卸载或更新工具时，可能会影响到开发者的代码文件。

2.3.3　开发者工具界面布局与功能概览

当开发者首次进入或长时间未使用微信开发者工具时，系统会要求开发者扫码登录。此时，开发者应使用小程序注册者或运营者的微信号进行扫码，扫码成功并登录后，界面将切换到小程序的 IDE 开发窗口。微信开发工具布局如图 2-8 所示。

进入微信开发者工具的主界面后，开发者会看到多个重要的模块，以下是这些模块的功能概览：

1. 模拟器

模拟器模块可以在运行和调试过程中，提供一个接近小程序上线后实际运行环境的预览功能。通过模拟器，可以查看小程序在不同屏幕尺寸和系统版本下的展示效果。

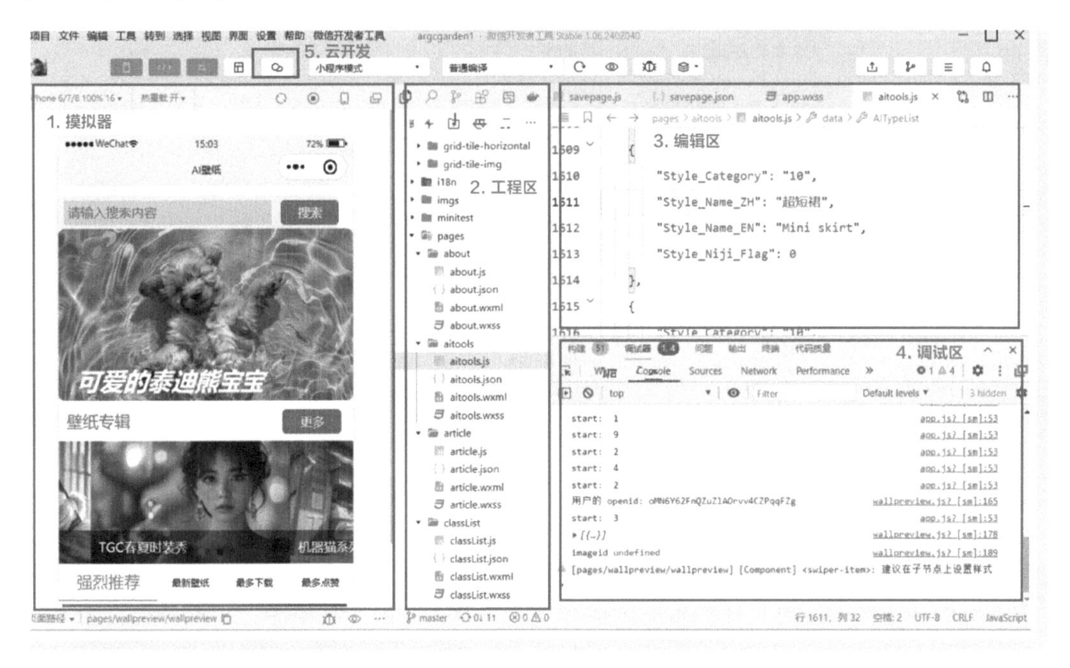

● 图 2-8　微信开发工具布局

2. 工程区

工程区位于模拟器的右侧，用于管理小程序的文件目录。通过这个窗口，开发者可以快速跳转到项目中的某个文件，或者增加新的工程文件。工程区能够帮助开发者更好地组织和管理项目文件，从而大大提升开发效率，降低人为失误的可能性。

3. 编辑区

编辑区是开发者编写和修改小程序代码的主要区域。开发者可以在这里编辑小程序项目中的各类文件，包括页面、组件、样式表、脚本等。

4. 调试区

在开发者新建或修改代码后，需要单击“编译”按钮进行代码的编译检查。编译区会显示代码的错误信息，如果存在错误，开发者必须更正这些代码，否则将无法继续运行小程序。

当开发者在调试模式下进入某个页面时，可以通过调试区查看相关的打印信息、日志以及变量的当前状态。调试区是排查和解决代码问题的重要工具。

5. 云开发

在大多数小程序开发过程中，实现完整的功能往往涉及数据库、文件存储和云函数等云端资源。此时，开发者需要购买或配置一套云环境，单击“云开发”按钮后，可以快速打开并管理小程序的云开发控制台。在这里，开发者可以创建数据库、上传文件、管理云函数等。

微信开发者工具是一个集成开发环境（IDE），专注于微信小程序的开发。它集成了多种功能，极大地便利了小程序的开发过程。要想做好小程序开发，首先要学会使用开发者工具。

2.4 创建开发者的第一个小程序项目

【学习目标】

1）学习如何进行微信小程序项目的初始化设置：开发者能够借助微信开发者工具快速生成项目的基本结构和配置文件，为小程序开发奠定基础。

2）了解微信小程序的项目结构，包括各个文件的作用和相互关系。这将帮助开发者更好地熟悉每个文件在项目中的作用，以及开发时涉及哪些文件，提高开发效率。

3）学会使用大模型编写和优化开发者的第一个微信小程序页面。开发者将学习如何利用大模型的智能代码生成和优化功能，快速创建具有良好用户体验的页面，同时保持代码的可维护性和可扩展性。

本节将引导读者掌握微信小程序项目初始化设置的关键步骤，并通过深入理解项目结构并且利用大模型的智能代码生成功能，高效地编写和优化小程序页面，为开发出具有良好用户体验的小程序打下坚实基础。

2.4.1 项目初始化设置

首次打开微信开发者工具时，开发者可以通过单击“创建项目”按钮来开启小程序开发之旅。

在创建小程序对话框中，左侧有三个选项：小程序、小游戏和代码片段，如图2-9所示。选择“小程序”作为开发类型。

在右侧的区域，开发者需要填写项目信息。为了便于识别，可以将项目命名为“cha2”，以表示这是与第2章相关的小程序。在选择项目目录时，建议开发者选择一个不含中文的目录名，以避免可能出现的编码问题。

接下来需要填写AppID。AppID是小程序的唯一标识符，开发者需要登录微信公众平台，进入小程序的运营页面。在那里，开发者可以通过单击“账号设置”→“基本设置”→“账号信息”来获取开发者的AppID。这个AppID码是将微信开发者工具与运营平台绑定的关键，它确保了当开发者上传小程序进行审核时，相关的软件版本能够正确地上传到微信公众平台。

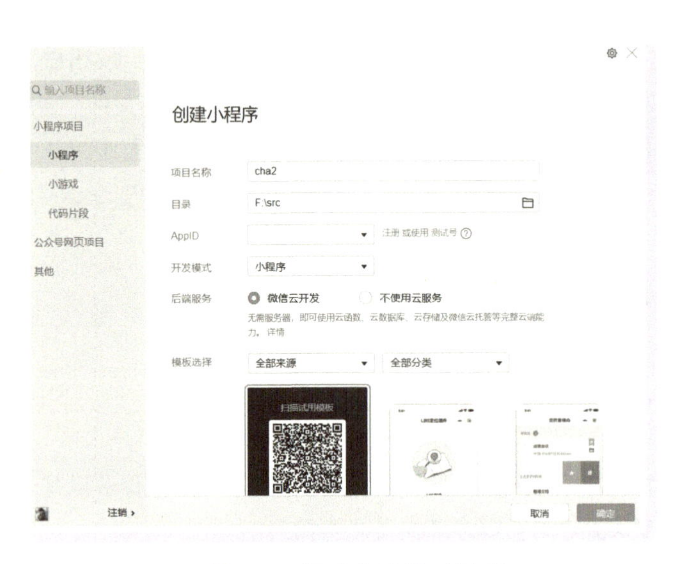

● 图 2-9　创建小程序对话框

在“开发模式”下拉列表中选择“小程序”。对于“后端服务”，请选择“微信云开发”，这将为开发者提供强大的后端支持，包括数据库、云函数和云存储等服务。

在“模板选择”部分，开发者可以选择不使用任何模板，从一个空项目开始开发工作。这样可以让开发者从零开始，逐步构建和熟悉小程序的每一个部分。

完成这些设置，开发者的小程序项目就已经初始化完毕，单击对话框下方的“确认”按钮就可以开始进行开发了。

2.4.2　项目结构解析

微信开发者工具中间区域为“资源管理器”，如图 2-10 所示，用来管理微信小程序相关的文件。

1. 重要文件说明

1）pages：小程序的页面文件夹，用于存放小程序的各个页面。

2）app.js：小程序的主程序代码。在这里，开发者可以定义全局变量、全局函数以及页面之间的路由等。

3）app.json：小程序的配置文件。这个文件用于配置小程序的窗口背景色、导航栏样式、窗口样式等。

在 pages 文件夹下可以有多个页面，微信小程序遵循松耦合设计原则，各个页面的功能相互独立，即一个页面出现异常不会影响其他页面的功能实现。

2. 增加页面

当开发者需要增加一个页面时，只要在 app.json 的 pages[ ] 目录中增加这个页面的相关名称，如“pages/tab1/tab1”，如图 2-11 所示。

单击保存后，pages 文件夹中就会出现一个名为 tab1 的目录，里面默认有四个文件，如图 2-12 所示。

1）js 文件用于实现页面逻辑功能。

2）json 文件用于定义页面配置信息。

3）wxml 文件用于定义页面结构布局。

4）wxss 文件是页面样式表，里面包含了构成页面元素的各种自定义属性。

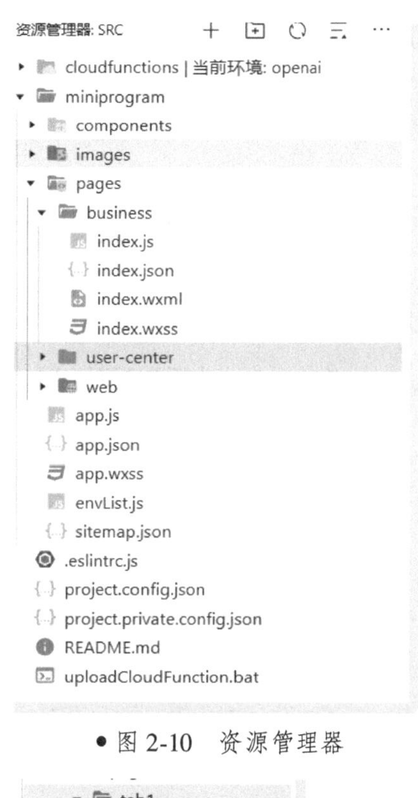

● 图 2-10　资源管理器

```
app.json ×
miniprogram > app.json > lazyCodeLoading
1  {
2    "pages": [
3
4      "pages/tab1/tab1"
5    ],
6    "window": {
7      "backgroundColor": "#F6F6F6",
8      "backgroundTextStyle": "light",
9      "navigationBarBackgroundColor": "#F6F6F6",
10     "navigationBarTitleText": "云开发 QuickStart",
11     "navigationBarTextStyle": "black"
12   },
13   "sitemapLocation": "sitemap.json",
14   "style": "v2",
15   "lazyCodeLoading": "requiredComponents"
16 }
```

● 图 2-11　在 pages[ ] 中增加页面

● 图 2-12　资源管理器自动生成页面文件

3. 视图层与逻辑层

在微信小程序中，视图层和逻辑层由两个线程管理，视图层的界面使用 WebView 进行渲染；逻辑层则采用 JsCore 线程运行 JS（JavaScript）脚本。

对于页面来说，JS 和 WXML 最为重要。WXML 和 HTML 类似，但需要说明的是，虽然 WXML 继承自 XML 语言，且有着更为规范的语法要求，但也支持单标签，在特定情况下使用。页面的 WXSS 样式表基本兼容 CSS 语法，这里更推荐使用弹性布局，以便适配各种机型。

JS 文件负责页面的主体逻辑，JS 内容占据了逻辑层的大部分，WXML 也会占一部分。通常情况下，大部分逻辑放在 JS 文件中，包括页面的主体逻辑以及对各种页面事件的响应。

借助大模型编程，开发者不用死记硬背各种事件的名称和使用场景，只要输入中文，大模型会帮开发者找出相关的事件定义，并实现开发者期望的逻辑功能。

2.4.3 编写首个小程序页面

在本节中，演示如何快速生成一个微信小程序页面，并在页面上展示一张图片和相应的文字介绍。具体步骤如下：

1. 在 app.json 中添加页面 tab1

首先，在 app.json 文件中添加一个新的页面 tab1，代码如下：

```
"pages": [
    "pages/tab1/tab1"
  ],
```

2. 使用大模型生成页面相关的文件代码

接下来，使用大模型生成与 tab1 页面相关的文件代码，如图 2-13 所示。由于该需求为静态代码，不涉及动态逻辑，因此没有生成 JS 代码。

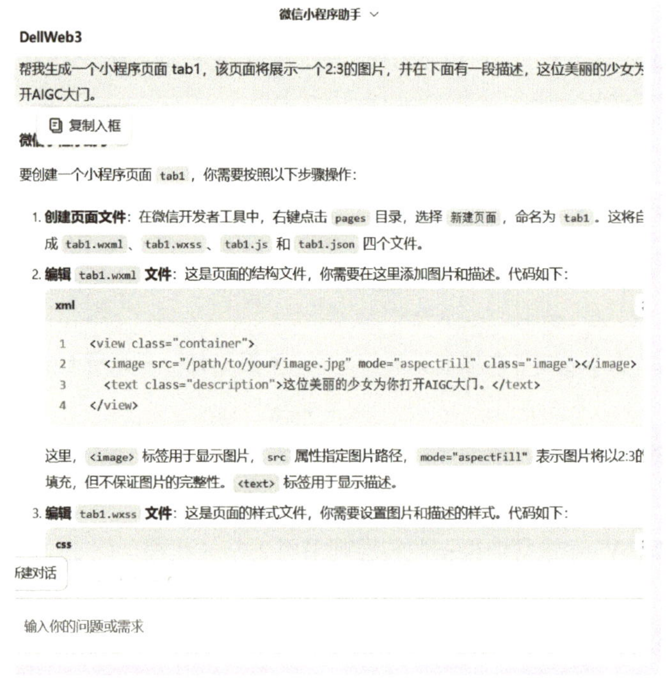

图 2-13　大模型生成 tab1 页面文件代码提示语

tab1.wxml（页面结构）代码如下：

```
<view class="container">
  <image src="/path/to/your/image.jpg" mode="aspectFill" class="image"></image>
  <text class="description">这位美丽的少女为开发者打开 AIGC 的大门。</text>
</view>
```

tab1.wxss（页面样式表）代码如下：

```
.container {
  display: flex;
  flex-direction: column;
  align-items: center;
  justify-content: center;
  height: 100%;
}
.description {
  text-align: center;
  margin-top: 10px;
}
.image {
  width: 100% ;
  height: 60% ;
object-fit: cover;; /* 让图片按比例缩放填充容器,保持其宽高比等,避免拉伸变形 * /
}
```

这里，.container 类用于设置整个页面的布局；.image 类用于设置图片的样式，使其宽度为 100%，高度为 60%（根据 2∶3 的比例调整）；.description 类用于设置描述的样式。

3. 将代码复制到文件中，并进行调试

将上述代码分别复制到 tab1.wxml、tab1.wxss 和 tab1.json 文件中。保存文件后，单击左上角的“可视化”按钮进行测试，以确保页面显示正常。

第一次单击“可视化”按钮后，编译并没有通过，右下角调试窗口出现了一系列英文错误信息。这时，可以将这些错误信息复制到大模型对话窗口中，请它帮忙处理，很快大模型给出了解释，并且给出了 6 条排查思路。经排查发现是 wxml 文件的图片地址不明确，而且没有文件名。找到一个 2∶3 的图片文件，放到项目文件的 pic 目录下，然后修改文件中的图片目录，再次单击“可视化”，这次没有出现编译错误。

4. 调试完成，预览页面

调试完成后，预览页面，开发者将看到一个漂亮的移动页面，如图 2-14 所示。该页面展示了一张图片和相应的介绍文字内容。

● 图 2-14　预览页面

2.5 微信小程序的前端技术栈

【学习目标】

1）理解 WXML：掌握 WXML 的基本语法和结构，了解如何使用 WXML 构建微信小程序的用户界面。

2）熟悉 WXSS：学习 WXSS 的特性和用法，掌握如何使用 WXSS 为小程序添加样式。

3）JavaScript 开发：理解如何在微信小程序中使用 JavaScript 进行逻辑控制，包括数据绑定、事件处理等核心概念。

在微信小程序的开发过程中，前端技术栈是重要的组成部分。微信小程序的前端技术栈主要包括 WXML、WXSS 和 JavaScript 逻辑控制。这些技术共同构成了微信小程序的视图层和逻辑层，使得开发者能够创建功能丰富、界面美观的小程序。

2.5.1 WXML

WXML（WeiXin Markup Language）是微信小程序框架设计的一套标签语言，与基础组件和事件系统相结合，用于构建页面结构。通过 WXML，开发者可以方便地创建和管理小程序的视图层。

1. 数据绑定

数据绑定是 WXML 的核心功能之一。通过数据绑定，开发者可以将逻辑层的数据动态地展示在视图层。使用“{{}}”语法，可以将数据绑定到页面元素上。例如，下面代码将视图的内容绑定到了 JS 文件中的变量 data 上。

```
<view>{{message}}</view>
```

在对应的 JS 文件中，放置以下代码：

```
Page({
  data: {
    message: 'Hello, World!'
  }
})
```

2. 列表渲染

WXML 支持列表渲染，可以通过 wx:for 属性来遍历数组并渲染列表项。例如：

```
<view wx:for="{{items}}" wx:key="id">
  {{item.name}}</view>
```

在对应的 JavaScript 文件中进行设置，代码如下：

```
Page({
  data: {
    items: [
      {id: 1, name: 'Item 1'},
      {id: 2, name: 'Item 2'},
      {id: 3, name: 'Item 3'}
    ]
  }
})
```

3. 条件渲染

WXML 支持条件渲染，可以使用 wx:if 和 wx:else 属性来控制元素的显示和隐藏。

4. 引用

在 WXML 中，可以通过 import 和 include 标签来引用其他 WXML 文件。import 用于引入模板，include 用于引入文件内容。

通过这些功能，WXML 为构建微信小程序的页面结构提供了强大的工具。

2.5.2 WXSS

WXSS（WeiXin Style Sheets）是微信小程序的一套样式语言，用于描述 WXML 的组件样式。WXSS 用来决定 WXML 的组件应该如何显示。为了适应广大的前端开发者，WXSS 继承了 CSS 的大部分特性，同时为了更适合开发微信小程序，WXSS 对 CSS 进行了扩充和修改。

1. 尺寸单位

为了方便移动开发，WXSS 引入了 rpx（responsive pixel）作为尺寸单位，可以根据屏幕宽度进行自适应。例如，在 iPhone 6 上，屏幕宽度为 375px，共有 750 个物理像素，因此 750rpx = 375px = 750 物理像素，即 1rpx = 0.5px = 1 物理像素。

2. WXS 模块

WXS（WeiXin Script）是微信小程序的一套脚本语言，与 WXML 结合，可以构建页面的结构。每个 .wxs 文件和 <wxs> 标签都是一个独立的模块，具有自己的作用域。模块内定义的变量和函数默认是私有的，可以通过 module.exports 对外暴露。

3. 变量

WXS 中的变量均为值的引用。没有声明的变量直接赋值使用，会被视为全局变量

4. 注释

WXS 支持三种注释方法：

1）单行注释：// 这是单行注释

2）多行注释：/* 这是多行注释 */

3）结尾注释：/* 从这里开始到文件末尾的所有代码都被注释掉了

5. 运算符

WXS 支持多种运算符，包括算术运算符（如 +、-、*、/），比较运算符（如 ==、!=、>、<），逻辑运算符（如 &&、||、!）等。

6. 语句

WXS 支持常见的控制语句，包括条件语句（如 if、else），循环语句（如 for、while），以及 switch 语句。例如：

```
if (condition) {
  //执行代码
} else {
  //执行其他代码
}
```

7. 数据类型

WXS 支持多种数据类型，包括基本类型（如 number、string、boolean），以及相关的转换方法。如 number 类型可以使用 toString 方法转换成字符串类型。

8. 基础类库

WXS 提供了一些基础类库，包含常用的函数和对象，例如 Math 对象提供了数学计算相关的方法，Date 对象用于处理日期和时间，JSON 对象用于处理 Json 格式的转换工作。

前端的样式种类繁多，如果借助 AI 技术进行提示和辅助创建，可以大大降低前端的学习曲线并减少开发工作量，提高开发效率。

2.5.3 JavaScript 逻辑控制

微信小程序框架支持 JavaScript 语言，使得开发者可以使用 JavaScript 来编写主程序和页面逻辑。JavaScript 不仅为事件驱动函数的实现提供了基础，还可以编写自定义的内部函数，为小程序丰富多彩的功能提供支持。下面通过几个例子来详细说明主要的控制逻辑。

1. 事件驱动函数

在微信小程序中，事件驱动函数是实现用户交互的关键，常见的事件包括单击事件、触摸事件、滑动事件等。例如，我们想要在用户单击一个按钮时，改变页面上的某个文本内容，示例代码如下：

```
Page({
  data: {
    buttonText: '单击我'
  },
  //当用户单击按钮时触发的函数
handleClick: function(e) {
    this.setData({
      buttonText: '你单击了我!'
    });
  }
});
```

在这个例子中，handleClick 函数就是一个事件驱动函数，当用户单击按钮时会被调用。通过 setData 方法更新了页面上的数据，从而实现了按钮单击后文本内容的变化。

2. 自定义内部函数

除了事件驱动函数，开发者还可以编写自定义的内部函数，这些函数可以在页面的生命周期中或者在其他函数中被调用，以完成特定的业务逻辑。

示例代码如下：

```
// tab1.js
Page({
  data: {
    message:'欢迎来到小程序!',
    count: 0
  },
  //自定义函数,用于更新计数器
  incrementCounter: function() {
    const newCount = this.data.count + 1;
    this.setData({
      count:newCount
    });
  },
  onLoad: function() {
    console.log('页面加载');
  },
  onReady: function() {
    console.log('页面初次渲染完成');
  },
  //在按钮单击时调用自定义函数
  handleIncrement: function() {
    this.incrementCounter();
  }
});
```

在这个例子中，incrementCounter 是一个自定义内部函数，用于更新计数器的值。handleIncrement 函数是一个事件驱动函数，当用户单击按钮时被触发，并在其中调用 incrementCounter 函数。

3. 数据绑定与条件渲染

微信小程序还支持数据绑定和条件渲染，这使得开发者可以根据数据的状态来动态地显示不同的内容。

示例代码如下：

```
// tab1.js
Page({
  data: {
    showContent: false,
    content: '这是动态显示的内容'
  },
  toggleContent: function() {
    this.setData({
```

```
      showContent: !this.data.showContent
    });
  }
});
// tab1.wxml
<view>
  <button bindtap="toggleContent">切换内容显示</button>
  <block wx:if="{{showContent}}">
    <text>{{content}}</text>
  </block>
</view>
```

在这个例子中，toggleContent 函数被绑定到了按钮的单击事件上，每次单击按钮都会切换 showContent 的值，从而控制 <block> 标签内的内容是否显示。

4. 交互式表单处理

在小程序中，表单是非常重要的组成部分，开发者借助 JavaScript 可以处理用户于表单内的各类输入信息，并根据输入内容做出相应的反馈与动作，以此实现与用户的有效交互，提升小程序的实用性与功能性。

示例代码如下：

```
// tab1.js
Page({
  data: {
    inputText: ''
  },
  bindInput: function(e) {
    this.setData({
      inputText: e.detail.value
    });
  },
  submitForm: function() {
    console.log('提交的表单内容:', this.data.inputText);
  }
});
// tab1.wxml
<form>
  <input type="text" placeholder="请输入内容" bindinput="bindInput"/>
  <button formType="submit" bindsubmit="submitForm">提交</button>
</form>
```

在这个例子中，bindInput 函数用于监听输入框的输入事件，并实时更新数据。submitForm 函数用于处理表单提交事件，打印用户输入的内容。

以上几个例子展示了 JavaScript 在微信小程序中的重要作用。无论是处理用户交互还是实现复杂的业务逻辑，JavaScript 都是不可或缺的一部分。开发者可以灵活运用这些技术，来构建功能丰富且用户体验良好的小程序。

2.6 微信云开发环境配置

【学习目标】

1）了解微信云开发环境的基本概念和优势。

2）掌握创建和配置微信云开发环境的方法，能够为自己的小程序选择合适的云开发环境。

3）学会使用微信云存储来管理和存储文件和数据，能够创建云文件夹，上传云文件。

4）掌握云函数（Cloud Function）的配置和调用方法，了解云函数的高性能和使用限制。

5）了解如何使用云数据库来存储和查询数据，了解云开发环境数据库类型和限制。

腾讯的云开发环境是移动开发的一大创新，它使普通的开发者能够快速使用云原生环境，并获得更为稳定和高效的云服务支持。微信云开发环境提供了一整套云端解决方案，包括云存储、云函数和云数据库等功能，帮助开发者轻松构建和管理小程序的后端服务。

2.6.1 创建云开发环境

云开发环境最大的优势在于开发者不需要自行购买后端服务器、搭建各种服务、承担维护责任，只需轻轻一点，即可拥有一个完整的后端服务环境。

在微信开发者工具的左上工具栏，有一个名为“云开发”的图标，单击即可进入云开发管理界面，如图 2-15 所示。

云开发具备以下优势：

1）开发者无需购买和维护后端服务器，只需使用平台提供的各项能力，即可快速进行业务开发。

2）支持环境共享，一个后端环境可开发多个小程序、公众号、网页等，便于业务代码与数据的复用。

3）无需管理证书、签名、密钥，可直接调用微信 API，利用微信私有协议及链路，保障业务安全性。

云开发的能力如下：

1）云数据库：一种稳定可靠的文档型数据库，支持在小程序端和云函数中调用，不过缺点

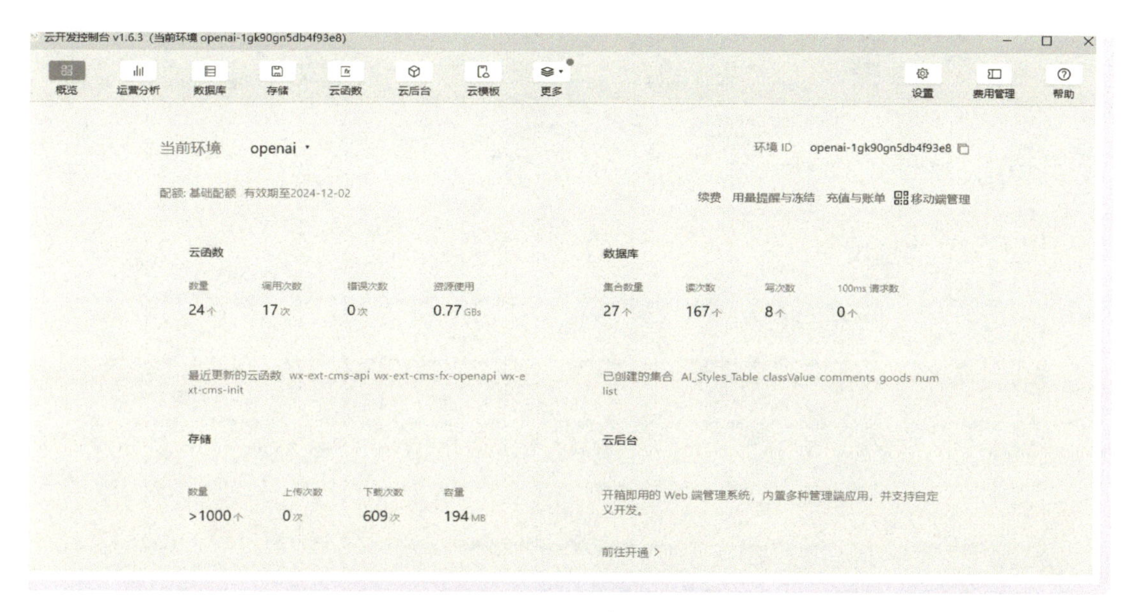

● 图 2-15　云开发管理界面

是性能较低，对于大数据量的读写必须进行优化。

2）存储：云端文件存储，自带 CDN 加速，支持在前端直接上传/下载文件，可在云开发控制台进行可视化管理。

3）云函数：在云端运行的代码，微信私有协议天然鉴权，开发者只需编写自身业务逻辑代码。

4）内容管理（CMS）：一键部署，提供可视化管理文本、Markdown、图片等多种内容的功能，使用云数据库读取和使用数据。

5）云后台：完备的业务运营管理系统，涵盖后台管理、支付管理、公众号管理。

6）云模板：简单调整活动配置即可快速上线页面，也可以基于模板进行二次开发，以满足个性化需求。

通过微信云开发，开发者可以轻松构建和管理多端应用，同时享受高效、安全且低成本的开发体验。

2.6.2 微信云存储

基于云开发框架的云存储功能，主要用于存储图片和文件。它提供了 Web 界面和 API 开放端口，既可以手动管理文件夹和上传文档，也可以在小程序中调用相关的文件，如图 2-16 所示。

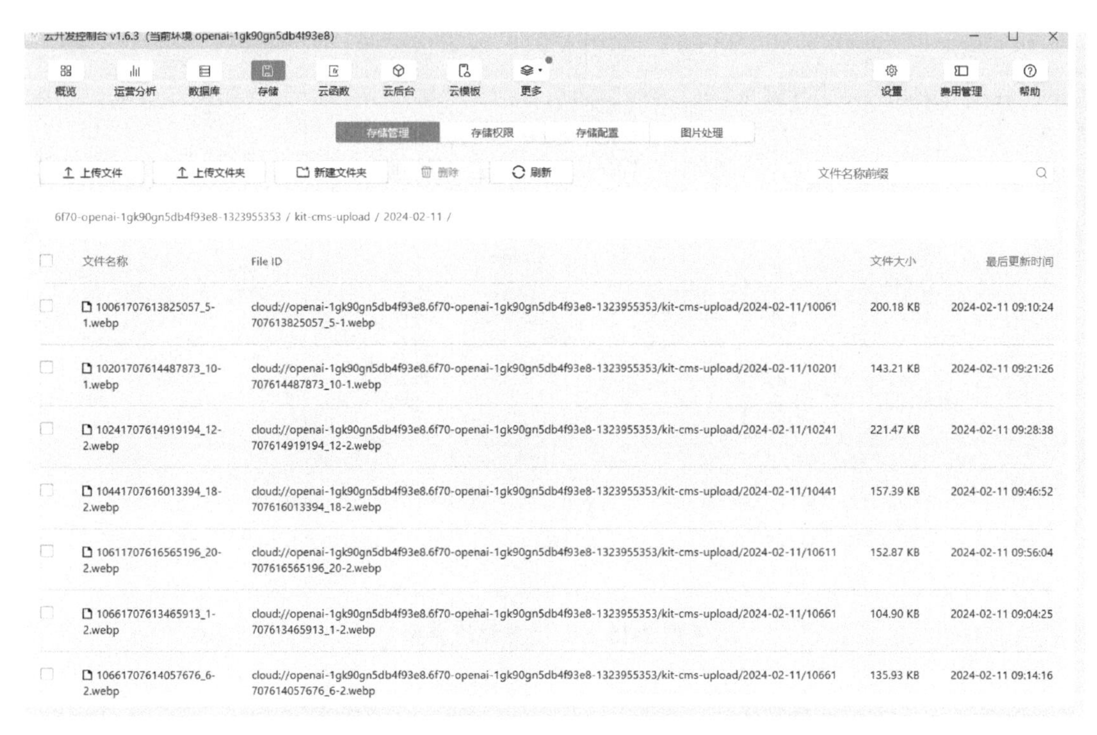

● 图 2-16　云存储

1）手动管理：通过 Web 界面，用户可以方便地创建、删除和管理文件夹，上传和下载文件。

2）自动调用：通过 API 接口，小程序可以方便地调用云存储中的文件，实现自动化管理。

使用云存储时，需要注意以下几点。

1）上传文件时，建议使用目录名称或者时间戳来记录文件历史，便于及时清除过时的文件，避免文件越积越多，影响存储效率。

2）对于图片文件来说，PNG 和 JPG 格式文件较大，页面渲染速度较慢。建议将图片转换为 webp 格式后上传存储，以提高用户体验。

3）API 调用注意事项：在调用小程序 API 时，不能直接获取文件名，而是先获取一个文件对象，再通过转换函数获取缓冲文件来提升访问速度。此外，该缓冲文件需要设置链接有效期，以便在使用后及时释放临时空间。

以下是一段示例代码：

```
async getTempFileURL(cloudId) {
  // console.log("CloudId:", cloudId);
    return new Promise((resolve, reject) => {
```

```
        wx.cloud.getTempFileURL({
          fileList: [{
            fileID: cloudId,
            maxAge: 60 * 60, // 链接的有效期,单位为秒
          }],
          success: (res) => {
            const tempFileURL = res.fileList[0].tempFileURL;
            resolve(tempFileURL); // 在这里将 tempFileURL 传递给调用方
          },
          fail: (err) => {
            console.error('获取临时文件 URL 失败', cloudId);
            reject(err); //如果失败,则传递错误给调用方
          }
        });
      });
    },
```

2.6.3 云函数

微信小程序的云函数（Cloud Function）是一段运行在云端（服务器端）的代码，开发者无须管理服务器，只需在开发工具内编写代码、一键上传部署即可运行后端代码。

在物理设计上，一个云函数可由多个文件组成，并占用一定量的 CPU 和内存等计算资源，各云函数完全独立，可分别部署在不同的区域。

云函数有以下特点。

1）简便的开发与部署：开发者只需编写函数代码并部署到云端即可在小程序端调用，同时云函数之间也可互相调用。这大大简化了开发流程，提升了开发效率。

2）独立性与灵活性：每个云函数都是独立的，占用的计算资源（如 CPU 和内存）也是独立的。开发者可以根据需要将云函数部署在不同的区域，以优化性能和响应速度。

3）按需计费：云函数的优势之一是不调用则不计算 CPU 费用，实现了按需计费，从而降低了开发和运营成本。这种计费模式使得资源利用更加高效，避免了不必要的开销。

4）高效的缓存机制：借助腾讯云的服务网关，云函数的结果可以自动缓存到多个地点，大大提升了运算效率和响应速度。

5）安全性与操作灵活性：由于小程序的安全限制，某些功能无法通过前端 JavaScript 使用，比如一次性获取 50 条数据库记录，对数据库字段进行修改等。通过云函数在后台鉴权，既保证了安全性，也实现了操作的灵活度。

云函数可以在后台执行复杂的业务逻辑，处理大量数据请求，确保前端的简洁和安全。通过使用云函数，开发者可以更高效地管理和执行后端逻辑，提升小程序的性能和用户体验。

2.6.4 云数据库

云数据库提供高性能的数据库写入和查询服务。通过腾讯云开发（Tencent CloudBase，TCB）的 SDK，开发者可以直接在客户端对数据进行读写操作，也可以在云函数中读写数据，还可以通过控制台对数据进行可视化的增、删、改、查等操作。

微信小程序云开发所使用的数据库本质上就是一个 MongoDB 数据库，其包括以下内容：

1）数据库：默认情况下，云开发的函数可以使用当前环境对应的数据库，也可以根据需要使用不同的数据库，对应 MySQL 中的数据库。

2）集合：数据库中多个记录的集合，对应 MySQL 中的表。

3）文档：数据库中的一条记录，对应 MySQL 中的行。

4）字段：数据库中特定数据项，对应 MySQL 中的列。

由于腾讯云数据库采用基于集合的 JSON 架构，所以其读取和写入的效率不高，对于大批量读取或修改操作，必须进行优化，或设置为在后台进行。

以下代码展示如何在微信小程序中对云数据库进行增删改查操作：

```
//初始化数据库
const db = wx.cloud.database();
const collection = db.collection('your-collection-name');
//插入数据
collection.add({
  data: {
    name: 'example',
    value: 123
  },
  success: res => {
    console.log('数据插入成功', res);
  },
  fail: err => {
    console.error('数据插入失败', err);
  }
});
//查询数据
collection.where({
  name: 'example'
}).get({
  success: res => {
    console.log('查询结果', res.data);
  },
  fail: err => {
```

```
    console.error('查询失败', err);
  }
});
//更新数据
collection.doc('your-doc-id').update({
  data: {
    value: 456
  },
  success: res => {
    console.log('数据更新成功', res);
  },
  fail: err => {
    console.error('数据更新失败', err);
  }
});
//删除数据
collection.doc('your-doc-id').remove({
  success: res => {
    console.log('数据删除成功', res);
  },
  fail: err => {
    console.error('数据删除失败', err);
  }
});
```

2.7 调试与预览

【学习目标】

1）熟悉调试器窗口：了解调试器窗口的各个组成部分及其功能，掌握如何在调试器中进行断点调试和代码检查。

2）查看和修改 AppData 数据变量：学会如何在调试器中查看和修改页面的数据变量，实时调试和优化小程序。

3）打印日志信息：掌握如何使用 console.log( ) 等方法在控制台输出日志信息，帮助快速定位问题。

4）查看局部变量和全局变量：了解如何在调试器中查看和管理局部变量和全局变量，提升调试效率。

微信开发者工具不仅支持代码编写和项目管理，还提供了强大的调试功能，帮助开发者快速定位和解决问题。

2.7.1 微信调试工具

调试器窗口是微信开发者工具中的一个重要组件，用于查看和调试代码，位于微信开发者工具的右下角，如图 2-17 所示。通过调试器，开发者可以更有效地定位和解决问题，确保小程序的功能正确无误。以下是调试器窗口的几个主要组成部分及其功能。

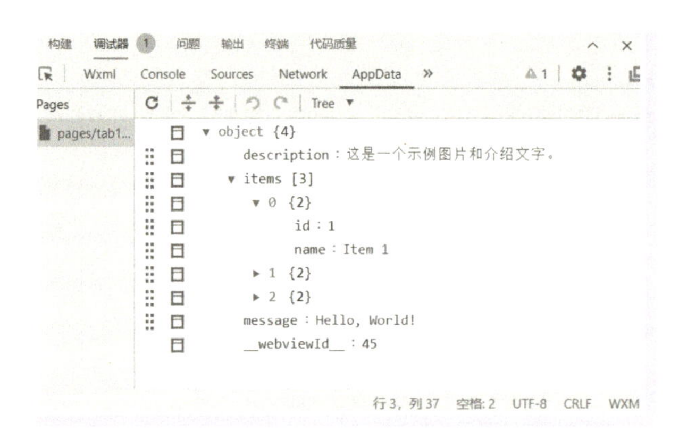

● 图 2-17 小程序调试器窗口

1）Console（控制台）：控制台主要用于输出日志信息和错误信息。开发者可以在代码中使用 console.log( )、console.error( ) 等方法将信息输出到控制台，方便调试。如果代码中有错误，控制台会自动显示错误信息，并指出错误的具体位置，帮助开发者快速定位问题。

2）Sources（源代码）：显示当前项目的源代码文件，支持设置断点、单步执行等调试操作。

3）Network（网络）：用于查看网络请求的详细信息，包括请求的 URL、方法、状态码、响应时间等。在网络面板中，可以看到所有发出的网络请求，并查看每个请求的具体信息，包括请求头、请求体、响应头和响应体。通过分析网络请求的状态码和响应时间，可以判断请求是否成功，以及是否存在性能瓶颈。

4）AppData：显示当前页面的 data 数据，可以实时查看和修改数据变量的值。在调试器窗口中，开发者可以通过以下步骤查看和修改数据变量：

① 打开调试器窗口，切换到 AppData 面板。

② 展开需要查看的变量，可以看到变量的当前值。

③ 直接在面板中修改变量的值，页面会实时更新。

2.7.2 打印日志信息

当开发者发现小程序的结果不符合预期，或者变量的值不准确，但又不知道哪一步出错时，可以在程序中打印日志。通过在关键步骤中输出变量的值和程序状态，开发者可以清楚地了解到程序的逻辑是否被准确地执行。

例如：

```
Page({
  onLoad: function() {
    console.log('页面加载完成');
    this.fetchData();
  },
  fetchData: function() {
    console.log('开始获取数据');
    wx.cloud.callFunction({
      name: 'getData',
      success: res => {
        console.log('数据获取成功', res);
        this.setData({
          data: res.result.data
        });
      },
      fail: err => {
        console.error('数据获取失败', err);
      }
    });
  }
});
```

在这个示例中，在页面加载完成、开始获取数据、数据获取成功和数据获取失败的各个步骤都打印了日志信息。这样，当程序运行时，开发者可以在调试器窗口的 Console 中查看这些日志信息，逐步检查每一步的执行情况，定位问题所在。

打印日志项只会在调试器窗口的 Console 中显示，对实际运行的程序并无影响。因此，开发者可以放心地在开发和调试过程中使用日志来帮助定位和解决问题。

2.7.3 查看变量

变量根据作用域的不同，可以分为函数内变量、页面变量以及全局变量，它们各自查看的方式不同。

1. 页面变量

对于页面变量，可以在调试器窗口的 AppData 面板中查看。AppData 面板显示当前页面的 data 数据变量，方便开发者实时查看和修改这些变量的值。

2. 函数内变量

由于页面执行过程中很难设置断点，因此需要使用 console.log 在重要的逻辑变化时打印变量值，对其进行查看。例如下面这段代码在页面刷新时打印页面变量 items 的值：

```
onShow() {
    console.log("列表清单",this.data.items)
  },
```

3. 全局变量

要查看全局变量，首先需要在 globalData 中定义相关的数据类型，运行时在调试器的 Console 窗口中的小眼睛图标中生成一个表达式 getApp().globalData，如图 2-18 所示。这样就能在程序调试的不同阶段，通过观察该值的变化来跟踪程序的执行情况。

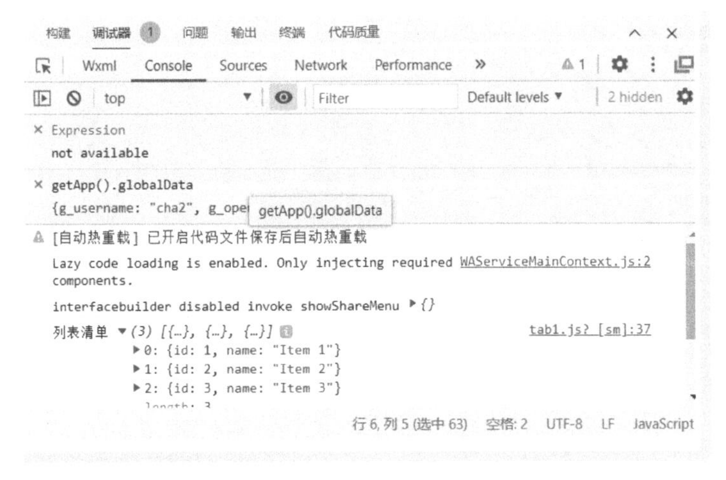

● 图 2-18　在小眼睛中查看全局变量，打印页面变量

同样，也可以在代码中使用 console.log 打印全局变量，以下是代码示例。

```
App({
globalData:{
    g_username : "test",
    g_openid:"22333"
  },
});
```

```
//在页面中使用全局变量
const app =getApp();

//在控制台打印全局变量
console.log('全局变量 g_username:', app.globalData.g_username );
```

通过这些方法，可以有效地查看和调试不同类型的变量，确保程序逻辑正确、运行稳定。

CHAPTER 3

第3章 AI大模型辅助产品调研和原型设计

3.1 市场调研与需求分析

【学习目标】

1）了解市场调研的基本步骤和方法。

2）掌握如何利用AI技术进行需求整理。

3）提高分析市场需求和用户需求的能力，为产品开发提供科学依据。

要做好产品开发，首先要明确目标用户是谁，用户需要什么样的产品，产品可以带来多少利润。要做好这一切，就需要进行市场调研和产品需求分析。

市场调研可以帮助开发者了解市场趋势、竞争对手和用户需求，从而为产品定位和策略制定提供数据支持。产品需求分析则通过系统的方法和工具，整理和分析用户需求，确保产品能够满足市场需求并实现商业目标。

3.1.1 市场调研

随着移动化和智能化时代的发展，很多行业对小程序的需求日益增加。作为一名开发者，如果善于使用大模型，就可以更高效地进行市场调研和需求分析。以下是市场调研的方法：

1. 数据处理与分析

1）大数据处理：大模型可以快速处理和分析大量市场数据，包括用户行为数据、销售数据等，从中提取出有价值的信息。

2）趋势预测：通过机器学习算法，大模型可以预测市场趋势和用户需求变化，为开发者制定更有效的市场策略提供支持。

2. 自然语言处理

1）用户反馈分析：大模型能够深入分析用户评论和反馈，提取出用户的真实需求和痛点，从而优化产品功能和用户体验。

2）情感分析：利用情感分析技术，大模型可以了解用户对产品的满意度和情感倾向，帮助开发者进行产品改进。

3. 市场竞争分析

1）竞争对手分析：大模型可以收集和分析竞争对手的信息，包括产品特点、市场策略等，帮助开发者了解市场竞争格局。大模型可以自动进行SWOT分析，识别产品的优势、劣势、机会和威胁，为市场决策提供数据支持。大模型可以根据用户数据生成详细的用户画像，帮助开发者了解目标用户的特征和需求。

2）市场细分：通过聚类分析，AI 可以将市场划分为不同的细分市场，帮助开发者制定针对性的市场策略。

举个例子，我准备开发一套面向小餐馆的点餐软件，请求大模型做一个 SWOT 分析（如图 3-1所示），提示语如下：

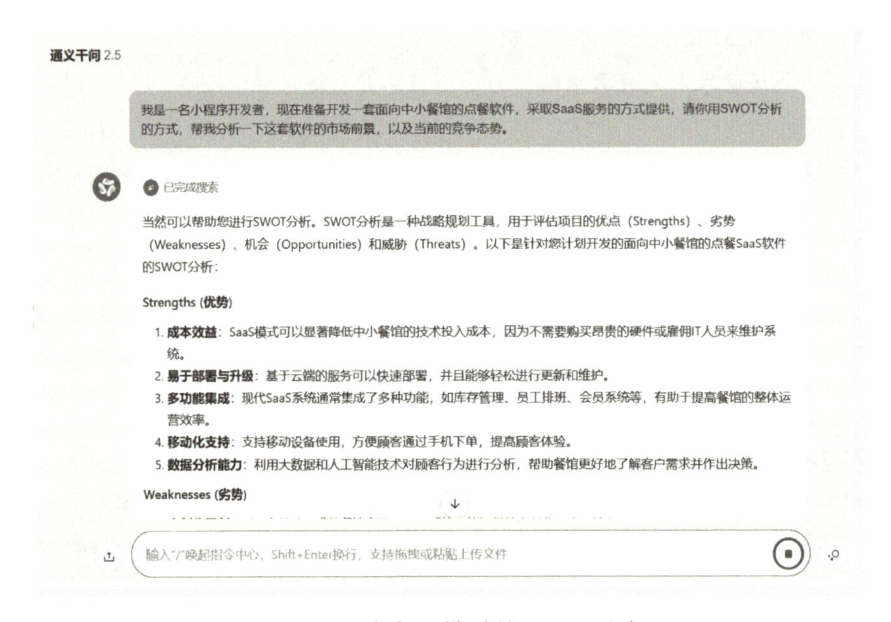

• 图 3-1　请求大模型做 SWOT 分析

“我是一名小程序开发者，现在准备开发一套面向中小餐馆的点餐软件，采取 SaaS 服务的方式提供，请你用 SWOT 分析的方式，帮我分析一下这套软件的市场前景，以及当前的竞争态势。”

如图 3-1 所示，大模型很快速地做好了 SWOT 分析，稍做调整，就能形成一个详细的调研分析报告。如果需要制作 SWOT 图，它还可以设计图纸的风格和内容，大幅减轻市场分析的工作量。

3.1.2　大模型辅助需求分析

近年来，微信小程序凭借其轻量级、高效便捷的特性，在用户日常生活中的应用愈发广泛。随着政府办事小程序的普及，用户逐渐养成了使用小程序处理事务的习惯，这进一步强化了小程序在用户心智中的重要性。同时，随着底层 API 的不断提升，小程序在功能性和用户体验方面也得到了极大的增强。

在当今技术快速发展的背景下，小程序成为连接用户与服务的重要桥梁。无论是个人开发者还是小型团队，想要开发出一款能够迅速占领市场的软件，学习和借鉴成功的案例并利用最新的技术手段来加速开发过程是非常关键的一步。其中，大模型辅助需求整理就是一个极具潜力的方法，它可以帮助开发者快速完成对竞品的需求分析和整理。

1. 通过成功案例收集需求

目前在小程序领域，有很多成功的案例值得学习。这些案例不仅展示了技术创新的应用，也体现了对市场需求的深刻理解。例如，餐饮行业的麦当劳小程序，凭借其便捷的订餐流程、精准的个性化推荐以及高效的配送服务，赢得了广大用户的喜爱。

2. 利用大模型进行需求分析

假设开发者要开发一款订购点餐的小程序，为了确保产品能够满足市场的需求并且具备一定的竞争力，开发者可以借助大模型的力量来进行需求分析。具体来说，可以通过以下步骤来进行。

1）定义目标：明确小程序要解决的核心问题是什么，比如方便用户在线下单、支付和追踪订单状态等。

2）竞品分析：通过大模型辅助，给出如下提示语。

"你是一名软件需求分析师，目前要针对一款订餐小程序收集需求，目前该软件的功能类似麦当劳小程序，请帮我列举出该小程序的核心需求，用户画像，以及需求的分析级排序。"

以下内容，是大模型整理的需求清单。

一、核心需求

用户注册与登录

浏览菜单

添加商品至购物车

下单与支付

订单跟踪

优惠活动推送

会员积分系统

评价与反馈

客服支持

数据统计与分析

二、用户画像

年龄段：18~45岁

性别：不限

职业特点：上班族、学生、家庭主妇等，生活节奏较快，追求便捷、高效的餐饮体验

消费水平：中等及以上

生活习惯：习惯使用手机订餐，关注食品安全与品质

需求特点：追求方便快捷、口味多样、价格合理、服务优质的餐饮服务

三、需求分析及排序

必要性需求（优先级：高）(1) 用户注册与登录：方便用户管理个人信息，提高用户体验 (2) 浏览菜单：让用户快速了解菜品信息，选择心仪商品 (3) 下单与支付：实现线上交易，满足用户便捷购餐需求 (4) 订单跟踪：让用户实时了解订单状态，提高满意度

重要性需求（优先级：中）(1) 添加商品至购物车：方便用户临时存放心仪商品，提高购物体验 (2) 优惠活动推送：吸引用户消费，提高用户黏性 (3) 会员积分系统：激励用户消费，提升用户忠诚度

次要需求（优先级：低）(1) 评价与反馈：收集用户意见，优化产品与服务 (2) 客服支持：解决用户问题，提高用户满意度 (3) 数据统计与分析：为商家提供运营参考，优化小程序功能

通过大模型辅助的需求分析，不仅可以帮助开发者更快地把握市场需求，还能提高产品的开发效率。这种智能工具的应用，使得个人开发者或小型团队也能在激烈的市场竞争中找到自己的立足之地。因此，在开始新的小程序项目之前，考虑使用大模型工具进行需求整理，无疑是一个非常明智的选择。

3.2 功能规划与规格定义

【学习目标】

1）理解需求规格说明书的重要性及其在软件开发过程中的作用。

2）学习如何将市场需求分析转化为具体的需求规格。

3）掌握编写需求规格说明书的基本原则和方法。

4）明确需求定义的准确性和需求范围的确定性，对于项目成功至关重要。

需求规格说明书是软件开发过程中至关重要的文档，它充当了项目团队、客户和其他利益相关者之间沟通的桥梁。在本节中，开发者将重点关注如何将市场需求分析的结果转化为精确、明确的需求规格。每一个需求都必须经过仔细的定义，以确保其含义无歧义，同时需求的范围也需要被清晰地界定，以便后续的开发和测试工作。

3.2.1 定义需求规格说明书

开始一个新项目时，制定一份清晰的需求规格说明书（Software Requirements Specification，SRS）是至关重要的第一步。这份文档不仅有助于团队成员之间达成共识，也确保了研发人员能够准确地理解和满足项目需求。以下是撰写需求规格说明书时的一些重点和注意事项。

1. 准确性

1）共同理解：需求规格说明书旨在确保开发团队与设计人员对软件的功能、性能及数据需求有着一致的理解。

2）明确细节：它为开发者提供了详细的开发指南，确保每个功能都符合预期要求。

3）功能需求：详细说明软件需要实现的功能，比如菜单浏览、在线支付、订单管理等。

4）非功能需求：包括性能指标（如响应时间、并发用户数）、安全性（如数据加密）、可用性（如用户友好设计）等。

5）用户交互：描述用户与软件的交互流程，比如点餐界面的设计、支付流程等。

2. 定义范围

1）市场需求：可以基于3.1节中生成的市场需求来生成更为详细的需求规格说明书。

2）主要功能：概述软件的关键功能和特性，例如点餐流程、支付选项、订单管理等。

3）项目目标：开发者需明确项目的主要目标，比如提高餐馆的运营效率或提升顾客满意度。

4）使用场景：描述典型用户的使用场景，包括点餐、支付、订单跟踪等流程。

5）用户角色：定义不同类型的用户（如顾客、服务员、管理人员）及其相应的权限。

3. 松耦合

1）后台处理：说明后台系统的处理逻辑，例如订单处理、库存管理等。这些系统应该设计为模块化，以便维护和扩展。

2）输入和输出：定义软件接收的数据类型和格式，以及生成的输出结果。确保每个功能点的输入输出都是清晰的，有助于实现功能间的解耦。

3）独立性：确保各个功能点尽可能地相互独立，便于进行单独的开发、测试和部署，这有助于采用敏捷开发方法。

通过对这些要点的详细阐述，可以为软件开发提供一份全面且具体的需求规格说明书。这将有助于确保整个开发团队对项目的预期有统一的认识，并为后续的设计、开发和测试阶段提供明确的指导，同时支持灵活的迭代和快速响应变化的能力。

3.2.2 大模型辅助生成需求规范

有了明确的需求规格编写规范以及从市场上收集到的真实用户需求，开发者可以将这两项作为输入，通过生成提示语的方式，让大模型协助开发者生成需求规格说明书。需要注意的是，在初次尝试时，大模型生成的可能只是一个大致的框架。因此，为了获得更为清晰和具体的输入，建议开发者对每一条需求逐一进行分析和生成。

1. 创建提示语

基于上述两项输入，构建一系列提示语发送给大模型，用于引导大模型生成相关文档。

示例提示语如下：

“你是一名产品经理，请写作一份关于在线订餐小程序的产品规格说明书，这是市场原始需求：【（1）用户注册与登录：方便用户管理个人信息，提高用户体验（2）浏览菜单：让用户能够快速了解菜品信息，选择心仪商品（3）下单与支付：实现线上交易，满足用户便捷订餐需求（4）订单跟踪：让用户能够实时了解订单状态，提高满意度】，这是需求说明规范【

准确性

明确细节：它为开发者提供了详细的开发指南，确保每个功能都符合您的预期。这包括：

功能需求：详细说明软件需要实现的功能，比如菜单浏览、在线支付、订单管理等。

用户交互：描述用户与软件的交互流程，比如点餐界面的设计、支付流程等。

定义范围

主要功能：概述软件的关键功能和特性，例如点餐流程、支付选项、订单管理等。

使用场景：描述典型的使用场景，包括点餐、支付、订单跟踪等流程。

用户角色：定义不同类型的用户（如顾客、服务员、管理人员）及其相应的权限。

】”

大模型生成的结果通常会是一个概括性的需求规格说明书框架。

2. 细化需求

开发者需要对框架中的每个部分进行细分，并为每个细分点创建新的具体的提示语。

例如，对于“下单支付”部分，可以进一步细化提示语。

“请针对下单与支付功能，详细描述需求说明，用户交互过程，以及后台的支付流程。”

获得的结果如图 3-2 所示，可见这个需求规格更为详细和可用，其质量有了较大的提升。

好的提示语固然重要，但是要获得令人满意的专业结果，设计人员必须对相关的行业和技术非常理解，才能根据需要不断地调整输入，以便达到满意的结果。

3. 迭代优化

重复上述工作，逐个细化每一个需求点。在每次迭代后，检查生成的内容是否满足需求规格

● 图 3-2　大模型辅助生成细化需求说明

编写规范，并进行必要的修改。如果有必要，可以向模型提供额外的信息或限制条件，以便得到更加精确的输出。

4. 最终审查

完成所有需求点的细化后，进行全面审查，确保所有的功能性和非功能性需求都被准确无误地记录下来。最终需求规格说明书应该能够被开发团队清晰理解并执行。

关于小程序支付功能的需求规格如下，既包括了功能说明，也有用户交互过程，以及后台的结果，可以较好地指导研发人员进行下一步的设计和开发工作。

详细的支付功能需求规格说明书内容如下所示。

1. 功能需求

1.1 下单功能

用户在选择完菜品后，可以将其添加到购物车。

购物车页面应显示用户所选的所有菜品，包括菜品名称、数量、单价和总价。

用户可以修改购物车中的菜品数量或删除菜品。

用户确认购物车中的菜品无误后，可以单击“下单”按钮进行下单。

1.2 支付功能

支持多种支付方式，如微信支付、支付宝支付等。

用户选择支付方式后，应跳转到相应的支付页面进行支付。

支付成功后，用户应收到支付成功的通知，并显示订单详情。

支付失败时，应提供错误信息，并允许用户重新选择支付方式或取消订单。

2. 用户交互过程

2.1 下单交互流程

用户浏览菜单，选择心仪的菜品。

单击“加入购物车”按钮，将菜品添加到购物车。

进入购物车页面，查看已选菜品，可进行数量修改或删除操作。

确认无误后，单击“下单”按钮。

2.2 支付交互流程

在下单页面，用户选择支付方式。

单击“确认支付”按钮，跳转到相应支付平台的支付页面。

在支付页面完成支付操作。

支付成功后，返回小程序，显示支付成功的通知和订单详情。

支付失败时，显示错误信息，提供重新支付或取消订单的选项。

3. 后台支付流程

3.1 接收支付请求

后台接收到用户支付请求后，生成支付订单，并保存到数据库中。

生成支付订单时，应包括订单号、支付金额、支付方式等信息。

3.2 调用支付接口

根据用户选择的支付方式，调用相应的支付接口进行支付。

支付接口应包括微信支付等。

3.3 处理支付结果

支付接口返回支付结果后，后台进行处理。

支付成功时，更新订单状态为“已支付”，并保存支付相关信息。

支付失败时，更新订单状态为“支付失败”，并记录失败原因。

3.4 发送支付通知

支付成功或失败后，后台向小程序前端发送支付通知。

通知中应包括支付结果、订单号等信息。

3.5 订单管理

后台应提供订单管理功能，包括查询订单、更新订单状态、处理退款等操作。

通过以上步骤，开发者不仅能够利用大模型快速生成需求规格说明书的初稿，还能确保文档内容的完整性和准确性。这种方法极大地提高了编写效率，并且有助于保证最终产品的质量符合预期。

3.3 原型设计与视觉风格

【学习目标】

1）理解原型设计在产品开发周期中的重要性及其作用。

2）掌握使用 Axure RP 工具设计交互式原型的方法。

3）了解如何利用人工智能技术辅助界面设计，提高设计效率。

4）学习图标和素材设计原则，采用大模型辅助图标设计。

随着用户体验设计的重要性日益凸显，原型设计已成为产品开发过程中不可或缺的一部分。一个好的原型不仅能帮助设计团队更好地沟通设计理念，还能让用户提前体验产品的功能与界面，从而收集反馈进行改进。

视觉风格的一致性对于塑造品牌形象至关重要，它有助于提升产品的识别度和吸引力。

3.3.1 使用 Axure RP 设计原型

交互原型设计工具是现代 UI/UX 设计流程中的核心组成部分，它们使设计师能够快速创建可向用户展示的原型，用于展示产品的外观和行为。这类工具不仅帮助设计团队内部沟通，还便于向利益相关者演示产品概念，并收集早期用户的反馈。目前市场上存在多种交互原型设计工具，它们各有特点和优势。

常见的交互原型设计工具包括 Axure RP、墨刀、Sketch 等，本节主要描述如何使用 Axure RP 来设计原型。

Axure RP 是一款强大的原型设计工具，被广泛应用于 UI/UX 设计领域。它不仅可以帮助设计师制作详细的线框图和交互原型，还能生成文档和规格书，以供开发人员参考。以下是 Axure RP 的三大核心功能。

1. 界面元素

如图 3-3 所示，Axure RP 提供了一个丰富的组件库，包含各种各样的界面元素，如按钮、文本框、列表、表格、图像等，这些元素可以用来构建基本的用户界面布局。

使用案例：假设开发者需要设计一个登录界面，开发者可以拖拽一个“文本框”组件作为用户名输入框，再拖拽一个“文本框”作为密码输入框，最后添加一个“按钮”作为登录按钮。这些界面元素可以通过简单的拖放操作放置在画布上，并可以调整大小和位置来满足设计需求。

2. 事件处理能力

Axure RP 支持多种事件处理机制，比如监听用户的单击、鼠标移动、双击、滚动等操作。当这些事件发生时，可以触发预定义的动作，例如页面跳转、显示或隐藏元素、改变元素属性等。

在登录界面的例子中，当用户单击“登录”按钮时，可以设置一个事件来验证用户名和密码是否正确。如果验证成功，则可以设置一个动作来模拟用户登录成功后的页面跳转至主界面；如果验证失败，则可以弹出一个提示框告诉用户登录失败。

3. 动态面板功能

动态面板是一种特殊的容器，它可以容纳多个状态（State），每个状态代表面板的一个不同版本。通过事件触发，可以切换面板的状态，从而展示不同的内容或布局。

例如设计一个购物车页面，可以使用一个动态面板用来展示商品信息。这个面板有三个状态：“空购物车”“单个商品”和“多个商品”。在初始状态下显示的是“空购物车”，当用户添加了第一个商品后，动态面板的状态会切换到“单个商品”，显示该商品的信息。随着更多商品的加入，状态可以进一步切换到“多个商品”，展示所有已选商品的列表。

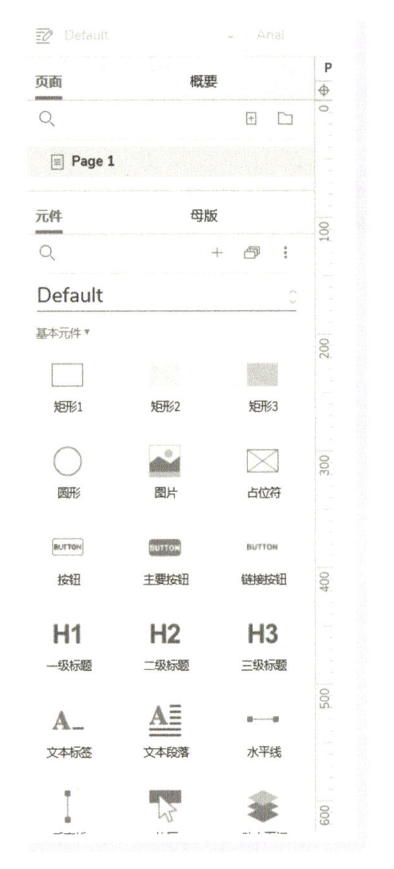

图 3-3 Axure RP 界面元素

通过这些实用的功能，Axure RP 能够帮助设计师快速模拟小程序的实际运行场景。对开发者而言，这套工具是创建高质量交互原型的理想选择。

3.3.2 大模型辅助界面设计

在界面交互设计领域，大模型正逐渐成为设计师的好帮手。尽管大模型目前还不能完全替代人工完成复杂的交互设计任务，特别是在设计多个相互关联的页面方面，但它已经能够在需求规格书的基础上，为设计师提供进一步的交互设计描述和说明。这大大提高了设计效率和质量。

1. 需求规格细化

基于需求规格书中的功能描述，大模型能够帮助设计师生成详细的交互流程和用户故事。这包括对特定用户行为的响应，如单击、滑动等操作所触发的界面变化。

2. 界面元素与布局建议

大模型可以根据项目的需求和目标用户群体，推荐合适的界面元素和布局方案。这些建议通常基于现有的设计模式和最佳实践。

3. 交互反馈与动画建议

大模型还可以提出一些关于交互反馈和动画效果的建议，帮助增强用户界面的互动性和吸引力。

举个例子，以下是生成订餐功能的交互界面提示语示例。

“你是一名优秀的 UI 设计师，请帮我根据以下描述生成一个支付功能的交互界面【下单交互流程 用户浏览菜单，选择心仪的菜品。

单击“加入购物车”按钮，将菜品添加到购物车。进入购物车页面，查看已选菜品，可进行数量修改或删除操作。确认无误后，单击“下单”按钮。】

相关的交互描述要包括：【界面元素与布局建议，用户行为的响应，如单击、滑动等操作所触发的界面变化，以及交互反馈与动画建议】”

如图 3-4 所示，大模型工具其生成了一个十分完善的交互页面描述，设计师可以根据这个描述完成交互页面设计，以及更为完善的交互反馈功能。

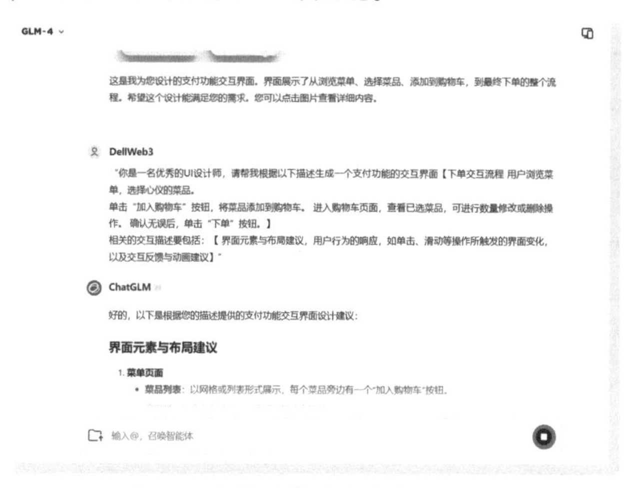

● 图 3-4　大模型辅助生成交互页面设计

下面是大模型生成的完整的交互设计文档，可见相较于设计人员，大模型会非常细心地处理细节，考虑各个设计步骤很周到。

1. 界面元素与布局

1.1 菜单页面

页面顶部显示搜索框，方便用户搜索菜品。

菜品分类标签位于页面中部，横向滑动展示不同分类。

每个菜品项包括菜品图片、名称、价格和“加入购物车”按钮。

页面底部固定显示购物车图标和数量，单击后进入购物车页面。

1.2 购物车页面

页面顶部显示购物车标题和“返回”按钮。

每个购物车项包括菜品图片、名称、价格、数量选择器和“删除”按钮。

页面底部显示菜品总价和“下单”按钮。

2. 用户行为的响应

2.1 加入购物车

用户单击“加入购物车”按钮，按钮下方将出现动画效果，表示菜品已添加到购物车。

同时，页面底部的购物车图标数量增加，并伴有短暂的增加动画。

2.2 数量修改

用户单击购物车项中的数量选择器，弹出数量选择弹窗。

用户滑动或单击选择数量，弹窗显示当前数量。

用户确认数量后，弹窗关闭，购物车项更新数量。

2.3 删除菜品

用户单击购物车项中的“删除”按钮，按钮上方弹出确认删除的提示框。

用户单击确认，购物车项从购物车中移除，并显示删除动画效果。

2.4 下单

用户单击“下单”按钮，按钮上方弹出确认下单的提示框。

用户单击确认，进入支付页面。

3. 交互反馈与动画建议

3.1 加入购物车动画

当用户单击“加入购物车”按钮时，按钮下方出现一个向上的小箭头动画，表示菜品已成功添加到购物车。

3.2 数量修改动画

当用户修改购物车项的数量时，数量选择器的背景颜色变化，表示当前正在修改。

确认数量后，购物车项的数量更新，并显示一个短暂的动画效果。

3.3 删除菜品动画

当用户单击“删除”按钮时，购物车项上方弹出确认删除的提示框，提示框背景颜色变化，表示警告。

确认删除后，购物车项从购物车中移除，并显示一个向下的消失动画。

3.4 下单动画

当用户单击“下单”按钮时，按钮上方弹出确认下单的提示框，提示框背景颜色变化，表示重要操作。

确认下单后，进入支付页面，页面过渡动画平滑，给用户提供一个清晰的支付流程引导。

大模型辅助的界面设计不仅能够加快设计过程，还能够提升设计质量。虽然大模型目前无法独立完成复杂的多页面交互设计，但它显著减轻了设计师的工作负担，使他们能够更加专注于创造性的思考和解决问题。借助大模型的力量，设计师可以更快地实现他们的设计理念，同时确保最终产品既美观又实用。

3.3.3 图标与素材整合

尽管大模型目前无法生成完整的交互界面，但它们在生成各种适合的小图标或界面素材方面表现出色。这些生成的图标和素材可以显著提升设计的质量和厚度，为设计师带来更多的创作灵感和选择空间。

1. 提升设计效率

大模型可以根据设计师的提示语快速生成一系列图标，从而节省设计师的时间和精力。

如图 3-5 所示，设计师可以输入提示语“**我想生成一个扁平风格的红色图标用于订餐网站，尺寸为 48×48 像素**”，大模型将生成符合要求的一系列图标供设计师选择和修改。

2. 丰富设计风格

大模型可以生成不同风格和主题的图标，满足设计师多样化的需求。无论是简约风格、拟物化风格还是抽象风格，大模型都能生成相应的图标，为设计师提供更多的选择。

如图 3-6 所示，大模型根据提示语生成了风格统一的界面元素，可以很好地辅助设计工作。

3. 优化设计细节

大模型生成的图标通常具有较高的质量和细节，设计师可以根据需要对图标进行调整和优化，使其更符合设计要求。例如，设计师可以调整图标的背景颜色、形状和线条，使其更符合整体设计风格。

大模型在生成适合的小图标或界面素材方面具有显著的优势，可以提升设计的质量和速度。虽然目前大模型还不达到人类设计师的细致程度和细节描述，但是其优点是快捷。在设计过程中，设计师可以利用大模型的特性，快速生成各种风格的图标或者界面元素，提前确认设计方向，避免风险。

设计师们也可以利用大模型生成的图标和素材，节省设计时间，丰富设计风格，优化设计细节，从而创作出更出色的界面设计作品。

● 图 3-5　大模型生成小程序的图标

● 图 3-6　大模型生成风格统一的界面元素

3.4 技术选型与开发准备

【学习目标】

1）了解技术选型的原则：根据产品需求和当前技术趋势进行合理的技术选型。

2）了解在开始开发前需要完成的关键步骤，包括注册小程序账号、分析市场需求、制定需求规格说明书、设计产品原型等。

3）明确功能的可运营性：确认您计划实现的功能符合小程序运营类目，避免因功能不支持导致无法上线的问题。

4）熟悉微信小程序开发的核心技术栈，包括云开发技术、WXML、WXSS和JavaScript等。

在开始小程序开发之前，有一系列重要的准备工作需要完成。这些准备工作不仅包括技术选型，还包括前期的市场调研、需求分析以及设计文档的制定等。确保这些准备工作得到妥善执行，能够帮助您在开发过程中避免不必要的麻烦，提高开发效率。

3.4.1 小程序技术选型

技术选型是软件开发项目中的一个重要环节，它直接影响到产品的性能、可维护性和开发效率。在微信小程序开发过程中，技术选型和开发前的准备工作必须紧密围绕产品需求和设计原则。本节将探讨在微信开发工具中如何进行适当的技术选型，并为开发做好充分的准备。

1. 技术选型原则

1）服从产品需求：技术选型应当以满足产品需求为核心，确保所选技术能够有效地支持产品功能的实现。

2）遵循设计原则：设计原则指导着技术架构的选择，确保技术选型能够与整体设计风格匹配。

3）注重开发效率：选择易于上手、开发速度快的技术栈，有助于缩短产品上市周期。

2. 核心技术栈

在微信小程序开发框架中，核心的技术栈已经相对成熟，主要包括以下几个方面：

1）腾讯云开发：用于搭建后台服务，提供数据存储、文件存储等功能。这种方式简化了后端开发，使开发者能够快速搭建起基础的服务架构。

2）WXML：这是一种类似于HTML的标记语言，用于定义小程序的页面结构。

3）WXSS：这是一种对CSS的扩展，用于定义小程序的页面样式和布局。

4）JavaScript：用于实现前端的逻辑控制，包括数据绑定、页面交互等。

这样的技术栈组合具有以下特点：

1）快速简捷：使用这些技术可以快速构建出小程序的原型和正式版本，有利于快速迭代和产品上线。

2）易于部署：微信开发者工具提供了一整套完善的部署和调试工具，使得部署过程变得简单快捷。

3）成本低廉：利用云开发技术可以有效降低服务器端的开发和运维成本。

3. 特殊情况下的技术扩展

上述技术栈已经能够满足大部分小程序的开发需求，但在某些特定情况下，比如需要处理大量数据或复杂的业务逻辑时，可能需要采取额外的技术手段。

1）大数据量的查询和插入需求：当面临大数据量的查询或插入需求时，仅依靠微信云开发的默认能力可能不足以高效处理。这时可以考虑引入第三方数据库服务，如 MySQL、MongoDB 等，或者使用云函数来实现更复杂的逻辑处理。

2）高性能计算需求：对于需要高性能计算的任务，可以考虑使用 Node. js 后端服务或云函数来处理，这样可以利用更强大的计算资源。

技术选型应当始终以产品需求为导向，确保所选技术能够高效地支持产品功能的实现。微信小程序开发的核心技术栈已经相当成熟，但在遇到特殊需求时，也需要灵活运用其他技术来增强功能。通过合理的技术选型和充分的开发准备，可以确保小程序项目的顺利进行。

3. 4. 2 小程序开发准备

开发前的准备工作包括注册小程序账号、市场需求分析、制定产品需求规格说明书、产品原型设计以及服务类目确认。

1. 注册小程序账号

在开始开发之前，必须确保您已经成功注册了小程序账号。小程序账号是您在微信平台上开发和发布小程序的前提。

注意事项：请仔细阅读微信平台的相关政策和指南，确保您的小程序符合平台规定。

2. 市场需求分析

产品始于市场，在开发前，您需要通过市场调研和竞品分析，收集用户的真实需求和期望。这一步骤对于确定小程序的功能和市场定位至关重要。要确保您的小程序能够解决用户的真实痛点，并且在市场上有一定的竞争优势。

3. 制定产品需求规格说明书

基于市场需求分析的结果，制定详细的需求规格说明书。这将帮助开发团队更好地理解项目的目标和功能需求。需求规格说明书应当尽可能详细和清晰，确保每个功能点都有明确的描述。

4. 产品原型设计

使用 Axure RP 等工具设计交互原型，以直观地展示小程序的界面布局和交互流程。原型设计应当关注用户体验，确保界面简洁、操作流畅。

5. 服务类目确认

在开发前确认您计划实现的功能是否已经申请相应的小程序服务类目并获得许可。如图 3-7 所示是个人主体小程序可以从事的服务类目，从表格中可以看到，目前个人主体小程序只允许做餐厅排队类业务，而线上点餐、支付、外卖等服务都需要企业认证的小程序才能使用。

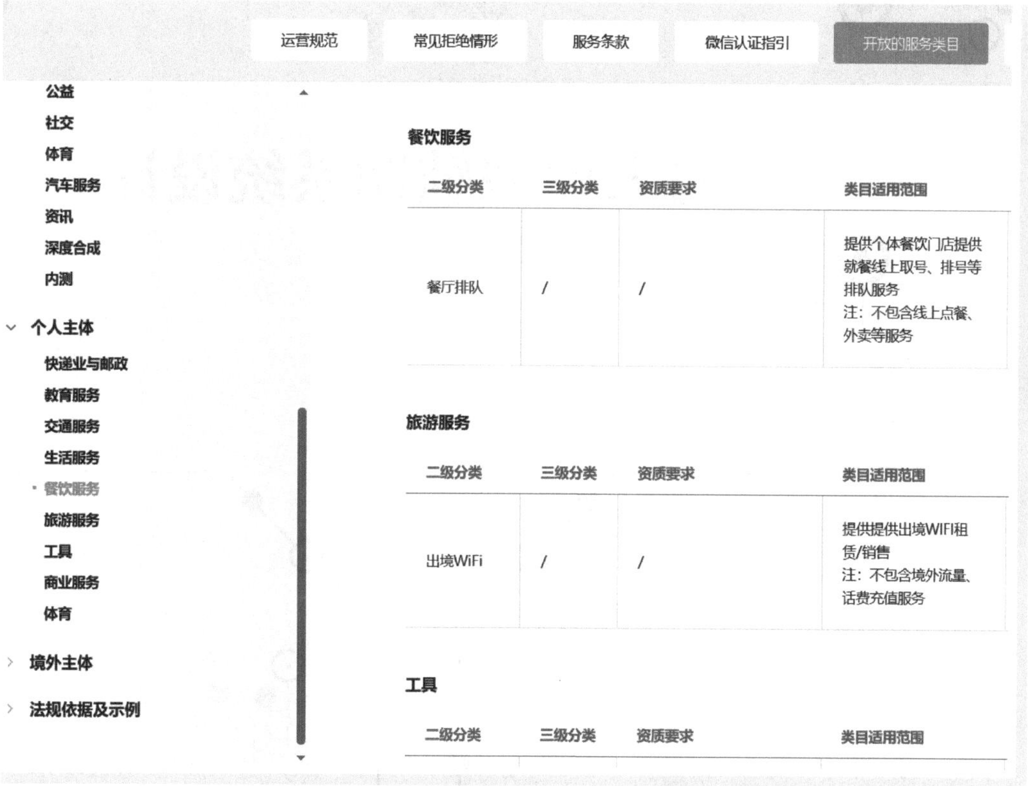
运营规范
常见拒绝情形
服务条款
微信认证指引
开放的服务类目
公益
社交
体育
汽车服务
资讯
深度合成
内测
个人主体
快递业与邮政
教育服务
交通服务
生活服务
餐饮服务
旅游服务
工具
商业服务
体育
境外主体
法规依据及示例
餐饮服务
二级分类 三级分类 资质要求 类目适用范围
餐厅排队 / / 提供个体餐饮门店提供就餐线上取号、排号等排队服务
注：不包含线上点餐、外卖等服务
旅游服务
二级分类 三级分类 资质要求 类目适用范围
出境WiFi / / 提供提供出境WIFI租赁/销售
注：不包含境外流量、话费充值服务
工具
二级分类 三级分类 资质要求 类目适用范围

● 图 3-7　个人主体小程序可以从事的服务类目

如果计划开发的功能涉及敏感领域或需特定资质，务必提前做好服务类目申请，并等待审核通过后才能启动开发工作。

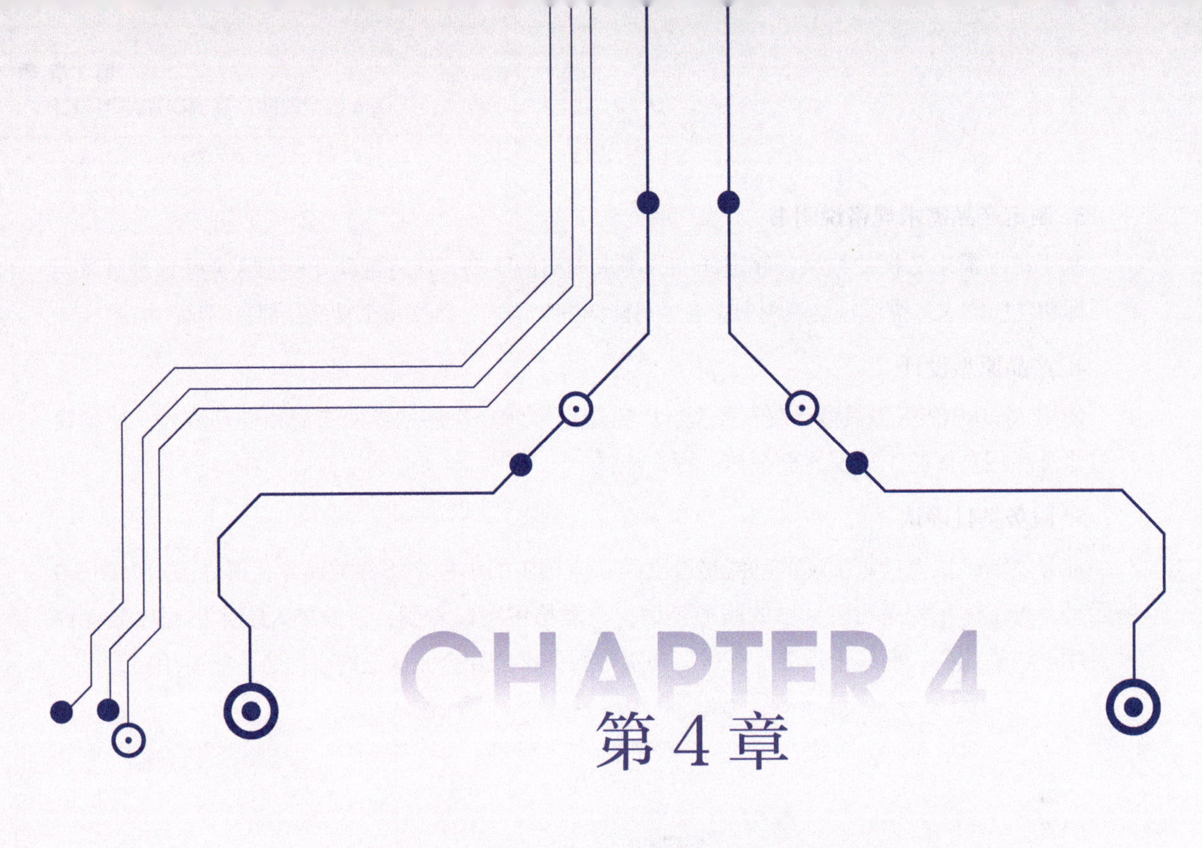

CHAPTER 4

第4章

AI大模型辅助系统设计

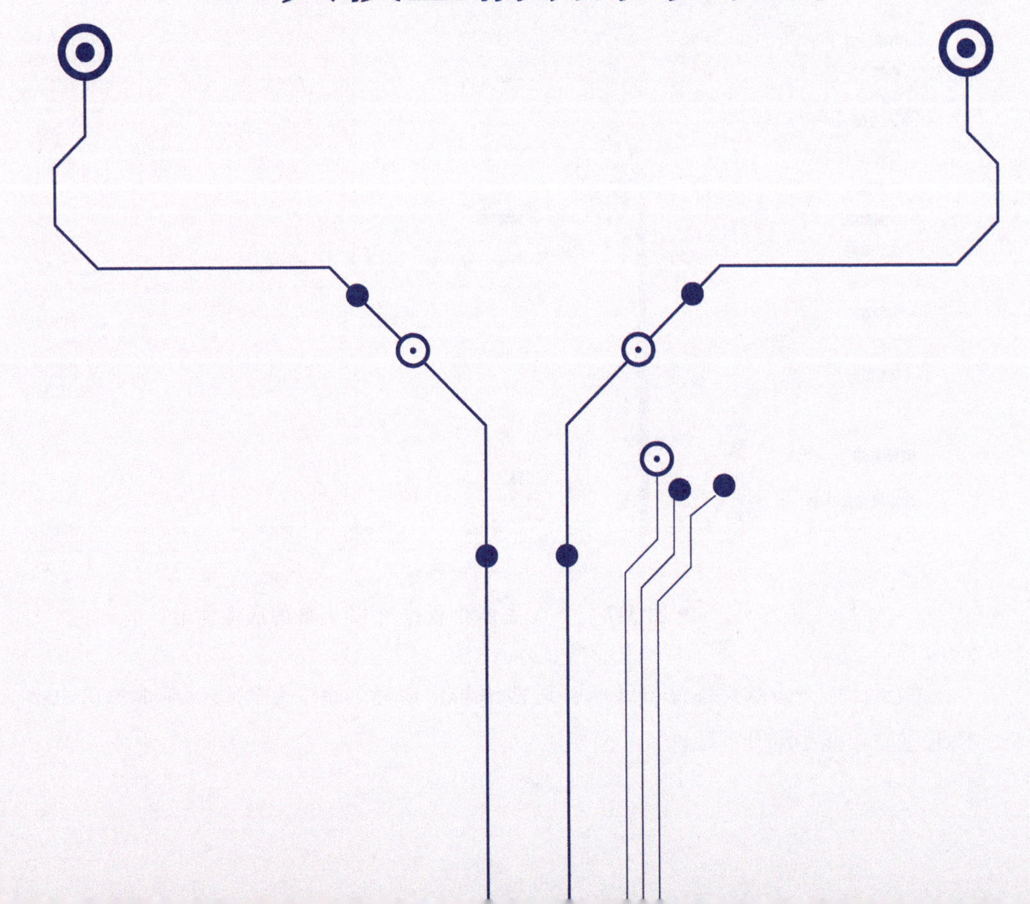

4.1 小程序系统架构设计

【学习目标】

1）掌握小程序系统架构的基本概念和组成，包括前后端分离的设计理念。

2）了解在设计小程序系统架构时需要考虑的关键因素，如可扩展性、可维护性、性能和安全性。

3）学习如何利用大模型GC技术来优化架构设计过程，提高设计效率。

在小程序开发的过程中，系统架构设计是至关重要的第一步。良好的架构不仅能够保障小程序的性能和稳定性，还能够为后续的开发工作提供清晰的方向。

本节将详细介绍小程序系统架构设计的基本原理和方法，以及如何利用人工智能技术来辅助这一过程。通过学习本节，读者能够更好地理解如何构建一个高效、稳定且易于维护的小程序系统。

4.1.1 小程序架构概述

小程序的架构设计是为了解决移动网页在微信内传播体验不佳和能力不强的问题。早期公众号的服务能力主要通过移动网页来实现，由于移动网页的表现依赖于不同操作系统对HTML5的解析能力，因此用户体验参差不齐，功能有限。

虽然微信团队推出了JS-SDK来增强移动网页的能力，但并未解决体验不佳的问题，尤其是白屏现象、页面切换的生硬感和单击延迟等问题依然存在。因此张小龙要求研发团队推出架构更为紧密的小程序架构，并向小程序开放了大量的微信底层功能。

小程序运行在微信客户端上，与小程序基础库版本紧密相关。它的核心在于双线程模型设计，这种设计旨在提高应用的响应速度和用户体验。

1. 双线程模型

如图4-1所示，小程序的视图层负责页面渲染，而逻辑层则处理业务流程。小程序的逻辑层运行在JsCore中，视图层使用WebView进行渲染。这种分离减少了因长时间加载导致的空白页问题，这一问题在传统单线程网页中是一种常见现象。然而，双线程模型也引入了新的挑战，尤其是在线程同步方面。

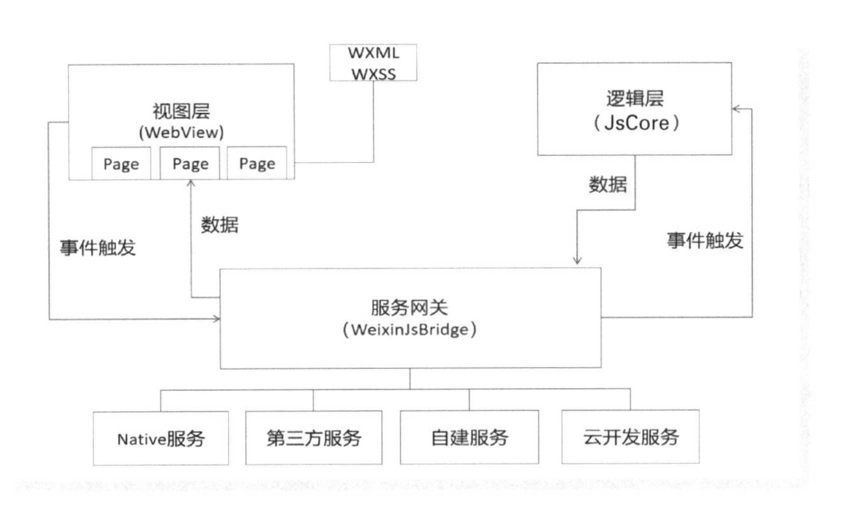

● 图 4-1　小程序双线程模型

2. 同步与异步编程

由于视图层和逻辑层处理时效的不同步，小程序开发需要特别考虑同步（sync）和异步（async）编程模式。频繁调用 setData( ) 会导致线程间通信频繁，影响页面渲染速度。

在某些情况下，页面的渲染必须等待异步函数的完成，可以使用 await 关键字来等待异步操作的完成，代码如下所示：

```
await query.get().
  then(res => {
  // console.log('请求成功', res.data);
    count=res.data.length
      return ;
    }
```

上面代码中的流程，如果在 onLoad 函数中等待数据请求完成，那么数据请示不返回，就不会渲染当前页面。如果在同步函数中出现大量的数据操作，会阻塞页面的渲染，直到函数执行完成。这种方法虽然可以避免出现数据问题，但有时也会让用户感觉到画面没有响应。

相比之下，异步函数允许渲染事件在逻辑层处理完成之前就结束。当逻辑层处理完毕后，需要有一种事件通知机制来通知视图层更新相关的组件。

3. 线程协同与性能优化

双线程机制有效地解决了前端页面的同步问题，但前端逻辑层访问数据库的性能较低，特别是在处理大量数据时。

对于高性能、高消耗的业务，小程序提供了其他解决方案。例如，可以通过微信API调用硬件功能，使用HTTPS实现远程服务器访问，以及利用手机和计算机的原生能力处理数据。这些功能通过小程序的微信JSBridge接口进行调用，从而提升了小程序的性能和用户体验。

通过理解小程序的双线程架构和同步与异步编程模型，开发者可以更有效地利用小程序提供的资源，创建出性能更优、用户体验更好的应用。

4.1.2 大模型辅助架构设计

随着人工智能技术的发展，大模型已经能够参与到软件开发的各个环节中，包括架构设计阶段。在设计小程序时，可以利用大模型的帮助来快速地将逻辑架构转化为具体的物理架构，实现高效的设计流程。

1. 需求规格输入

在开始设计之前，需要明确小程序的目标和功能需求。这包括但不限于：

1）用户故事：描述用户如何使用小程序。

2）功能列表：列出小程序的核心功能。

3）数据流：描述数据在系统中的流动路径。

4）安全性要求：确保数据的安全性和用户隐私保护。

5）性能指标：设定小程序的性能目标。

2. 提示语

为了使大模型更好地理解需求，开发者可以使用特定的提示语来引导大模型的设计过程。例如：

1）模块划分：“**请根据上述需求将小程序划分为几个主要模块**。”

2）云函数设计：“**请设计一组云函数来支持这些模块的功能**。”

3）数据库设计：“**请设计一个数据库方案，包括表结构、字段类型等**。”

3. 大模型辅助设计

一旦需求规格确定并给出相应的提示语，大模型就会根据开发者输入的需求进行系统设计，稍做改造就可以将大模型的设计输出转化为项目的物理架构。

1）模块划分：基于需求规格，大模型可以帮助开发者识别出哪些功能可以组合成一个模块，并提出模块之间的交互方式。

2）云函数设计：如图4-2所示，大模型可以推荐或设计出一系列云函数，这些云函数能够支持前端和后端之间的数据交换，如用户认证、数据查询等。

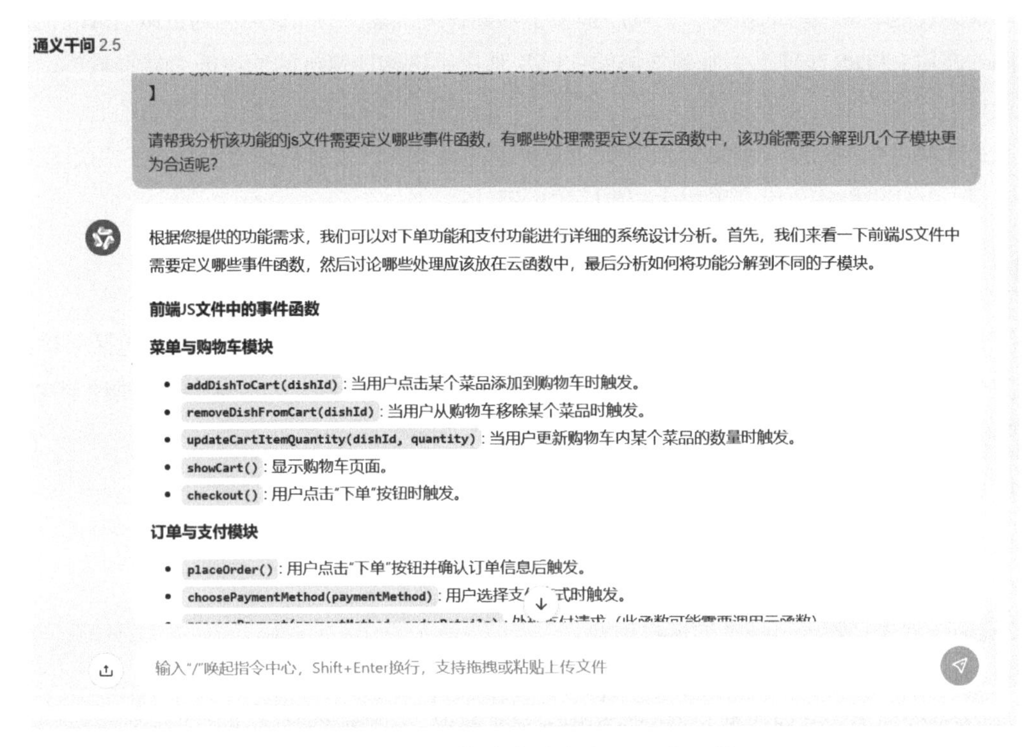

● 图 4-2　大模型辅助生成云函数设计

3）数据库设计：大模型可以提供合适的数据库表结构建议，包括字段定义、索引、外键关系等，确保数据的一致性和完整性。

举个例子，在第3章对一个订餐程序进行了产品设计和规格说明，现在对其进行物理设计，提示语如下所示：

“系统设计，目前需要实现以下小程序功能

【1.1 下单功能 用户在选择完菜品后，可以将其添加到购物车。购物车页面应显示用户所选的所有菜品，包括菜品名称、数量、单价和总价。用户可以修改购物车中的菜品数量或删除菜品。用户确认购物车中的菜品无误后，可以单击“下单”按钮进行下单。

1.2 支付功能 支持多种支付方式，如微信支付、支付宝支付等。用户选择支付方式后，应跳转到相应的支付页面进行支付。支付成功后，用户应收到支付成功的通知，并显示订单详情。支付失败时，应提供错误信息，并允许用户重新选择支付方式或取消订单。】

请分析该功能的JS文件需要定义哪些事件函数，有哪些处理需要定义在云函数中，该功能需要分解到几个子模块更为合适呢?”

将该段提示语发送给通义千问2.5大模型的对话框后，其不仅很快给出了结果，还很贴心地将功能拆分成多个子模块，在云函数和前端函数间进行了区分，甚至直接给出了函数的定义源代码，如图 4-3 所示。

大模型给出的具体回答如下所示。

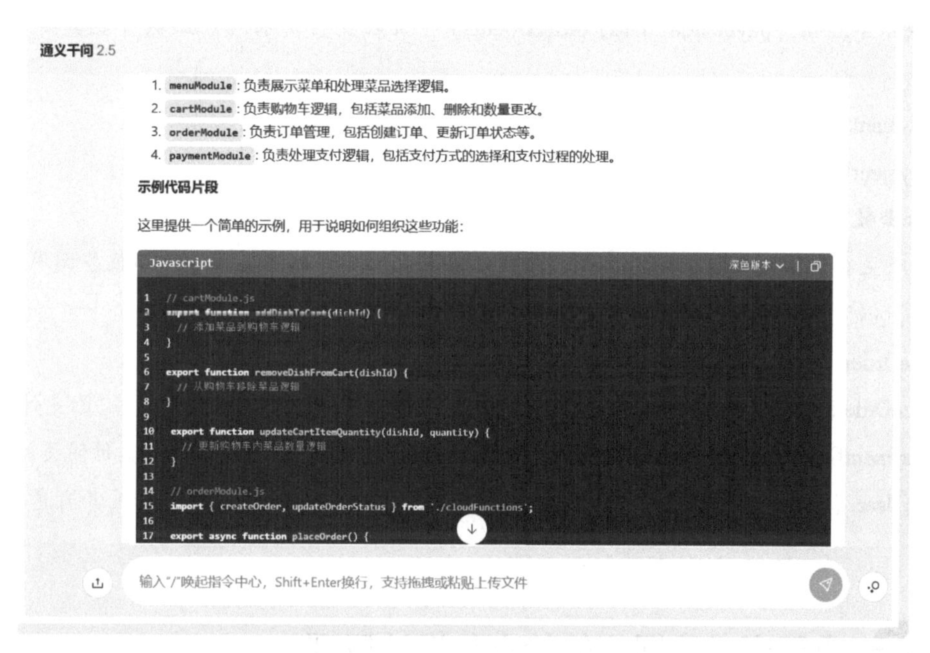

● 图 4-3　大模型生成的函数定义

1. 子模块分解

为了保持代码的可维护性和扩展性，可以将功能分解为几个子模块：

menuModule：负责展示菜单和处理菜品选择逻辑。

cartModule：负责购物车逻辑，包括菜品添加、删除和数量更改。

orderModule：负责订单管理，包括创建订单、更新订单状态等。

paymentModule：负责处理支付逻辑，包括支付方式的选择和支付过程的处理。

2. 前端 JS 文件中的事件函数

菜单与购物车模块

addDishToCart（dishId）：当用户单击某个菜品添加到购物车时触发。

removeDishFromCart（dishId）：当用户从购物车移除某个菜品时触发。

updateCartItemQuantity（dishId，quantity）：当用户更新购物车内某个菜品的数量时触发。

showCart()：显示购物车页面。

checkout()：用户单击“下单”按钮时触发。

订单与支付模块

placeOrder()：用户单击“下单”按钮并确认订单信息后触发。

choosePaymentMethod（paymentMethod）：用户选择支付方式时触发。

processPayment（paymentMethod，orderDetails）：处理支付请求（此函数可能需要调用云函数）。

onPaymentSuccess（orderDetails）：支付成功后的回调函数。

onPaymentFailure（error）：支付失败后的回调函数。

3. 云函数中的处理

云函数主要用于处理与服务器端逻辑相关的需求，比如数据库操作、外部服务调用等。对于这个场景，以下是一些需要在云函数中处理的操作：

createOrder（orderDetails）：在数据库中创建新订单。

updateOrderStatus（orderId，status）：更新订单状态（例如从“待支付”到“已支付”）。

getPaymentGatewayUrl（paymentMethod，orderDetails）：根据支付方式获取支付网关的 URL。

notifyUser（orderId，status）：通知用户订单状态变化，可以通过发送短信或者消息推送的方式实现。

4.2 小程序云数据库的特点与设计原则

【学习目标】

1）了解云数据库的基本概念及其在云开发环境下的应用优势。

2）了解基于 MongoDB 的云数据库在小程序开发中的使用场景。

3）理解小程序云数据库的设计原则。

随着云计算技术的发展，越来越多的应用选择使用云数据库来存储数据。微信云开发环境提供的云数据库基于 MongoDB，既具备 NoSQL 的灵活性，也具备大部分数据库的优势，因此在云环境中尤其受到欢迎。它以其灵活性、高性能和易于扩展的特点，成为许多开发者构建小程序的首选。MongoDB 是一个基于分布式文件存储的开源文档型数据库系统。它使用 BSON（Binary JSON）格式存储数据，这种格式类似于 JSON，但支持更多的数据类型。MongoDB 具备高性能、高可用性和自动扩展的能力，非常适合处理大规模数据集，但对于大规模数据的读取或写入操作，其性能比不上传统的关联数据库如 MySQL、Oracle 等。

4.2.1 云数据库特性概览

对于小程序等应用的开发者而言，传统的开发模式通常涉及复杂的后端基础设施管理，这不仅增加了开发成本，而且分散了开发者对核心业务逻辑的关注。

但随着 Serverless（无服务器架构）的兴起，开发者不需要关心后端基础设施的具体细节，可以通过云 API 一键接入云函数、云数据库和云存储等服务来快速构建和部署应用。Serverless 理念的核心在于让开发者能够专注于编写业务逻辑，而不必担心服务器、数据库、网络等基础设施的维护工作。这种模式极大地提高了开发效率，降低了成本，并且简化了运维流程，使得开发者能够更快地实现产品的迭代和改进。

云数据库的整体架构，如图 4-4 所示，可以分为客户端、接入层、数据层及存储层等几个部分。

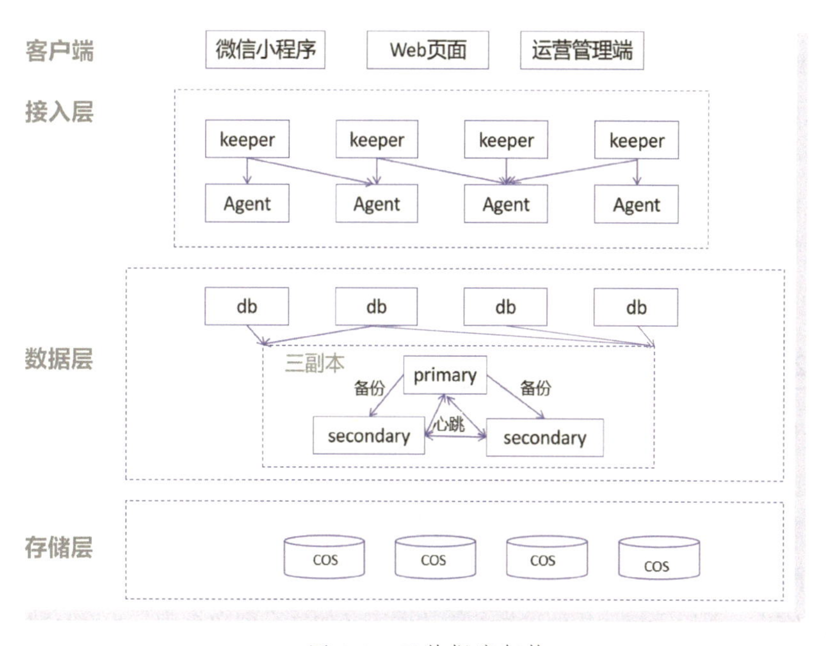

● 图 4-4　云数据库架构

1）客户端：开发者通过云开发提供的 SDK 与云数据库交互，获取必要的登录态，并发送数据读写请求。

2）接入层：包含 keeper 和 Agent 两个无状态模块，负责鉴权、统计、事务优化等功能。keeper 负责权限验证、负载均衡和计费功能，对事务请求进行优化；Agent 负责维护到数据库实例的连接池，统计并发数，优化热迁移过程。

3）存储层：包括数据库实例，每个实例由一个副本集组成，确保高可用性和数据一致性。

4）副本集：每个数据库实例由三个副本组成，采用一致性算法保证数据的最终一致性。

采用云开发数据库，给开发者提供了以下便利。

（1）访问控制优化

1）确保用户只能访问自己的数据库，并且可以创建多个不同权限的账户。

2）连接数控制：在接入层和存储层分别实施连接数控制，避免过多连接导致的性能问题。在接入层控制出入流量和资源使用，降低资源消耗。

（2）数据安全优化

1）分布式多副本容灾：默认三副本，保证数据的最终一致性和高可用性。

2）自动备份与回档：支持 7 天内任意时间回档，可以选择性回档单个数据库表。多可用区容灾：跨多个数据中心部署，支持多地多中心模式。

（3）弹性伸缩

1）动态调整资源：根据负载监控模块的数据动态调整数据库资源，应对负载突增的情况。

2）平滑迁移：实现用户无感知的数据库热迁移，确保数据从一个数据库无损地迁移到另一个数据库。

通过上述设计和优化，云数据库不仅为小程序开发者提供了强大的后端支持，而且还极大地提升了开发效率和用户体验。开发者可以更专注于业务逻辑的创新，而无需担忧后端基础设施的复杂性。

4.2.2 小程序云数据库设计原则

设计云数据库之前，首先要明确应用程序的需求。这包括但不限于：

1）功能需求：应用程序需要实现哪些功能？哪些数据需要存储？

2）性能需求：数据库需要支持的最大并发数是多少？查询响应时间有何要求？

3）可扩展性需求：未来业务增长时，数据库如何轻松扩展？

基于这些需求，可以确定使用何种类型的数据库（如关系型数据库、NoSQL 数据库等），以及如何组织数据结构。

为了提高检索效率并减少存储空间的占用，应该合理设计数据表的字段关联和数据分布。通过主键-外键关系建立表之间的联系，避免数据冗余；将数据拆分为更小的单元，利用规范化原则减少重复数据，提高查询效率。例如，对于用户信息，可以将其分为基本资料（如用户名、密码）和扩展资料（如地址、联系方式）两个表，以减少不必要的数据加载。

为了进一步优化云数据库的处理效率，避免影响用户体验，可以考虑以下设计方法：

1）数据缓存：频繁访问的数据可以缓存在内存中，创建本地数组或列表，减少对磁盘的读取次数。

2）数据索引：为经常用于查询的字段创建索引，加快查找速度。

3）数据分片：将大数据集分布在多个服务器上，减少单个节点的压力。

此外，还可以考虑将一些非关键性的、体积较大的数据文件存储在云文件系统中，而非数据库内，这样既可以节省数据库的空间，也可以提高数据处理的效率。例如，图片、视频等二进制大对象通常更适合存储在专门的对象存储服务中。

在数据库中只存储文件的对象 ID，只有在使用时再将其转换为文件链接来读取，根据不同地区的访问点来缓存文件位置，这样可以进一步提高读取效率。

综上所述，在设计小程序的云数据库时，需要充分考虑其应用场景和特定需求，采取合理的数据设计策略，以确保高性能和良好的用户体验。

4.3 大模型在设计数据表中的作用

【学习目标】

1）学习大模型技术如何自动识别数据定义并据此生成合适的数据表结构。

2）了解并实践大模型工具快速建立准确且高效的数据表的方法。

3）探究如何使用大模型改进现有数据表的设计，提高数据处理效率和准确性。

4）通过对案例研究的分析，了解如何对大模型生成的表结构进一步优化。

在数据表结构设计和数据库处理方面，大模型扮演着越来越重要的角色。特别是在设计数据表的过程中，大模型能够显著提升工作效率，并减少人为错误。

本节将探讨大模型在设计数据表中的重要作用，包括大模型驱动的数据表自动生成与表格结构的智能优化两大主题。通过学习这些先进的技术手段，读者能够更好地利用大模型来简化数据管理流程，确保数据的准确性和一致性。

4.3.1 大模型驱动的数据表自动生成

在传统的软件开发过程中，数据表的设计通常由经验丰富的数据库设计师完成。这不仅耗时，而且容易出现设计上的疏漏。近年来，随着人工智能技术的不断进步，特别是在自然语言处理和机器学习领域的发展，大模型工具已经开始应用于数据表的自动生成。这种方式不仅可以提高设计效率，还能确保数据表结构的合理性与完整性。

1. 设计师的角色

尽管大模型在数据表生成方面发挥了重要作用，但设计师的参与仍然是不可或缺的。在使用大模型工具之前，设计师需要对整个系统的架构有基本的理解，并明确数据表的目的与功能。

设计师对数据结构和需求的深入了解，能够为大模型提供更多的前置条件和信息，协助设计出更完善、更接近最终结果的数据表。例如，在设计一个在线订餐小程序的数据表时，设计师应该考虑以下几个方面：

1）系统架构：理解前端与后端的交互方式，确定哪些数据需要存储在服务器端，哪些可以在前端缓存。

2）数据架构：定义数据库中各数据表的名称及作用。比如用户的个人信息表、订单详情表等。

3）模块划分：将数据表按照逻辑分为不同的模块，如用户信息模块、菜单信息模块、订单信息模块等。

4）字段预设：提前定义关键字段，包括字段名、数据类型、是否允许为空等属性。

2. 利用大模型生成数据表

在建立上述基本框架后，就可以利用大模型工具来辅助生成数据表。例如，在设计在线订餐小程序的数据表时，开发者可以使用以下提示语来指导大模型自动创建核心数据表：

“你是一名优秀的数据库设计师。目前我需要做一个订餐小程序，主要的下单功能如下：

【1.1 下单功能 用户在选择完菜品后，可以将其添加到购物车。购物车页面应显示用户所选的所有菜品，包括菜品名称、数量、单价和总价。用户可以修改购物车中的菜品数量或删除菜品。用户确认购物车中的菜品无误后，可以单击“下单”按钮进行下单。】

现在请协助我生成与下单功能相关的数据表，包括：用户信息表、订单信息表、菜品列表、菜品详细情表以及购物车信息表，请注意几个表中的数据关联字段以及索引字段的设计，请描述每个字段的类型和范围以及定义。”

为了更直观地查看大模型生成的数据表效果，开发者可以使用实体-关系图（E-R 图）来查看数据表的关联，并评估大模型设计的效率。

图 4-5 是根据大模型生成的数据表转换而来的 E-R 图。

E-R 图即实体-关系图（Entity-Relationship Diagram），是数据库设计中常用的一种概念模型设计工具。它在逻辑设计阶段用于帮助理解系统需求，描述数据模型中的实体（Entity）、关系（Relationship）以及属性（Attribute）。

在 E-R 图中，主要包括以下元素：

1）实体（Entity）：实体是现实世界中可以区分的对象，通常用矩形表示。例如，在订餐

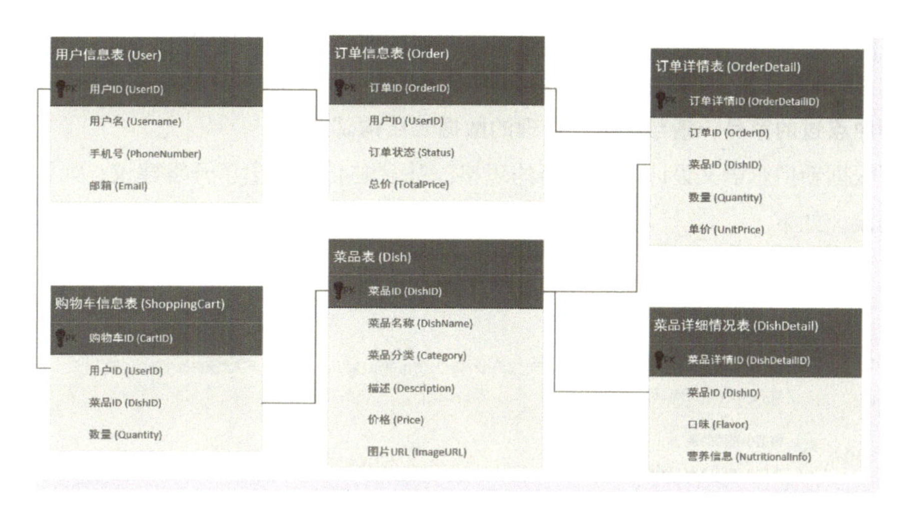

• 图 4-5　订餐关系 E-R 图

小程序中，用户、菜品和订单都视为实体。

2）关系（Relationship）：关系是实体之间的联系，通常用菱形表示。例如，用户和订单之间的关系可以是“下单”。

3）属性（Attribute）：属性描述实体的特征，通常用椭圆表示，并通过线与实体相连。例如，用户实体可能有姓名、电话等属性。

4）键（Key）：键是唯一标识实体的属性或属性集。在 E-R 图中，通常用下画线或粗体表示主键。

5）联系（Cardinality）：联系表示一个实体与另一个实体之间的关系数量，包括一对一（1∶1）、一对多（1∶N）和多对多（M∶N）关系。

E-R 图不仅有助于设计人员理解系统的数据需求，还可以作为与客户或非技术人员沟通的工具。通过 E-R 图，可以更清晰地展示数据库的结构和实体之间的关系，为后续的数据库物理设计奠定了基础。

4. 3. 2　表格结构的智能优化

在上一节中，介绍了开发者如何通过大模型工具自动生成在线订餐小程序所需的核心数据表。然而，为了更好地满足业务需求并提升用户体验，开发者需要进一步优化这些数据表结构。开发工作中，要做好数据库的设计，一方面是对业务和需求的领悟，另一方面也要持续不断地调整和优化。

大模型的最大优势在于快速生成结构，只要你的描述清晰，它就能够生成精准的表格和模型。举个例子来说明大模型在数据库优化中的作用，例如为了实现个性化的菜品推荐，开发者需要记录用户的订餐历史。这时开发者可以用下面的提示语让大模型创建数据表。

“你好，请继续完善我们的订单数据库结构，现在我希望记录用户的订餐历史，并在他再次浏览时推荐他点过的菜品，请帮我设计合理的数据表结构。”

大模型根据新提示语又设计了两个新的表格，并且贴心地给出了开发建议，如图 4-6 所示，这两个表的设计如下。

● 图 4-6　大模型生成数据表优化结构设计

1）用户历史订单表：用于记录用户的所有历史订单，包括订单的详细信息。这样，当用户再次浏览时，系统可以根据他们的历史订单向他们推荐曾经点过的菜品。

2）用户偏好表：用于记录用户对各个菜品的偏好程度。偏好程度可以根据用户的历史订单、评价等数据计算得出。这样，系统可以更准确地推荐用户可能喜欢的菜品。

这两个表的建立，不仅可以帮助系统更好地了解用户的订餐习惯和偏好，还可以为用户提供更加个性化的推荐服务，从而提高用户体验。同时，这些数据也可以用于其他方面，如营销策略的制定等。

小程序云开发工具提供的云数据库，虽然以数据库为名，但基于 NoSQL 数据库和 JSON 语言，并不是依赖于关系数据的行存储，而是依赖于 JSON 格式的集合存储。

因此，即使定义了数据库的表结构，在实际的操作中还是可以插入各种不同类型的新字段到表结构中。由于外键和主键的约束也需要依赖于编程来实现，而非依赖于数据库本身的关联约束机制，这就给开发者的编程工作带来了困难。

因此，开发者在设计数据库开发语句时，可以在提示语中加入对于外键关联关系的要求，以确保数据表格操作更为符合设计规定。

例如，当用户下单时，开发者可以给大模型如下提示语来生成小程序云函数。

“基于订餐小程序的数据库，帮我设计一个云函数，该函数的功能是让客户选择购物车的全部菜品，然后下单。这个云函数将遵循小程序的 JavaScript 语法规范，并对用户信息表、购物车表、订单表和菜品表进行相应的读取和操作。同时，它将遵循主键和外键约束规则，确保不属于菜品表中的菜品 ID 不会进入订单。”

基于这个提示语，大模型很快给出了云函数的代码设计，将代码开发与前期的数据库设计完美地关联起来。

```
// 云函数:下单
exports.main = async (event, context) => {
  const wxContext = cloud.getWXContext();
  const db = cloud.database();

  try {
    // 1.获取当前用户信息
    const userInfo =await db.collection('User').where({
      _openid: wxContext.OPENID
    }).get();

    if (userInfo.data.length === 0) {
      return { error:'用户信息不存在' };
    }

    // 2.获取用户购物车中的所有菜品
    const cartItems = await db.collection('ShoppingCart').where({
      UserID: userInfo.data[0].UserID
    }).get();

    if (cartItems.data.length === 0) {
      return { error:'购物车为空' };
    }
    // 3.检查购物车中的菜品 ID 是否都属于菜品表
    const dishIds = cartItems.data.map(item => item.DishID);
    const dishCheck = await db.collection('Dish').where({
      DishID: db.command.in(dishIds)
    }).get();
```

```
  if (dishCheck.data.length !== dishIds.length) {
    return { error: '购物车中有不属于菜品表的菜品 ID' };
  }

  // 4.创建新订单
  const order = {
    UserID: userInfo.data[0].UserID,
    Status: '待支付',
    TotalPrice: 0, //需要计算总价
    CreateTime: new Date(),
    UpdateTime: new Date()
  };

  // 5.计算总价并插入订单
  for (const item of cartItems.data) {
    order.TotalPrice += item.Quantity * item.UnitPrice;
  }
  const orderResult = await db.collection('Order').add({ data: order });

  // 6.创建订单详情
  const orderDetails = cartItems.data.map(item => ({
    OrderID: orderResult._id,
    DishID: item.DishID,
    Quantity: item.Quantity,
    UnitPrice: item.UnitPrice,
    CreateTime: new Date(),
    UpdateTime: new Date()
  }));
  await db.collection('OrderDetail').add({ data: orderDetails });

  // 7.清空购物车
  await db.collection('ShoppingCart').where({
    UserID: userInfo.data[0].UserID
  }).remove();

  // 8.更新用户历史订单表
  const userOrderHistory = cartItems.data.map(item => ({
    UserID: userInfo.data[0].UserID,
    OrderID: orderResult._id,
    DishID: item.DishID,
    OrderTime: new Date(),
    CreateTime: new Date(),
    UpdateTime: new Date()
  }));
```

```
        await db.collection('UserOrderHistory').add({ data: userOrderHistory });

        return { success: true, message: '订单创建成功', orderID: orderResult._id };
    } catch (err) {
        return { error: '下单过程中发生错误', errorMessage: err.message };
    }
};
```

在这个云函数中，首先获取当前用户的信息，然后获取用户购物车中的所有菜品。接着，检查购物车中的菜品 ID 是否都属于菜品表。如果是，创建一个新订单并计算总价，然后插入订单到订单表，并创建订单详情。最后，清空用户的购物车，并更新用户历史订单表。

请注意，这个云函数是一个异步函数，它使用了 await 来等待数据库操作的完成。此外，大模型使用了_openid 来获取当前用户的信息，这是小程序中特有的用户标识。在实际部署时，需要确保云函数的环境配置正确，并且有足够的权限来执行所需的数据库操作。

4.4 应对 MongoDB 性能挑战的策略

【学习目标】

1）理解 JSON 数据处理的基本原则及其对性能的影响：学会如何合理设计文档结构，降低查询复杂度，提高数据检索效率。

2）掌握 MongoDB 中索引机制的原理与应用：了解如何利用索引来减轻数据库的压力，提高访问数据的读取速度。

3）学习如何在设计阶段和开发阶段提高数据库性能：了解如何监控数据库使用状态，识别性能瓶颈，并采取相应措施进行优化。

微信小程序云开发平台为开发者提供了便捷的云原生数据库服务，其底层数据库实际上采用了 MongoDB 技术。由于 MongoDB 的灵活性和高效性，使其成为微信小程序云数据库的理想选择。

然而，随着数据量的增长和并发访问需求的增加，MongoDB 的性能优化变得尤为重要。本节将深入探讨如何针对 MongoDB 的特点，采取有效的策略来应对性能挑战，包括 JSON 数据处理的最佳实践、缓存机制的应用以及设计阶段的优化策略，以确保微信小程序云数据库的高效稳定运行。

4.4.1 设计阶段的性能优化策略

在设计阶段采取适当的性能优化措施对于确保 MongoDB 在微信小程序云数据库中的高效运行至关重要。本节将探讨几种在设计阶段可以采用的关键性能优化策略，以帮助开发者构建高性能的应用程序。

1. 合理使用索引

1）索引的重要性：索引可以显著提高文档的查询、更新、删除和排序操作的速度。在设计阶段，应当根据查询模式合理地创建索引。

2）避免全表扫描：应优先考虑在 WHERE 和 ORDER BY 子句涉及的列上建立索引，以减少全表扫描的发生。

3）注意索引细节：更多关于索引的详细信息将在后续章节中介绍。

2. 分页查询

1）限制查询结果：在查询中使用 WHERE 子句来限制处理的文档数量。在聚合查询中，将 MATCH 子句置于 GROUP 之前，以减少 GROUP 操作所需的文档数量。

2）使用 limit：无论是在普通查询还是聚合查询中，都应该使用 limit 子句来限制返回的结果数量。

下面这段代码用于查询用户订单历史，采用了 limit 关键字，一次返回 10 条记录，而且在记录中只获取 OrderID 和 DishID 字段，大大地提升了查询效率，降低了系统负载。

```
//初始化分页参数
let page = event.page ||1;
let limit = 10;
 try {
    //查询用户订单历史
    const history = await db
      .collection('UserOrderHistory')
      .field({
        //选择返回的字段,排除字符串和图片 URL 字段
        _id: false,
        OrderID: true,
        DishID: true,
      })
      .where(queryConditions)
      .orderBy(order)
      .skip((page - 1) * limit)
      .limit(limit)
      .get();
```

```
    //返回当前页的数据
    return {
      data: history.data,
      page: page,
      limit: limit
    };
  } catch (error) {
    return { error: error.message };
  }
```

云开发平台的默认限制：针对普通查询 db.collection（'dbName'）.get() 默认设置了 LIMIT 限制，在小程序端默认限制为 20 条（自定义上限也是 20 条），在云函数端默认限制为 100 条（自定义上限可以设置为 1000 条）。

3. 小程序端增删改查

1）小程序端操作：推荐在小程序端执行数据库的增删改查操作，这样可以提高操作速度，并节省云函数资源。

2）结合安全规则：通过结合数据库的安全规则，可以在小程序端执行数据库操作，既提高了速度又减少了云函数资源的消耗。

4. 限制返回的数据量

减少网络流量：如果查询无须返回整个文档或仅需判断键值是否存在，可以使用 FIELD 或 PROJECT 子句来限制返回的字段，特别是对于那些在当前函数中无作用且长度较长的字符串字段，进行屏蔽处理，从而有效减少网络流量和客户端内存的使用。

通过在设计阶段采取合理的性能优化策略，可以显著提高数据库操作的性能。合理使用索引、限制查询结果的数量、在小程序端执行数据库操作以及限制返回的数据量都是提高性能的有效手段。遵循这些最佳实践，可以确保读者的应用程序能够高效地处理大量的数据和请求，为用户提供流畅的体验。

4.4.2 数据库查询的性能优化

在微信小程序的云开发环境中，云数据库是基于 MongoDB 的文档型数据库，其性能与关系型数据库相比可能会有所不足，尤其是在处理大数据查询时。为了优化性能，特别是在数据查询频繁且数据量大时，开发者可以考虑将一部分或全部数据加载到内存中。

1. 内存数据优化

对于那些查询频繁但数据不经常变化的数据，开发者可以在小程序的 JS 文件中为其定义数组或列表，使其快速加载到云函数的内存中。这样做的好处是，当程序需要这些数据时，可以直接从内存中快速获取，而无需每次都进行数据库查询。在页面启动时，可以将这些数据作为变量进行初始化，确保每次页面刷新时都展现最新的数据。

2. 数据库优化

1）慢查询检测：由于开发者无法直接查看数据库请求所花费的具体时间，开发者可以通过监控云函数的执行时间来间接判断。如果一个云函数的执行时间超过 100ms，甚至更长，那么很可能存在慢查询问题。慢查询不仅会影响数据库的性能，还会影响云函数的性能。

2）云函数性能告警：为了及时发现并解决问题，开发者可以利用云开发控制台中的告警设置功能。如图 4-7 所示，通过设置性能告警，可以监控业务调用频繁的云函数的运行时间和错误情况，从而及时掌握云开发环境的运行状况。

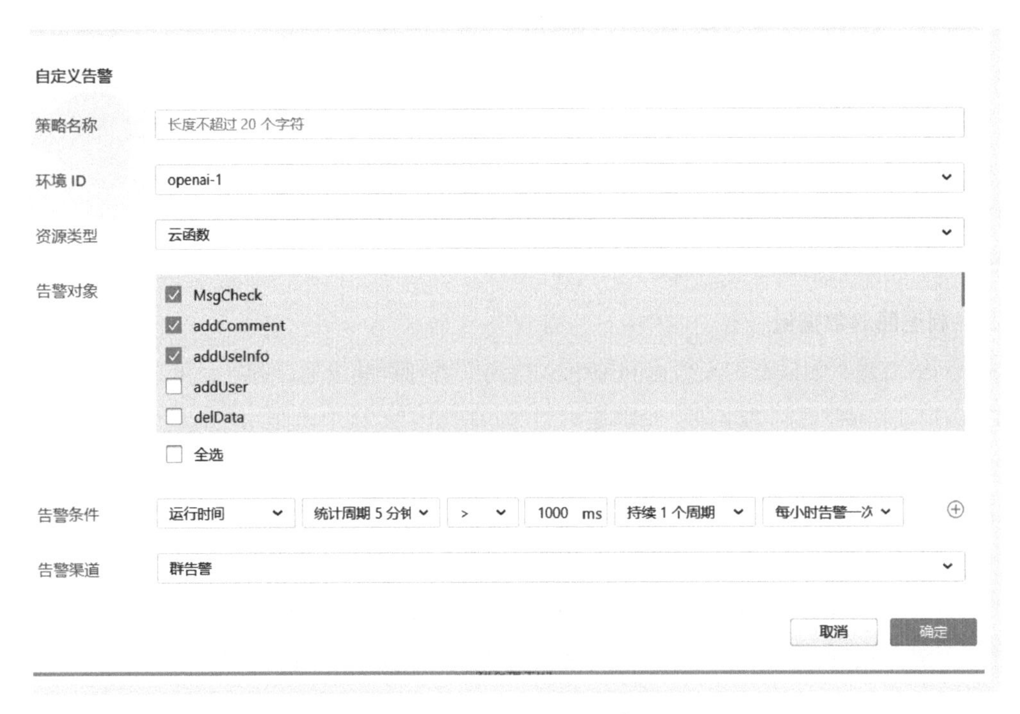

● 图 4-7　云函数超时告警设置

3. 并发与资源消耗

1）数据库查询速度对并发的影响：云函数和云数据库的并发能力很大程度上取决于它们的耗时。如果数据库查询速度变慢，查询耗时增加，会严重影响并发性能。

2）资源管理：优化数据库查询是提高小程序性能的关键。通过减少数据库查询次数、提高查询效率，可以显著减少资源消耗，提高应用程序的响应速度。

通过合理使用内存数据优化和数据库优化，及时发现和解决慢查询问题，可以显著提高微信小程序的性能，尤其是在处理大数据查询时。同时，利用云开发控制台进行告警设置，可以帮助开发者更好地监控和维护云开发环境。

4.5 实践案例：大模型辅助壁纸数据表设计

【学习目标】

1）通过实例理解小程序数据表的设计原则：学习如何设计用于记录用户行为的数据表，包括用户喜好、浏览历史等重要信息。

2）掌握大数据表的构建方法：了解如何构建壁纸元数据表，包括壁纸的属性、标签、分类等信息。

3）能够评估数据表设计的合理性和有效性：通过分析实际案例，评估数据表设计的优缺点，并提出改进建议。

随着人工智能技术的发展，越来越多的应用程序开始采用大模型辅助设计。大模型壁纸表设计就是一个很好的例子，它可以根据用户的偏好和行为动态推荐合适的壁纸。

为了实现这一目标，需要精心设计数据表来存储用户的行为数据以及壁纸的相关信息。本节将详细介绍如何设计用户行为记录表和壁纸元数据表，并讨论如何使用索引来优化查询性能。

4.5.1 用户行为记录表设计

用户行为记录功能是壁纸应用中的一个重要组成部分，它可以帮助应用程序更好地理解用户的喜好，并据此为用户提供个性化的壁纸推荐。在本节中，将探讨如何设计用户行为记录表，尤其是记录用户的点赞和收藏行为。下面将详细介绍数据表设计，并讨论相关操作注意事项。

1. 数据表设计

为了实现用户行为记录功能，需要使用以下的提示语来生成数据表格。

“你是一位数据库设计师，正在设计一个关于壁纸浏览的小程序，请生成与用户行为记录功能相关的四张数据表。

这些数据表将用于记录用户在看到每张壁纸后的点赞行为和收藏行为。

该功能需要读取用户信息表获得用户信息，从壁纸表获得用户与壁纸的关联关系，再使用用户点赞表和用户收藏表来记录相关的历史记录。

这四张表的名称如下：

用户信息表：w_Userinfo

壁纸信息表：w_Wallpapers

用户点赞表：w_UserLikes

用户收藏表：w_UserFavorites”

根据这个提示语，大模型很快设计出了相关的表格，如图 4-8 所示，还贴心地给出了相关的操作注意事项。

● 图 4-8　大模型设计用户行为记录表

2. 相关操作注意事项

1）插入记录：当用户点赞或收藏一张壁纸时，需要在相应的表中插入一条记录。

2）更新记录：如果用户取消点赞或取消收藏，可以通过删除对应记录的方式在数据表中去掉这个用户与壁纸的相关记录。

3）查询性能：为了提高查询性能，建议在 UserID 和 WallpaperID 字段上建立索引。此外，可以考虑在 w_UserLikes 和 w_UserFavorites 表中为 UserID 和 WallpaperID 字段建立索引，以便通过相关的 ID 快速筛选出点赞或收藏的记录。

4）事务处理：在进行点赞或取消点赞操作时，可以使用事务处理来确保数据的一致性和完整性。

5）数据清理：定期清理无效记录，例如与已经删除的用户或壁纸相关的点赞和收藏记录。

4.5.2 壁纸元数据表与索引策略

壁纸元数据表 w_Wallpapers 是壁纸小程序中最为关键的数据表之一，它包含了壁纸的重要信息，如图片 URL、标题、分类等。

随着数据量的增加，如何高效地查询和管理这些数据成为一个重要课题。本节将详细介绍如何优化壁纸元数据表的索引策略，以提高查询速度，并确保数据的一致性和完整性。

1. 壁纸元数据表设计

壁纸元数据表 w_Wallpapers 包含多个字段，每个字段都承载着特定的信息。以下是该表的结构设计。

1）壁纸 ID（WallpaperID）：类型为 Number，必填字段，用于唯一标识每张壁纸。

2）壁纸描述（Description）：类型为 MultiLineString，用于描述壁纸的内容。

3）创建时间（_createTime）：类型为 DateTime，系统字段，用于记录数据的创建时间。

4）修改时间（_updateTime）：类型为 DateTime，系统字段，用于记录数据的最后修改时间。

5）壁纸图片（ImgFileid）：类型为 Image，必填字段，关联到图片文件的 ID。

6）壁纸分辨率（ImgType）：类型为 Enum，默认值为 3，必填字段，包含多个枚举值，用于表示壁纸的分辨率比例。

7）壁纸类别（classType）：类型为 Number，默认值为 60，必填字段，用于分类壁纸。

8）推荐值（Broad）：类型为 Number，用于表示壁纸的推荐程度。

9）点赞（okvalue）：类型为 Number，用于记录壁纸的点赞数量。

10）下载数量（DownloadCount）：类型为 Number，用于记录壁纸的下载次数。

11）种子数（seed）：类型为 String，默认值为“2627904975”，用于保存种子信息，非必要字段。

由于这个数据表比较长，而且经常访问，开发者使用大模型帮助优化索引字段，以便更快捷地访问。优化提示语如下：

“请为这个表设计索引字段，可以是多个索引，也可以是索引组合。”

以下是大模型推荐的索引策略：

为数据库表设计索引时，通常需要考虑以下因素：

查询频率：频繁查询的字段应该建立索引。

唯一性：具有唯一约束的字段应该建立唯一索引。

排序和分组操作：经常需要进行排序或分组的字段应考虑索引。

连接操作：作为连接条件的字段。

基于以上因素，对于“壁纸库”表，以下是一些建议的索引设计：

壁纸 ID（WallpaperID）：由于壁纸 ID 是唯一标识每张壁纸的字段，因此应为其创建一个唯一索引。

壁纸类别（classType）：如果查询操作中经常根据壁纸类别进行筛选，可以为其建立索引。

壁纸分辨率（ImgType）：如果用户经常根据壁纸分辨率来搜索壁纸，那么这个字段也可以建立索引。

推荐值（Broad）：如果壁纸的推荐值频繁用于查询或排序，可以考虑为其建立索引。

点赞（okvalue）：如果查询操作中常根据点赞数量进行排序或筛选，那么可以为点赞字段创建索引。

下载数量（DownloadCount）：如果经常根据下载次数进行壁纸的排序或筛选，那么应该为该字段建立索引。

组合索引：如果查询操作经常同时涉及多个字段，例如同时按照类别和推荐值排序，可以创建组合索引。

在设计索引时，需要权衡索引带来的查询性能提升、维护索引所需的额外存储空间和更新索引所需的计算资源。过多的索引可能会影响写操作的性能，因为每次数据变更都需要更新索引。因此，应该根据实际的应用场景和查询模式来决定哪些字段需要建立索引。

同样，开发者希望在一个页面中展示壁纸图片列表，希望每次检索多个数据，并根据翻页操作进行数据刷新，用大数据优化 w_Wallpapers 的检索函数，可以设计如下提示语：

“请优化这段壁纸检索语句，用于在一个小程序页面中展示 w_Wallpapers 的图片列表，并提高性能，请在关键处理语句旁边帮我写上注释。”

下面是大模型生成的代码，并附带了优化说明。

```
async getList() {
  //分页获取壁纸列表
  //根据当前标签页选择排序字段和顺序
  const queryOptions = [
    { field:'Broad', order:'desc' },
    { field:'_createTime', order:'desc' },
    { field:'DownloadCount', order:'desc' },
    { field:'okvalue', order:'desc' },
  ];
```

```
const queryOption = queryOptions[this.data.currentTab];

//计算当前已加载图片数量,作为分页的起始点
let currentPage = this.data.imglist.length / 8; // 假设每页加载8条数据
let skipCount = currentPage * 8; // 计算跳过的记录数

//构建查询对象
let query = wx.cloud.database().collection("w_Wallpapers")
  .orderBy(queryOption.field, queryOption.order)
  .skip(skipCount) // 跳过已加载的记录
  .limit(8); //每次获取8条数据

//如果有搜索关键字,添加到查询条件中
if (this.data.searchKeyword !== "") {
  query = query.where({
    Description: wx.cloud.database().RegExp({
      regexp: this.data.searchKeyword,
      options: 'i', // 'i'表示不区分大小写
    }),
  });
}
//执行查询并处理结果
try {
  const res =await query.get();
  const newImages = res.data;
  if (newImages.length <= 0) {
    //没有更多数据,提示用户
    wx.showToast({
      title: '没有更多数据了',
    });
    return;
  }

  //更新图片列表
  this.setData({
    imglist: this.data.imglist.concat(newImages),
  });
} catch (error) {
  //查询失败,打印错误信息
  console.log('请求失败', error);
  return;
}

//处理图片显示逻辑
```

```
    let currentLoadedImageUrls = [...this.data.loadedImageUrls]; //复制已加载图片 URL
数组
    let currentPicHigh = [...this.data.picHigh]; // 复制图片高度数组

    //创建一个 Promise 数组,用于加载图片 URL
    const promises = [];
    const App =getApp();
    for (let i = 0; i <newImages.length; i++) {
      const index =skipCount + i; // 计算图片在数组中的索引
      promises.push(this.ShowPic(newImages[i].ImgFileid).then((url) => {
        currentLoadedImageUrls[index] = url;
        currentPicHigh[index] = App.getImageHeight(newImages[i].ImgType, 370);
      }));
    }

    //等待所有图片加载完成
    await Promise.all(promises);

    //更新数据对象中的图片 URL 和高度
    this.setData({
      loadedImageUrls: currentLoadedImageUrls,
      picHigh: currentPicHigh,
    });
  }
```

2. 优化点说明

1）使用 currentPage 和 skipCount 来计算分页，避免直接使用 this. data. imglist. length，这样分页逻辑更清晰。

2）使用 try... catch 来捕获异步操作中的错误。

3）在循环中直接使用 newImages. length 来创建 Promise 数组，避免使用不必要的变量 count。

4）确保图片索引正确，使用 skipCount + i 来计算图片在数组中的位置。

5）使用 await 来等待所有图片加载完成，而不是在循环中逐个使用 then。

6）在 catch 块中返回，避免执行后续代码。

7）确保所有错误处理和提示逻辑都在异步操作完成后执行。

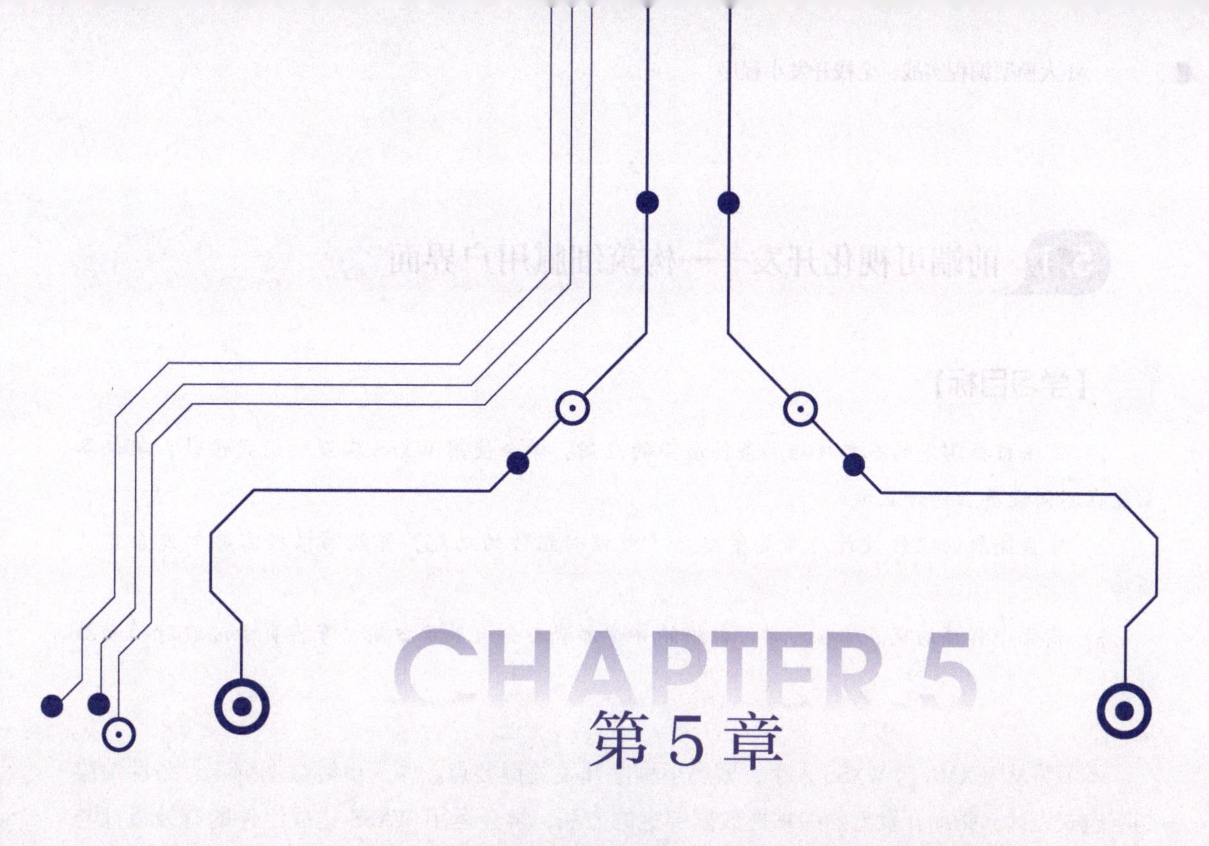

CHAPTER 5

第5章

AI大模型辅助小程序编程

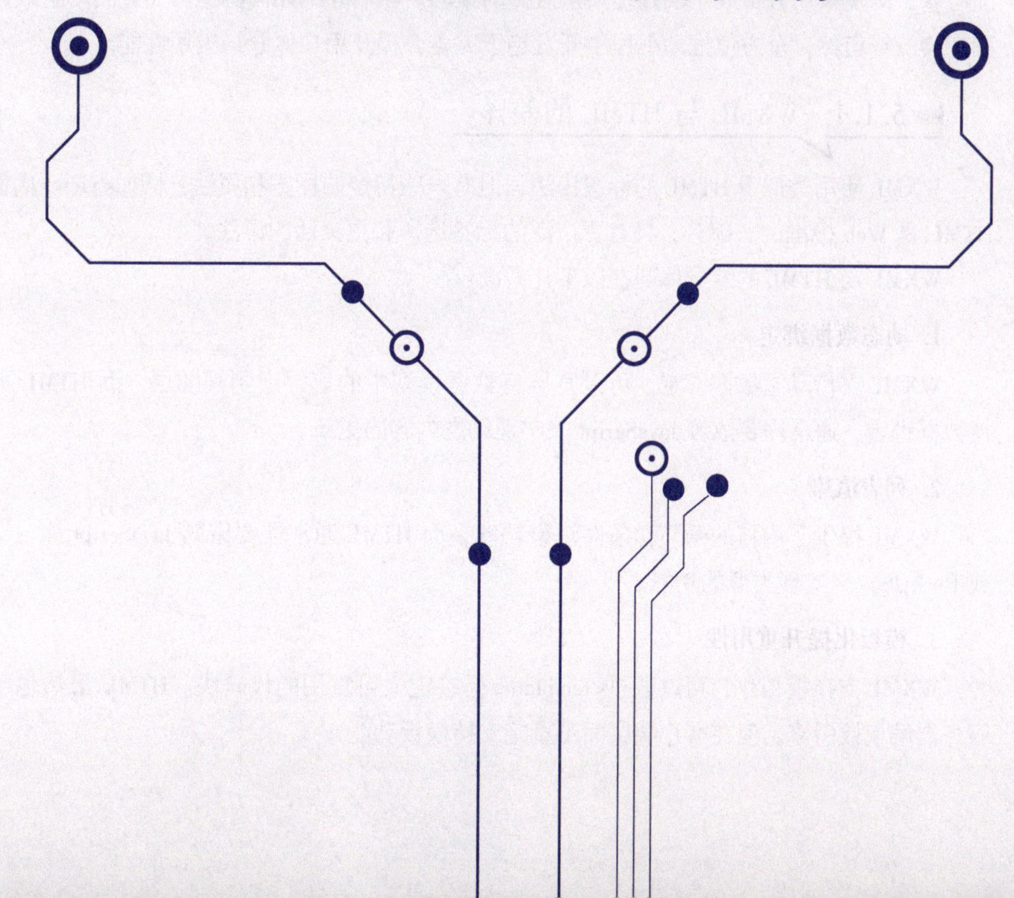

5.1 前端可视化开发——构筑细腻用户界面

【学习目标】

1）掌握数据绑定的基本技巧和条件渲染的应用，学会使用 WXSS 实现响应式设计，确保界面能在不同设备上良好显示。

2）掌握高效的组件设计与布局策略。了解核心组件的功能，并能够根据需要创建自定义组件。

3）优化小程序的交互体验。学习数据的异步加载与分页展示方法。掌握页面过渡时的动画效果。

本节将从 WXML 与 WXSS 入手，聚焦小程序开发关键要点。深入讲解数据绑定、条件渲染与响应式设计，帮助开发者熟练掌握数据绑定的方法，学会运用 WXSS 达成组件的有效设计与合理布局，使小程序界面能自适应不同设备。此外，还将阐述数据异步加载的实现方式，避免界面阻塞，以及采用分页展示来处理大量数据的策略。随后介绍如何打造页面过渡动画效果，让页面切换流畅自然，全方位推动小程序开发趋于完善，提升用户体验与应用性能。

5.1.1 WXML 与 HTML 的差异

WXML 使用类似于 HTML 的标签语法，但有一些特定的标签和属性，例如<view>代替<div>。HTML 是 Web 标准的一部分，具有更广泛的标签选择和更灵活的语法。

WXML 与 HTML 的差异体现在以下几方面：

1. 动态数据绑定

WXML 支持动态数据绑定，可以直接将数据模型中的值绑定到视图层。而 HTML 不直接支持数据绑定，通常需要依赖 JavaScript 来实现动态内容的更新。

2. 列表渲染

WXML 提供了内置的循环和条件渲染功能，而 HTML 通常需要借助 JavaScript 库（如 jQuery 或 ReactJS）来实现类似的功能。

3. 模板化提升重用性

WXML 支持模板化，可以通过<template>标签定义可复用的代码块。HTML 虽然也可以使用服务器端模板引擎，但在客户端层面不直接支持模板功能

5.1.2 WXSS与CSS的差异

为了更好地理解微信小程序开发中的WXSS与传统Web开发中的CSS之间的差异，可以从选择器、单位以及变量这三个方面进行比较。

以下是对这三点的具体说明：

1. 选择器

WXSS采用与CSS相似的选择器语法，但不支持某些复杂的CSS3选择器。相比之下，CSS提供了非常丰富的选择器，可以更精细地控制样式。

2. 单位

WXSS支持rpx单位，有助于实现响应式布局。CSS虽然支持多种单位（如px、em、rem等），但没有rpx这种单位。

3. 变量

WXSS支持变量定义，可以使用变量来存储颜色、尺寸等值。CSS虽然在CSS3之后也引入了变量支持，但WXSS在变量使用上更为直接。

5.1.3 数据绑定技巧与条件渲染实践

数据绑定是小程序最基本也是最常用的前端功能，它不仅允许绑定静态数据，也允许绑定动态数据，根据开发的要求，它可以绑定变量数组，对象属性，条件渲染，以及多条件判断等多种模式，以满足不同场景的要求。

1. 绑定静态数据

静态数据绑定是最简单的数据绑定方式，适用于不需要动态更新的内容。例如运行以下代码，页面上将会显示一个“Hello，World”字符串。

```
<view>{{"Hello, World!"}}</view>
```

2. 绑定动态数据

动态数据绑定允许将变量绑定到视图层，当变量的值发生变化时，视图层会自动更新。例如运行以下代码：

```
Page({
  data: {
    message:'Hello, World!'
  }
})
<view>{{message}}</view>
```

3. 绑定变量数组

绑定数组可以方便地展示列表数据，适用于需要展示多个相同结构项的场景。例如运行以下代码：

```
Page({
  data: {
    items: ['Item 1', 'Item 2', 'Item 3']
  }
})
<view wx:for="{{items}}" wx:key="index">{{item}}</view>
```

4. 绑定对象属性

绑定对象属性适用于展示具有复杂数据结构的场景。例如运行以下代码：

```
Page({
  data: {
    user: {
      name: 'John Doe',
      age: 30
    }
  }
})
<view>Name: {{user.name}}</view>
<view>Age: {{user.age}}</view>
```

5. 条件渲染

条件渲染根据数据的状态来决定是否显示某个组件。例如运行以下代码：

```
Page({
  data: {
    isLoggedIn: true
  }
})
<view wx:if="{{isLoggedIn}}">Welcome back! </view>
<view wx:else>Please log in.</view>
```

6. 多条件判断

多条件判断用于根据不同条件来决定显示内容的场景，例如，当成绩大于或等于 90 分，会显示“Excellent”, 60~89 分会显示“Pass”，低于 60 分则显示“Fail”。

```
Page({
  data: {
    score: 85
  }
})
```

```
<view wx:if="{{score >= 90}}">Excellent</view>
<view wx:elif="{{score >= 60}}">Pass</view>
<view wx:else>Fail</view>
```

使用上述几种数据绑定模式，可以灵活地处理各种复杂的前端需求。无论是简单的静态数据展示，还是复杂的动态数据处理，小程序的数据绑定功能都能为开发者提供强大的支持。掌握这些技巧，将大大提高小程序的开发效率并优化用户体验。

5.1.4 WXSS 响应式设计法则

响应式设计是现代前端开发的重要原则之一，它确保网页或小程序在不同设备和屏幕尺寸上都能提供良好的用户体验。微信小程序采用 WXSS 进行开发，WXSS 提供了丰富的样式和布局功能，使得在微信小程序中实现响应式设计变得简单而高效。本节将介绍几种常用的 WXSS 响应式设计法则。

1. 使用 rpx 单位

rpx 是微信小程序特有的单位，它可以根据屏幕宽度进行自适应。1rpx 等于屏幕宽度的 1/750，这使得布局在不同设备上都能保持一致性。

```
.container {
  width: 750rpx; /* 在所有设备上宽度相同 */
  padding: 20rpx;
}
```

2. 使用 flex 布局

flex 布局是一种强大的布局方式，可以轻松实现复杂的响应式布局。

```
.container {
  display: flex;
  flex-direction: column;
  justify-content: center;
  align-items: center;
}
```

3. 媒体查询

媒体查询允许根据设备的特性（如屏幕宽度）来应用不同的样式。

```
@media (min-width: 600px) {
  .container {
    width: 80%;
    margin: 0 auto;
  }
}
```

4. 使用 grid 布局

grid 布局是另一种强大的布局方式，适用于更复杂的二维布局。

```
.container {
  display: grid;
  grid-template-columns: repeat(auto-fit,minmax(200rpx, 1fr));
  gap: 20rpx;
}
```

5. 动态计算样式

通过 JavaScript 动态计算样式，可以实现更灵活的响应式设计。

```
Page({
  onReady: function () {
    const systemInfo = wx.getSystemInfoSync();
    const windowWidth = systemInfo.windowWidth;
    const fontSize =windowWidth / 750 * 30;
    this.setData({
      fontSize: fontSize + 'rpx'
    });
  }
})
.text {
  font-size: {{fontSize}};
}
```

通过上述几种响应式设计法则，开发者可以使微信小程序在不同设备和屏幕尺寸上都能提供良好的用户体验。掌握这些技巧，将大大提高小程序的适应性和用户满意度。

WXML 和 WXSS 的语法很多，作为初学者，很难快速学习并掌握所有的相关的页面元素和样式。这时就可以使用 AI 大模型来辅助生成代码。

举个例子，通过弹性布局在页面上并排显示三张图片，可以使用如下提示语：

“请提供一段小程序代码，使用 Flex 布局，在页面上并排显示三张图片，使用 2∶3 的图片分辨率，图片保存在 /images 目录中”

通义千问大模型很快给出了以下回答和相关代码：

1）使用 Flex 布局并排显示三张图片（具体效果如图 5-1 和图 5-2 所示）

2）WXML 代码：在 index.wxml 文件中，将定义一个包含三个图片元素的容器，并设置其类名为 flex-container。

```
<view class="flex-container">
  <image src="/images/image1.jpg" mode="aspectFit" class="flex-item"></image>
  <image src="/images/image2.jpg" mode="aspectFit" class="flex-item"></image>
  <image src="/images/image3.jpg" mode="aspectFit" class="flex-item"></image>
</view>
```

WXSS 代码：在 index.wxss 文件中，将使用 Flex 布局来设置容器和图片的样式。

```
.flex-container {
  display: flex;
  justify-content: space-between; /* 平均分配剩余空间 */
  align-items: center; /* 垂直居中对齐 */
}

.flex-item {
  flex: 1; /* 每个子元素占据相等的空间 */
  margin: 10rpx; /* 间距 */
  width: 200rpx; /* 宽度 */
  height: 300rpx; /* 高度 */
}
```

修改图片资源的名称，使其与项目中的图片名一致。单击“可视化”按钮，即可显示一个漂亮的页面，在 iPhone 12 上的页面预览与在 iPhone 15 Pro Max 上的页面预览显示效果完全一致，如图 5-1 和图 5-2 所示 。

● 图 5-1　iPhone 12 弹性布局

● 图 5-2　iPhone 15 Pro Max 弹性布局

5.1.5　过渡与动画效果的高级应用

在微信小程序中，巧妙地运用过渡与动画效果可以极大地提升用户体验，使得应用更加生动和直观。以下是一些关键技巧和代码示例，帮助开发者实现这些高级动画效果。

1. 复杂的动画序列

通过组合多个动画，可以创建出复杂的动画序列。微信小程序提供了 Animation API 来实现这一技术。

在 JS 文件中定义动画序列：

```
//创建动画实例
const animation = wx.createAnimation({
  duration: 1000,
  timingFunction: 'ease',
});

//定义动画序列
animation.translateY(100).step();
animation.translateX(100).step();
animation.rotate(360).step();

//应用动画到元素
this.setData({
  animationData: animation.export()
});
```

在 WXML 中定义页面内容：

```
<view class="animated-view" animation="{{animationData}}">
  动画内容
</view>
```

2. 响应式动画

响应式动画是指动画效果可以根据用户的交互或者其他数据的变化而动态改变。这可以通过监听事件或者数据变化来实现。

在 JS 文件中定义动画变量和响应函数：

```
Page({
  data: {
    animationData: {}
  },
  onButtonClick: function() {
    const animation = wx.createAnimation({
      duration: 500,
      timingFunction: 'ease',
    });
    animation.scale(1.2).step();
    this.setData({
      animationData: animation.export()
    });
  }
});
```

在 WXML 中页面内容：

```
<button bindtap="onButtonClick">单击</button>
<view class="animated-view" animation="{{animationData}}">
  动画内容
</view>
```

3. 自定义动画曲线

微信小程序允许开发者自定义动画曲线，以实现更加个性化的动画效果。

```
Page({
  data: {
    animationData: {}
  },
  onShow: function(){
    const animation = wx.createAnimation({
      duration: 1000,
      timingFunction: 'ease-in-out',
      delay: 0,
      transformOrigin: '50% 50% 0',
    });
    animation.translateY(200).step();
    this.setData({
      animationData: animation.export()
    });
  }
});
```

通过上述技巧，开发者可以在微信小程序中实现丰富的过渡与动画效果。动画的设计应该服务于用户体验，避免过度使用导致用户分心。合理运用动画，可以极大地提升小程序的吸引力和易用性。

为了更好地调用动画功能，通常涉及微信 API 的调用和复杂的逻辑操作，初学者难以快速掌握这些语法和操作，这种情况下可以请大模型协助开发。

例如，需要生成一个按钮动画效果，可以通过向大模型给出以下提示语：

“请设计一个动画响应效果，当鼠标移到按钮时，按钮颜色变蓝，单击后按钮大小略变，显示出被按压的效果，松开按钮后复原。”

这里使用了腾讯元宝大模型，它不仅给出了以下处理方案，还贴心地给出了解释。

要实现这个动画效果，可以使用微信小程序的 hover-class 和 bindtap 事件，并结合 Animation API 来完成。以下是具体的实现步骤：

（1）WXML 部分

首先，在 WXML 中定义按钮，并设置 hover-class 属性以及绑定 bindtap 事件。

```
<button
  class="custom-button"
  hover-class="button-hover"
  bindtap="handleTap"
  animation="{{animationData}}"
>
  单击
</button>
```

（2）CSS 部分

在 CSS 中定义按钮的样式以及悬停时的样式。

```
.custom-button {
  width: 100px;
  height: 50px;
  line-height: 50px;
  text-align: center;
  background-color: #fff;
  border: 1px solid #000;
  transition: background-color 0.3s;
}

.button-hover {
  background-color: blue;
  color: white;
}
```

（3）JavaScript 部分

在 JavaScript 中处理单击事件，并使用 Animation API 创建动画效果。

```
Page({
  data: {
    animationData: {}
  },
  handleTap: function() {
    const animation = wx.createAnimation({
      duration: 200,
      timingFunction: 'ease',
    });

    //单击后按钮大小略变
    animation.scale(0.95).step();
    this.setData({
      animationData: animation.export()
    });
```

```
    //放开按钮后复原
    setTimeout(() => {
      animation.scale(1).step();
      this.setData({
        animationData: animation.export()
      });
    }, 200);
  }
});
```

（4）解释

hover-class 属性用于设置鼠标悬停在按钮上时的样式类，这里设置为 .button-hover，使得按钮背景色变为蓝色。

bindtap 事件绑定 handleTap 方法，用于处理按钮单击事件。在 handleTap 方法中，创建了一个动画实例，通过 scale 方法使按钮大小略变，然后使用 setData 方法来更新动画数据。使用 setTimeout 函数在单击后 200ms 恢复按钮原始大小。

这样，当用户将鼠标悬停在按钮上时，按钮背景色会变蓝；当用户单击按钮时，按钮会有被按压的效果；松开按钮后，按钮会恢复原状。

将上述代码复制到小程序项目中后，单击“可视化”按钮就得到了如图 5-3 所示的按钮样式。

单击按钮时，按钮会变蓝而且微微缩小，如图 5-4 所示，松开后又回到原状，精确地实现了设计的动画效果。

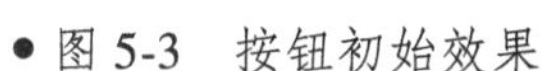
● 图 5-3　按钮初始效果

● 图 5-4　按动时动画效果

5.2 数据库开发——驱动业务逻辑的引擎

【学习目标】

1）了解微信云数据库：学习什么是微信云数据库，以及它的优点和局限性，包括实体关系模型的建立、字段选择及索引优化等。

2）掌握云数据库安全规则：熟悉小程序云数据库的权限管理策略，以确保数据安全和隐私保护。

3）精通表结构设计与优化实践：学习如何设计合理的表结构，并通过优化策略减少查询时间，提高数据处理效率。

4）学习数据备份和恢复技巧：掌握数据回档操作，保障数据完整性。

5）应用数据驱动的开发模式：掌握如何基于数据构建动态页面，包括数据绑定、渲染机制和数据库分页技术等，以提高应用性能并提供更好的用户体验。

数据库是现代软件系统的核心组件之一，负责存储、管理和检索数据。对于微信小程序而言，数据库同样扮演着至关重要的角色，尤其是在构建高度互动的数据密集型应用程序时。随着数据量的增长和技术的发展，高效、安全且易于扩展的数据管理系统变得越来越重要。

5.2.1 微信云数据库

微信云数据库为微信小程序提供数据存储和管理功能的云服务。它作为一个完全托管的服务，为开发者提供了高度便捷和可靠的解决方案，尤其在以下几个方面表现突出：

1）云原生服务：微信云数据库是云原生服务，意味着它是在云端构建和运行的，不需要开发者自己搭建和维护服务器基础设施。这为开发者提供了高可用性和容错能力，确保数据的稳定性和连续性。通过自动化的故障转移和数据复制机制，微信云数据库能够确保数据的安全性和一致性。

2）与小程序的集成能力：微信云数据库与微信小程序紧密集成，开发者可以轻松地通过 API 接口与数据库进行交互。这种无缝集成降低了开发的复杂性，让开发者更专注于应用程序的业务逻辑和用户体验，而不是烦琐的数据管理细节。

3）易用性：微信云数据库提供了直观的界面和工具，使得即使是数据库管理方面的初学者也能迅速上手。它支持 JSON 文档存储，适用于非结构化和半结构化数据，同时提供了强大的查询能力。此外，它还支持实时数据同步和事件驱动的通知机制，确保数据的一致性和实时性。

微信云数据库凭借其云原生服务、与小程序的无缝集成以及出色的易用性，为开发者提供了高效、可靠且易于使用的数据管理解决方案。这使得开发者能够更加专注于创新和提升用户体验，而无须过多担心底层的数据管理技术细节。

5.2.2 安全与权限管理策略

微信云数据库的权限管理是确保数据安全和隐私的关键组成部分。权限分为小程序端和管理端，其中管理端权限包括云函数端和控制台。

小程序端运行在小程序环境中，读写数据库受到严格的权限控制限制，而管理端拥有安全的数据库读写权限。此外，云控制台同样享有管理端的所有权限。

1. 权限控制方案

为确保数据的安全性和隐私保护，微信云数据库提供了两种权限控制方案：

1）基础权限设置：提供四种简易权限设置，适用于简单的前端访问控制。

2）数据库安全规则：一种更灵活的、可自定义的权限控制方案，允许开发者精细化地控制集合中所有记录的读写权限。

2. 基础权限设置

基础权限设置包括四种预设规则以及自定义规则选项，如图 5-5 所示，适用于较为简单的权限控制场景，管理程度由低到高。

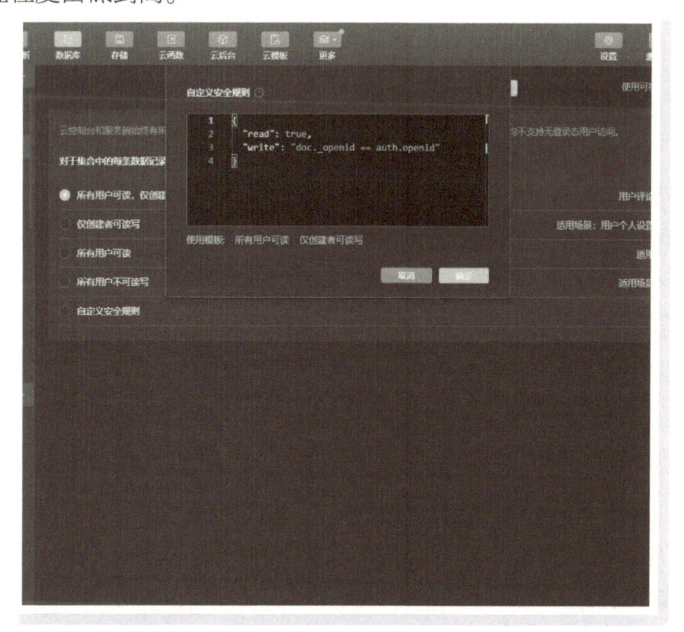

● 图 5-5 云数据库基础权限设置

1）仅创建者可写，所有用户可读：数据对所有用户可见，但只有创建者可以修改。

2）仅创建者可读写：数据只能由创建者本人读取和修改，其他用户不可读写。

3）仅管理端可写，所有用户可读：数据对所有用户可见，但任何人都无法修改。

4）仅管理端可读写，所有用户不可读写：数据对所有用户都不可见，也无法被任何人修改。

简单而言，这四种情况都默认管理端可读写，前两种情况创建者可写。这就意味着前两种情况的小程序端只能读写自己的数据，而后两种情况即使是创建者也无法对数据库进行读写。

这些规则保证了数据库端的安全，但同时也限制了前端对数据库的操作，因为普通用户通常是不具备创建者权限的，所以修改数据库的代码，通常放在云函数中以便利用管理端权限更方便地操作数据。

3. 数据库安全规则

鉴于四种基础权限规则可能无法满足所有需求，微信云数据库还推出了更灵活的自定义安全规则。这些安全规则允许开发者详细定义数据库的读写权限，从而获得更精细的控制能力，保障数据安全。以下是安全规则提供的几个关键能力：

1）灵活定义集合记录的读写权限：通过自定义安全规则，开发者可以获得比基础权限设置更灵活、更强大的读写权限控制，不再强制依赖于 _openid 字段和用户 openid。

2）防止越权访问和越权更新：用户只能获取安全规则允许的内容，任何试图越权获取数据的行为都将被拒绝。

3）限制新建数据的内容：可以设定新建数据必须符合的特定规则，例如要求权限标记字段必须为用户 openid。

安全规则要求前端发起的查询必须是安全规则的子集，否则将拒绝访问。例如，如果定义了一个读写访问规则 auth.openid == doc._openid，则表示查询条件（doc）的 openid 必须等于当前用户的 openid（由系统赋值的不可篡改的 auth.openid 给出）。如果查询条件没有包含这项，则表示尝试越权访问 _openid 字段不等于自身的记录，这样的访问会被后台拒绝。

与基础权限设置相比，自定义安全规则提供了更灵活的权限控制选项。基础权限设置仅支持四种预设规则，适用于简单的前端访问控制，但对于更复杂的权限管理需求来说，这些规则显得过于简单且不灵活。

下面是用大模型生成了一个安全规则正则表达式的例子，以说明安全规则的作用。

提示语是：

“请写一个小程序云数据库安全规则正则表达式的例子，针对壁纸表，要求只有当壁纸 ID 字段大于 5000 时才可以读取。”

大模型给出了以下结果：

```
{ "read": "doc._id > 5000" }
```

4. 初学者注意事项

对于初学者来说，不推荐使用复杂的正则表达式来设置安全规则。如果需要进行复杂的规则设置，可以考虑使用大模型辅助制定安全规则，以确保规则的准确性和安全性。

5.2.3 表结构设计与优化实践

良好的表结构设计能够提高数据的存储效率和查询性能。在设计表结构之前，需要仔细分析业务需求，确定所需存储的数据类型，并据此设计合适的表结构。

要设计一个高效的表结构，首先需要对业务需求进行详细的分析。这包括识别应用程序需要存储哪些数据，以及这些数据之间的关联性。以下是分析业务需求的基本步骤：

1）确定数据需求：列出所有需要存储的数据项。

2）分析数据关系：确定数据之间的关联性和依赖性。

3）考虑性能需求：思考如何设计表结构以支持高效的查询和更新操作。

根据业务需求分析的结果，下一步是确定哪些数据应该拆分成单独的表项。一般来说，遵循以下原则。

1）单一职责原则：每个表应该代表一个概念或实体，并且只存储与该实体相关的数据。

2）规范化原则：尽量减少数据冗余，避免数据重复存储。

3）性能考量：考虑查询性能时，有时候适当的反规范化也是必要的。

一旦确定了需要的表项，接下来就需要确定每个表的具体字段。这包括字段的名称、数据类型、是否允许为空等属性。

下面举个例子说明智谱清言大模型如何生成一个微短剧的表结构。

首先描述业务并确定存储的数据，提示语如下：

“你是一名小程序数据库分析师，请帮我分析一个微短剧的小程序需要创建哪些数据表格名称，该小程序的主要功能如下：【1、用户可以通过页面浏览微短剧预览页，有名称和简介。2、用户单击进入后播放微短剧一段时长，可设置预览时长。3、预览一段时间后，提示用户付费后继续观看】，注意，先给出数据表的名称和需要存储的信息。”

智谱清言大模型很快给出了第一阶段的分析结果，如图 5-6 所示。

如果对这个表字段不满意，还可以进一步优化，生成进一步的数据库描述。下面是进一步细化数据表设计的提示语。

“你是一名小程序数据库分析师，请进一步细化这个微短剧的小程序的数据表，给出详细的数据表字段类型定义。要求如下：【单一职责原则：每个表应该代表一个概念或实体，并且只存

储与该实体相关的数据。

规范化原则：尽量减少数据冗余，避免数据重复存储。

性能考量：考虑查询性能时，有时候适当的反规范化也是必要的。】

帮助进一步分解微短剧信息表，包括点赞数，收藏数，以及用户表与点赞收藏的关联。”

DellWeb3

你是一名小程序数据库分析师，请帮我分析一个微短剧的小程序需要创建哪些数据表格名称，该小程序的主要功能如下：【1、用户可以通过页面浏览微短剧预览页，有名称和简介。2、用户单击进入后播放微短剧一段时长，可设置预览时长。3、预览一段时间后，提示用户付费后继续观看】，注意，先给出数据表的名称和需要存储的信息。

微信小程序助手 AI

根据您描述的微短剧小程序的主要功能，我们可以设计以下数据表格：

1. **微短剧信息表**（`micro_drama_info`）
   - 存储信息：微短剧ID，名称，简介，封面图片链接，完整视频链接，预览视频链接，预览时长等。
2. **用户信息表**（`user_info`）
   - 存储信息：用户ID，用户名，头像链接，注册时间，最后登录时间等。
3. **付费记录表**（`payment_records`）
   - 存储信息：记录ID，用户ID，微短剧ID，付费时间，付费金额，付费状态等。
4. **观看记录表**（`viewing_records`）
   - 存储信息：记录ID，用户ID，微短剧ID，观看开始时间，观看结束时间，观看时长等。

这些表格的设计考虑了小程序的基本功能需求，包括用户浏览、预览、付费和观看记录的存储。每个表格都专注于一个特定的功能领域，确保数据管理的清晰和高效。

新建对话

● 图 5-6　大模型生成数据表定义

经过思考后，大模型给出了详尽的小程序数据表描述，如下所示。在新的表格中增加了点赞数和收藏数的字段，并创建相关的点赞记录表、收藏记录表。数据类型也按照云数据库的定义进行设置，严谨而完善，基本上可以用于开发产品了。

```
微短剧信息表 (micro_drama_info):
micro_drama_id (string,主键):微短剧的唯一标识符(通常为 UUID)。
title (string):微短剧的标题。
description (string):微短剧的简介。
cover_image_url (string):封面图片的链接。
full_video_url (string):完整视频的链接。
preview_video_url (string):预览视频的链接。
preview_duration (number):预览视频的时长(秒)。
```

```
likes_count (number):微短剧的点赞数。
favorites_count (number):微短剧的收藏数。

用户信息表 (user_info):
user_id (string,主键): 用户的唯一标识符(通常为 UUID)。
username (string):用户名。
avatar_url (string):用户头像的链接。
registration_date (date):用户注册的时间。
last_login_date (date):用户最后登录的时间。

点赞记录表 (likes):
like_id (string,主键): 点赞记录的唯一标识符(通常为 UUID)。
user_id (string,外键): 点赞用户的 ID。
micro_drama_id (string,外键): 被点赞的微短剧 ID。
like_date (date):点赞的时间。

收藏记录表 (favorites):
favorite_id (string,主键): 收藏记录的唯一标识符(通常为 UUID)。
user_id (string,外键): 收藏用户的 ID。
micro_drama_id (string,外键): 被收藏的微短剧 ID。
favorite_date (date):收藏的时间。

付费记录表 (payment_records):
payment_id (string,主键): 付费记录的唯一标识符(通常为 UUID)。
user_id (string,外键): 付费用户的 ID。
micro_drama_id (string,外键): 被付费的微短剧 ID。
payment_date (date):付费的时间。
amount (number):付费的金额。
payment_status (string):付费的状态(如"成功"、"失败"等)。

观看记录表 (viewing_records):
viewing_id (string,主键): 观看记录的唯一标识符(通常为 UUID)。
user_id (string,外键): 观看用户的 ID。
micro_drama_id (string,外键): 被观看的微短剧 ID。
start_time (date):观看开始的时间。
end_time (date):观看结束的时间。
duration (number):观看的时长(秒)。
```

5.2.4 数据备份与恢复

在使用微信云开发环境时，保障数据的安全性和完整性至关重要。为了确保数据安全，云开发平台提供了自动备份的功能，并允许开发者在需要时进行数据恢复操作。本节将介绍如何利用这些功能来保护开发者的数据。

系统会自动开启数据库备份，并于每日凌晨自动进行一次数据备份，最长保存 7 天的备份数据。这意味着开发者可以轻松地将数据库恢复到最近 7 天内的任意一个时间点的状态。如果用户的数据库在某个过程中被破坏，或者突然出现了很多无用数据，可以选择执行回档操作以恢复数据库。

在数据库页面单击“数据库回档”可新建回档任务。新建回档任务时，开发者可以选择要回档的时间点和需要回档的集合。

如图 5-7 所示，用户可以指定回档时间点并选择需要回档的集合。一次回档任务只能设置一个回档时间，所有选定待回档集合的回档时间都以此时间点为准。一次回档任务可以选择多个集合，甚至可以单击“全选”以回档该环境中的所有集合。

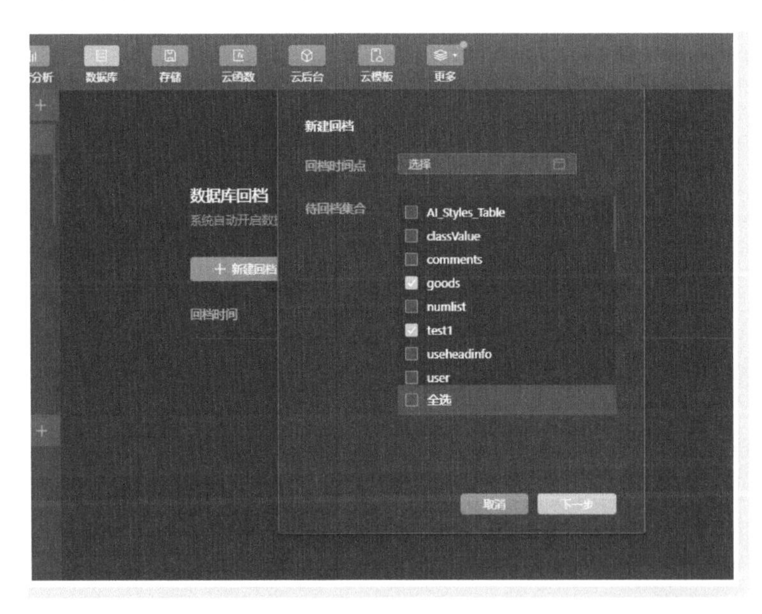

● 图 5-7　新建回档任务

开发者可以为每个待回档集合单独设置回档后的集合名称。系统会默认为回档后的集合生成名称，生成规则为：原集合名称_bak。回档后集合名称不可与已有集合名称重复。

单击“确定”后，开发者可以在数据库回档页面查看回档进度。为避免数据冲突，当有回档任务正在执行时，将无法创建新的回档任务。回档完成后，开发者可以在集合列表中看到原有数据库集合和回档后的集合。

执行回档操作需要注意以下几点。

1）数据覆盖风险：回档操作会覆盖当前的数据表项，因此在执行回档操作前，务必确认所选时间点的数据是最适合回退的目标状态。

2）数据一致性：确保回档的时间点对于所有相关集合是一致的，以免造成数据不一致的问题。

3）数据访问：回档期间，数据库的数据访问不受影响，不过建议在此期间减少对数据的操作，以避免可能的并发问题。

通过使用微信云开发提供的数据库备份与回档功能，开发者可以有效地保护和管理工作数据。在日常开发和维护过程中，定期检查备份情况并熟悉回档流程是非常重要的。这有助于确保在数据丢失或损坏的情况下，可以迅速恢复到正常状态。

5.2.5 大模型实现动态数据绑定与渲染机制

在微信小程序开发中，动态数据绑定和动态渲染是两个非常关键的技术点。它们不仅能够简化状态管理，还能实现页面内容的实时更新，有助于构建出响应迅速且互动性强的应用界面。接下来将探讨这两种技术，并通过几个具体的例子来展示它们在小程序开发中的应用。

微短剧小程序需要在页面中设计一个大号的标签，这个标签绑定云数据库中 ai-Dictionary 集合的一个名为“预览区标题”的字段。首先在云数据库中创建一个集合，名称为 ai-Dictionary，并给它加上一条记录，包含以下两个字段：

```
"name" :“预览区标题”
"value": "总裁剧”
```

大模型输入提示语如下：

“你是一名小程序开发工程师，请在页面中放置一个标签，该标签的内容来自于云数据库 ai-Dictionary 集合的内容，当查询数据表 name 字段的值为“预览区标题”时，返回的第一条记录的 value 字段值即为绑定的数据内容。”

智谱清言大模型建议在页面文件（例如 index.wxml）中，添加一个标签来显示数据，代码如下所示：

```
<view>{{previewTitle}}</view>
```

在对应的页面脚本文件（这里是 databand.js）中，编写一个函数来查询数据库，并在页面加载时调用该函数，具体代码如下：

```
Page({
  data: {
    previewTitle: '' // 初始化数据
  },
  onLoad: function() {
    this.getPreviewTitle();
  },
```

```
  getPreviewTitle: function() {
    const db = wx.cloud.database();
    db.collection('ai-Dictionary').where({
      name: '预览区标题'
    }).get({
      success: res => {
        if (res.data.length > 0) {
          this.setData({
            previewTitle: res.data[0].value // 获取第一条记录的 value 值
          });
        } else {
          console.log('没有找到符合条件的记录');
        }
      },
      fail: err => {
        console.error('查询失败', err);
      }
    });
  }
});
```

这段代码中，getPreviewTitle 函数通过 wx.cloud.database() 方法获取数据库的引用，然后通过 where 方法指定查询条件为 name: '预览区标题'。查询结果通过 success 回调函数处理，如果找到记录，则使用 setData 方法将 previewTitle 数据绑定到页面上。

在实际使用时，需要确保小程序的云开发服务已经开通，并且在小程序的 app.js 文件的初始化函数 wx.cloud.init()中正确配置了云开发的环境 ID，该 ID 应与云开发平台中使用的环境 ID 一致。同时，确保开发者的 ai-Dictionary 数据表中存在 name 字段值为“预览区标题”的记录。

5.2.6 大模型实现数据分页展示

在处理大数据量时，分页展示是一种常见且有效的优化策略。它能够显著减少单次加载的数据量，从而提高用户体验。特别是在移动应用中，考虑到网络带宽和设备性能的限制，采用分页展示可以显著提升应用的响应速度和资源利用率。

实现分页展示通常包括以下几个关键步骤：

1）初始化页面时加载并展示初始数据。这样做的目的是在用户首次打开页面时，快速呈现一部分数据，提升应用的响应速度，减少用户的等待时间。

2）系统需要监听用户滚动事件。当用户滚动至接近页面底部时，触发加载下一页数据的操作。这一机制确保在用户滚动接近底部前，新的数据已经准备好，从而保持流畅的滚动体验。

3）系统通过发送网络请求来获取下一页的数据。通过 API 接口从服务器获取新数据，确保数据的实时性和准确性。

4）将新获取的数据合并到现有数据中，并更新视图。这一步骤保证了数据的连续性和完整性，确保用户看到的是最新的数据。

通过以上步骤，分页展示不仅提升了应用的性能，还改善了用户体验，使得应用在处理大数据量时更加高效和流畅。

下面是一个大模型辅助微短剧预览列表的案例演示。使用5.2.3节生成的微短剧信息表micro_drama_info来进行演示。

首先，在云存储中新建一个videos目录，上传几个视频作为演示视频，如图5-8所示。

● 图5-8 上传视频文件

接下来，通过后台CMS数据管理工具（具体的数据管理工具使用方法将在6.3.3节中详细说明），在数据库内创建一个名为micro_drama_info的表格，并插入20条记录，其字段如下：

微短剧信息表（micro_drama_info）：

1）micro_drama_id（string，主键）：微短剧的唯一标识符（通常为UUID）。

2）title（string）：微短剧的标题。

3）preview_video_url（string）：预览视频的链接。

其中唯一标识符从10001开始递增，title字段可以填写任意微短剧名，预览视频的键接则通过在云存储中打开已经上传的视频文件，选择它的FileID参数来获取，这将得到一个前缀是“cloud:”的云文件对象名。

注意：不要直接使用“下载地址”中的内容，因为下载地址是一个临时变量，随着区域和时间的变化，下次有可能刷新。

增加完记录后，开发者可以在数据管理工具中看到已经增添好的记录列表，如图5-9所示。然后，在大模型对话框中输入提示语，请它生成分页功能相关代码，提示语如下：

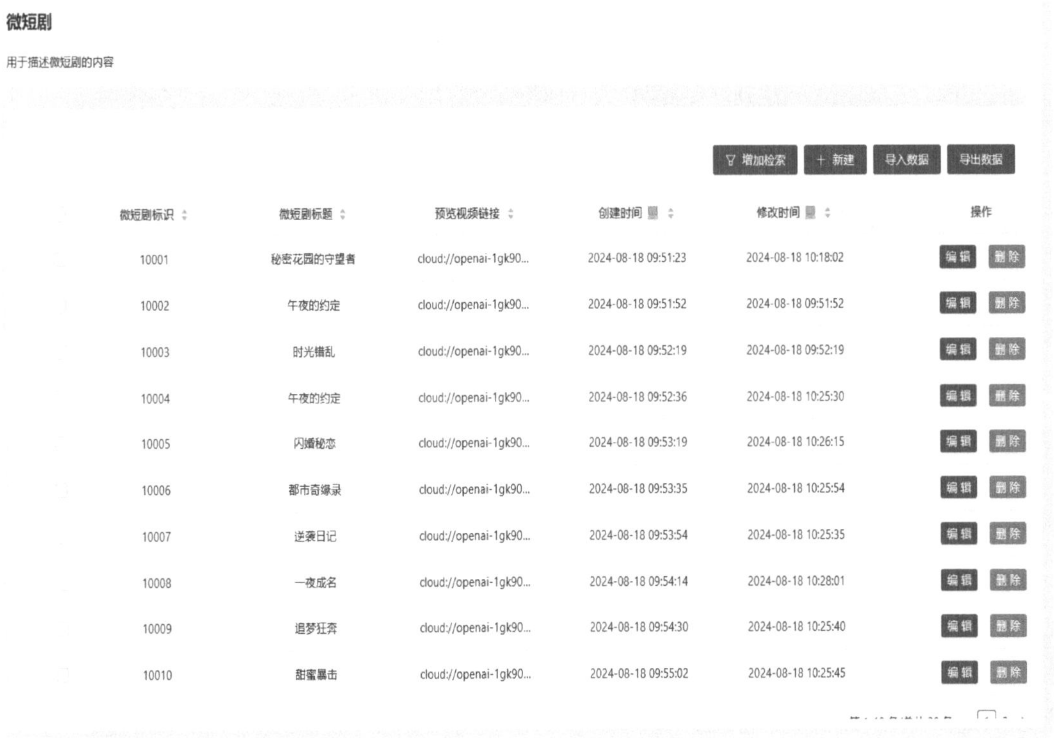

微短剧

用于描述微短剧的内容

增加检索　+ 新建　导入数据　导出数据

微短剧标识	微短剧标题	预览视频链接	创建时间	修改时间	操作
10001	秘密花园的守望者	cloud://openai-1gk90...	2024-08-18 09:51:23	2024-08-18 10:18:02	编辑 删除
10002	午夜的约定	cloud://openai-1gk90...	2024-08-18 09:51:52	2024-08-18 09:51:52	编辑 删除
10003	时光错乱	cloud://openai-1gk90...	2024-08-18 09:52:19	2024-08-18 09:52:19	编辑 删除
10004	午夜的约定	cloud://openai-1gk90...	2024-08-18 09:52:36	2024-08-18 10:25:30	编辑 删除
10005	闪婚秘恋	cloud://openai-1gk90...	2024-08-18 09:53:19	2024-08-18 10:26:15	编辑 删除
10006	都市奇缘录	cloud://openai-1gk90...	2024-08-18 09:53:35	2024-08-18 10:25:54	编辑 删除
10007	逆袭日记	cloud://openai-1gk90...	2024-08-18 09:53:54	2024-08-18 10:25:35	编辑 删除
10008	一夜成名	cloud://openai-1gk90...	2024-08-18 09:54:14	2024-08-18 10:28:01	编辑 删除
10009	追梦狂奔	cloud://openai-1gk90...	2024-08-18 09:54:30	2024-08-18 10:25:40	编辑 删除
10010	甜蜜暴击	cloud://openai-1gk90...	2024-08-18 09:55:02	2024-08-18 10:25:45	编辑 删除

● 图5-9　微短剧信息表

“在小程序开发中，帮我设计一个页面元素，使用gridview组件来展示微短剧列表，其数据来源于云数据库micro_drama_info表的两个字段title，preview_video_url，用于显示微短剧名称和预览视频。要求：【1、gridview每行显示两列视频预览，使用videoPlayer组件放置视频，在

视频的下方显示对应的微短剧名称，2、gridview 应该具备动态分页功能，每次从数据库最多获取 10 条记录，当检测到用户下拉操作时，继续加载下一页 10 条记录。】”

生成结果如下：

在 wxml 文件中添加 grid-view 组件：

```
<view class="container">
  <gridview class="grid-view" bindloadmore="loadMoreData" bindrefresh="loadFirst-
Page">
    <block wx:for="{{microDramaList}}" wx:key="micro_drama_id">
      <view class="grid-item">
        <video id="videoPlayer{{index}}" src="{{item.preview_video_url}}" controls
="true"autoplay="true" bindplay="onPlay" bindpause="onPause" bindended="onEnded"></
video>
        <text class="drama-title">{{item.title}}</text>
      </view>
    </block>
  </gridview>
</view>
```

在 JS 文件中定义数据和方法：

```
Page({
  data: {
    microDramaList: [], // 微短剧列表数据
    page: 0, // 当前页码
    pageSize:10, // 每页显示的记录数
  },
  onLoad: function() {
    this.loadFirstPage();
  },
  loadFirstPage: function() {
    this.setData({
      page: 0
    });
    this.fetchMicroDramaData();
  },
  loadMoreData: function() {
    this.setData({
      page: this.data.page + 1
    });
    this.fetchMicroDramaData();
  },
  fetchMicroDramaData: function() {
```

```
    const db = wx.cloud.database();
    db.collection('micro_drama_info')
      .skip(this.data.page * this.data.pageSize)
      .limit(this.data.pageSize)
      .get({
        success: res => {
          if (res.data.length > 0) {
            // 将新数据添加到当前列表
            this.setData({
              microDramaList: this.data.microDramaList.concat(res.data)
            });
          } else {
            // 如果没有更多数据,显示提示信息
            console.log('没有更多数据');
          }
        },
        fail: err => {
          console.error('查询失败', err);
        }
      });
  }
});
```

在 wxss 文件中添加样式（可选）：

```
.container {
  /* 添加一些样式,比如宽度和高度 */
  width: 100%;
  height: 100%;
}
.grid-view {
  display: grid;
  grid-template-columns: repeat(2, 1fr);
  gap: 10px;
  padding: 10px;
}
.grid-item {
  display: flex;
  align-items: center;
  flex-direction: column;
  justify-content: center;
  width: 100%;
  height: 200px;
}
.drama-title {
```

```
  margin-top: 10px;
  text-align: center;
  font-size: 16px;
}
```

实际上，生成的代码并未达到预期的效果，主要问题在于 loadMoreData 函数没有有效地捕获下拉事件，导致图片不能刷新。

不过搜索了其他的一些专业的解答之后，问题得到了解决，把 grid-view 的上层修改成 scroll-view 组件，并重新定义了下拉刷新事件 onScrollToLower，最终解决了问题，修改后代码如下：

```
  <scroll-view scroll-y style="width: 99%; height: 1400rpx" type="custom" scroll-y="
true" bindscrolltoupper="upper" bindscrolltolower="onScrollToLower">
```

经过调整，小程序运行后展示了如图 5-10 所示的微短剧预览界面，当用户在屏幕上执行下拉操作时，就会触发刷新事件，从而实现更新列表的功能。

● 图 5-10　微短剧预览页

粗略统计显示，在这个开发工作中，大模型提供了 80% 的支持，通过搜索引擎查找和修改代码工作约占 20%，所以开发者对小程序基础知识懂得越多，就越能顺畅使用大模型辅助开发。

5.3 事件处理——畅通无阻的交互机制

【学习目标】

1）理解并掌握如何设计事件处理函数：掌握如何捕捉用户触摸屏幕的动作，并利用这些动作来执行特定操作。

2）掌握页面生命周期管理：了解小程序页面从创建到销毁的过程，以及如何根据页面的不同状态来优化代码执行效率。

3）应用数据互斥锁与节流技术：学会减少不必要的事件触发次数，提高程序性能和用户体验。

在现代小程序开发中，良好的事件处理机制对于提升用户体验至关重要。无论是简单的单击事件还是复杂的多点触控手势，都需要开发者精心设计以确保流畅且直观的交互体验。

随着技术的进步，还可以借助 AI 大模型的先进技术来优化事件开发流程。

5.3.1 触屏事件处理与手势识别

在小程序开发中，触屏事件（Touch Events）是用户与界面交互的主要方式之一。正确处理这些事件可以帮助开发者创建更自然、更直观的用户界面。本节将介绍小程序中的触屏事件处理机制以及如何识别并利用各种触屏手势来增强用户体验。

1. 触屏事件

在小程序中，触屏事件包括但不限于 touchstart、touchmove、touchend、touchcancel 等。这些事件使得开发者能够捕获用户的触摸动作，并根据这些动作执行相应的逻辑。

1）touchstart：当手指触摸屏幕时触发。

2）touchmove：当手指在屏幕上滑动时连续触发。

3）touchend：当手指离开屏幕时触发。

4）touchcancel：当触摸动作被中断时触发，例如系统弹出对话框。

这些事件可以通过在组件上绑定相应事件处理函数的方式触发。

下列代码，在 wxml 文件中绑定不同触屏事件：

```
<view bindtap="handleTap" bindtouchstart="handleTouchStart" bindtouchmove="handle-
TouchMove" bindtouchend="handleTouchEnd" bindtouchcancel="handleTouchCancel">
  Click and move your finger!
</view>
```

下列代码在 JS 文件中定义对应触屏事件的处理函数：

```
Page({
  handleTap: function(event) {
    //处理单击事件
    console.log('Tapped');
  },
  handleTouchStart: function(event) {
    //处理触屏开始事件
    console.log('Touch started');
  },
  handleTouchMove: function(event) {
    //处理触屏移动事件
    console.log('Touch moving');
  },
  handleTouchEnd: function(event) {
    //处理触屏结束事件
    console.log('Touch ended');
  },
  handleTouchCancel: function(event) {
    //处理触屏取消事件
    console.log('Touch cancelled');
  }
});
```

2. 手势识别

除了基本的触屏事件，小程序还支持多种手势识别，包括但不限于：

1）长按（longpress）：当手指在屏幕上停留超过一定时间（默认 350ms）后触发。

2）双击（doubletap）：在短时间内连续两次单击同一位置。

3）捏合/放大（pinch）：使用两个手指同时触摸屏幕进行缩放。

4）滑动（swipe）：手指在屏幕上水平或垂直快速滑动。

这些手势可以通过组合使用上述基本触屏事件来实现，或者使用第三方库来简化手势识别的过程。

为了更好地使用 AI 大模型生成的数据表效果，可以使用以下提示语生成一段事件触发代码：

“请帮我生成一段小程序代码，当单击屏幕中的某个视频组件 videoPlayer 时，该组件的标题后面加上‘(已播放)’字符串。”

大模型给出如下回答：

在 wxml 文件中增加一个事件绑定 toggletab，用于截获单击事件。

```
<view class="grid-item">
        <video id="videoPlayer{{index}}" src="{{item.preview_video_url}}" controls
="true"autoplay="false"  bindtouchstart="toggletap" data-index="{{index}}" style="po-
sition: relative; left: 0rpx; top: -2rpx; width: 318rpx; height: 205rpx; display: block;
box-sizing: border-box"></video>
     <text class="drama-title">{{item.title}}</text>
</view>
```

在 JS 文件中增加相关的事件处理，修改第 n 项的 title，使之增加“（已播放）”标签。

```
toggletap: function(e) {
  console.log(e);
  const index = e.currentTarget.dataset.index;
  const item = this.data.microDramaList[index];
  if (item.title.length > 0) {
    item.title+=('(已播放)'); // 添加已播放字符串
  }
  this.setData({
    microDramaList: this.data.microDramaList
  });
},
```

5.3.2 页面生命周期管理

在小程序开发中，页面生命周期管理是核心概念之一。页面生命周期指的是小程序页面从创建到销毁的整个过程，这个过程可以分为以下几个关键事件，每个事件都有其特定的触发时机和用途。

1）onLoad：页面加载时触发，通常用于初始化页面数据，如从服务器获取数据。

2）onShow：页面显示时触发，无论页面是第一次加载还是从后台进入前台，都会触发这个事件。常用于处理页面显示时的逻辑，如更新数据。

3）onReady：页面初次渲染完成时触发，此时页面已经准备好，可以与用户进行交互。适用于需要立即执行的用户交互逻辑。

4）onHide：页面隐藏时触发，当用户离开页面或页面进入后台时，可以在这个事件中进行数据保存等操作。

5）onUnload：页面卸载时触发，如用户关闭页面或导航到其他页面时。常用于清理页面资源，如取消网络请求或定时器。

6）onPullDownRefresh：用户下拉刷新时触发，可以在这个事件中执行数据刷新的操作。

7）onReachBottom：页面上拉触底时触发，常用于加载更多数据。

8）onShareAppMessage：用户单击右上角“分享”按钮时触发，可以在这个事件中定义分享的内容。

这些事件为开发者提供了在页面生命周期的不同阶段插入自定义逻辑的能力，从而能够更好地控制和管理页面的行为。

在小程序的生命周期中，onLoad 和 onShow 是两个不同的事件，它们在页面加载和显示时有不同的触发时机和用途。

onLoad 事件仅在页面第一次加载时触发，即页面创建时。通常用于初始化页面数据，比如从服务器获取数据，设置页面的初始状态。在整个页面的生命周期中，onLoad 只会被触发一次。

onShow 事件在页面每次显示时触发，无论是页面第一次加载，还是从后台切换到前台。常用于处理页面每次显示时的逻辑，如更新数据，处理用户交互。onShow 可能在页面的生命周期中多次触发。

举个例子来说明 onLoad 和 onShow 的不同，假设开发者有一个新闻列表页面，用户可以浏览新闻。这个页面会在 onLoad 时从服务器获取最新的新闻列表并显示。当用户浏览完其中一个页面后返回新闻列表页面时，开发者可能需要更新新闻列表以确保信息的最新性，这时可以在 onShow 中进行数据更新。

onShow 事件触发时，需要注意以下几点。

1）大数据量操作：由于 onShow 在页面每次显示时都会触发，如果在这个事件中进行大量数据操作或复杂的计算，可能会导致页面加载缓慢，影响用户体验。因此，在 onShow 中应尽量减少大数据量的操作，避免用户界面因数据刷新出现卡顿现象。

2）性能优化：如果需要更新数据，可以考虑在 onShow 中先检查是否真的需要更新，比如通过比较缓存数据的时间戳。这样可以减少不必要的网络请求和数据处理，提高页面性能。

通过合理利用 onLoad 和 onShow，开发者可以更有效地管理页面的加载和显示逻辑，同时确保小程序的流畅运行和良好的用户体验。

5.3.3 数据互斥锁与节流技术

在小程序开发中，由于事件处理具有异步性，开发者可能会遇到多个事件同时对同一数据进行写操作的情况，或者在一个事件的数据写入尚未完成时，另一个事件就开始读取数据，从而导致数据不一致的问题。例如，在一个事件的回调函数中多次调用 setData 来设置数据，每次调用都可能会触发 onShow 事件的更新，但如果数据设置尚未完成，刷新可能会导致部分数据丢失，造成内容抖动。

为了避免这种情况，开发者可以采用数据互斥锁和节流技术来优化事件处理流程。

1. 数据互斥锁

数据互斥锁技术确保一个函数在特定时间间隔内只执行一次，即使它被多次调用。这可以通过设置一个互斥变量实现，如果在互斥变量被设置的情况下函数再次被调用，则直接退出该函数的执行。

在小程序中，开发者可以在数据设置前检查一个名为 DataLock 的变量。如果这个变量为 true，表示数据已经被锁定，其他事件在尝试读取或写入数据前应该首先检查这个变量。如果发现数据被锁定，则退出函数，等待下一次事件触发时再进行检查。

2. 节流技术

节流技术确保一个函数在指定时间间隔内只执行一次，无论它被调用多少次。这可以通过记录上次执行时间并仅在超过指定时间间隔后才执行函数来实现。

在小程序中，开发者可以在 setData 调用前后使用节流技术。例如，开发者可以记录每次调用 setData 的时间戳，并在下一次调用前检查是否已经超过了特定的时间间隔。如果间隔时间未到，则延迟执行 setData。

下面一段代码表示了通过互斥数据锁判断是否执行相应的代码流程。

handleClick 函数用于处理一个按钮事件，这个事件将触发一组动态标签的更新过程，标签更新依赖于 getDatabaseFlag 锁变量，如果这个变量为 true，说明这一组动态标签还没有完成初始化，事件退出执行，如果变量为 false，则这个函数将会获得数据 labelLists 的值，对标签的值和状态进行更新。

```
handleClick: function(event) {
  if(this.data.getDatabaseFlag)
  {
    return;
  }
  const { index } = event.currentTarget.dataset; // 获取单击按钮的索引
  //将当前单击按钮设为活动状态,其他按钮设为非活动状态
  let buttons = this.data.buttons.map((button, i) => ({
    ...button,
    isActive: (i === index),
  }));
  //更新 buttons 数组和 selectedLabels 的状态
  this.setData({
  selectedLabels:
    this.data.labelLists[index],
  });
  //更新 buttons 数组的状态
  this.setData({
    buttons:buttons
  });
  },
```

5.4 云函数开发——云端逻辑的强大后盾

【学习目标】

1）了解云函数开发环境配置与部署流程，能够创建云函数。

2）熟悉云函数触发与调用机制，使用大模型辅助云函数开发。

3）了解云函数的监控、日志与性能管理。

4）学习通过云函数集成第三方服务，在小程序中获得更丰富的能力。

随着小程序功能的日益丰富，开发者们越来越多地将业务逻辑迁移到云端。云函数作为一种无需管理服务器即可运行的后端代码，极大地简化了后端服务的开发与部署过程。

通过学习本节，可以了解到如何在云端编写和部署函数，如何让这些函数与小程序前端进行交互，以及如何维护和优化这些云函数，以确保它们能够高效稳定地运行。无论是对于新手还是有经验的开发者来说，云函数都是一项非常实用的技术，它能够帮助开发者轻松应对复杂的业务场景，并提高应用程序的整体性能和可用性。

5.4.1 云函数开发环境配置与部署流程

云函数作为微信小程序开发中的一个重要组成部分，为开发者提供了无需管理服务器即可执行后端逻辑的能力。通过简单的配置和部署流程，开发者可以轻松地将业务逻辑迁移到云端，从而专注于功能开发而非服务器运维。

云函数是一种运行在云端的代码片段，开发者无须自己维护服务器，只需在开发工具中编写好代码并一键上传部署即可。云函数可以接收来自小程序的请求，并执行相应的逻辑，返回结果给小程序。这种方式极大地简化了后端服务的开发流程，并且使得开发者能够专注于业务逻辑的实现。

1. 开发环境准备

1）安装微信开发者工具。

2）创建一个新的小程序项目或者打开现有的项目。

3）在项目中创建云函数目录，通常命名为 cloudfunctions。

4）在云函数目录中创建一个新的云函数文件夹，例如 addMacrovideo。

5）使用 AI 大模型辅助编写云函数代码，需要实现云函数向数据表 micro_drama_info 中插入一条信息，信息来自对话框，可以用以下提示语：

“帮我创建一个名为 addMacrovideo 的云函数，它的作用是向云数据库表 micro_drama_info 插入一条记录，这条记录包括三个变量：

micro_drama_id（数字型）、preview_video_url（字符串型）以及 title。它从输入参数中获得这三个变量，并写入到数据库中。”

大模型很快创建了一个云函数，用于向数据库插入一条数据，具体代码如下：

```
//云函数入口文件
const cloud = require('wx-server-sdk')

cloud.init()

//云函数入口函数
exports.main =async (event, context) => {
  const wxContext = cloud.getWXContext()
  const db = cloud.database()

  try {
    //从入参中获取变量
    const { micro_drama_id, preview_video_url, title } = event

    //向数据库中插入记录
    const result = await db.collection('micro_drama_info').add({
      data: {
//将 micro_drama_id 转换为 number 类型
        micro_drama_id: Number(micro_drama_id),
//将 preview_video_url 转换为 string 类型
        preview_video_url: String(preview_video_url),
//将 title 转换为 string 类型
        title: String(title)
      }
    })

    return {
      success: true,
      message: '记录插入成功',
      data: result
    }
  } catch (error) {
    return {
      success: false,
      message: '记录插入失败',
```

```
        error: error
      }
    }
  }
```

6）部署云函数。将上述代码复制到云函数目录下的 index.js 文件，位置如图 5-11 所示。

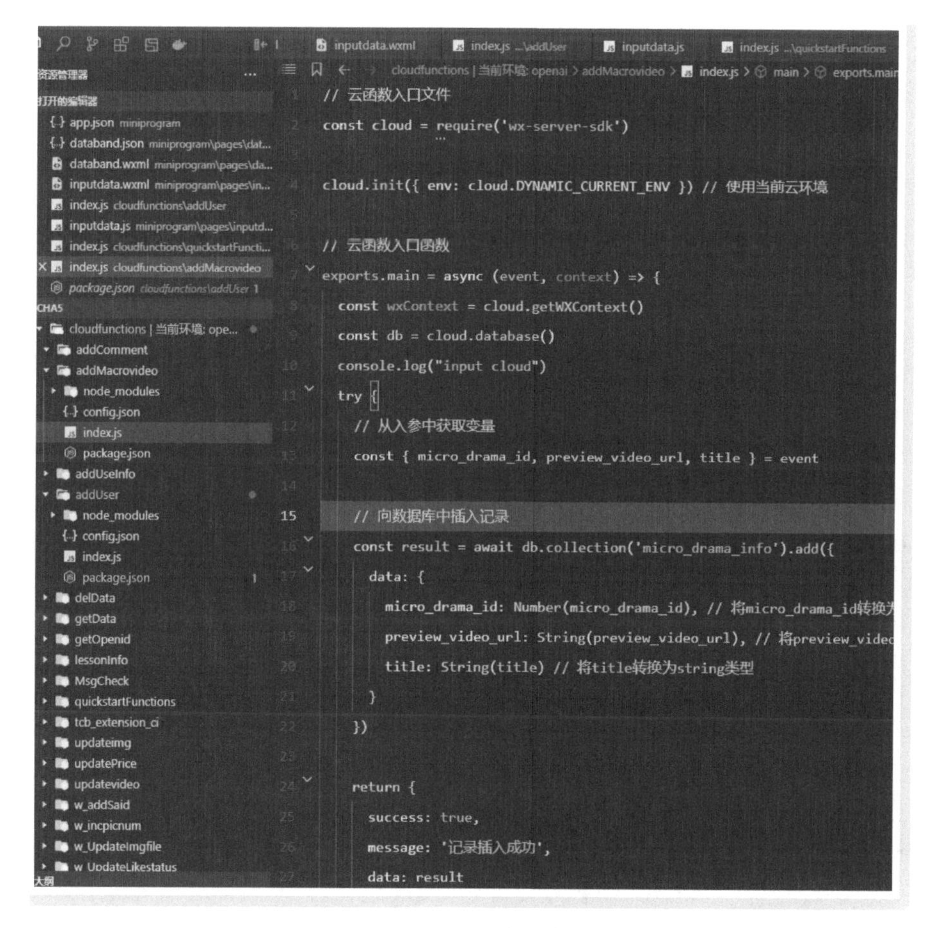

● 图 5-11　云函数编辑界面

7）在云函数 addMacrovideo 目录上右击，在下拉菜单中选择“上传并部署：所有文件”。选择对应的云环境并单击“上传”按钮。确认上传成功后，云函数即部署完毕。

8）调用云函数。在小程序中调用云函数非常简单，可以使用 wx.cloud.callFunction 方法。使用以下提示语让大模型生成一段调用代码：

“请给出一个代码示例，在页面放置用于插入数据表记录的三个参数，并调用云函数 addMacrovideo。”

大模型生成调用代码如下：

```
async addMicroDrama() {
    if (!this.data.microDramaId || !this.data.previewVideoUrl || !this.data.title) {
      wx.showToast({ title: '请填写所有字段', icon: 'none' });
      return;
    }
    try {
      console.log("start call ")
      const result = await wx.cloud.callFunction({
        name: 'addMacrovideo',
        data: {
          micro_drama_id: this.data.microDramaId,
          preview_video_url: this.data.previewVideoUrl,
          title: this.data.title
        }
      });
      console.log("log is ",result)
      if (result.result.success) {
        wx.showToast({ title: '添加成功', icon: 'success' });
        //清空输入框
        this.setData({
          microDramaId: null,
          previewVideoUrl: '',
          title: ''
        });
      } else {
        wx.showToast({ title: '添加失败', icon: 'none' });
      }
    } catch (error) {
      console.log(error)
      wx.showToast({ title: '调用云函数失败', icon: 'none' });
    }
  }
```

在这个示例中，创建了三个输入框，分别用于输入 micro_drama_id、preview_video_url 和 title。每个输入框都绑定了对应的事件处理函数 onMicroDramaIdInput、onPreviewVideoUrlInput 和 onTitleInput，这些函数用于更新页面的数据。按钮绑定了 addMicroDrama 函数，该函数在用户单击该按钮时被调用，用于调用云函数 addMacrovideo 并传递输入的数据。确保在调用云函数前，已经正确地填写了所有字段，并且云函数已经部署到云端。

2. 注意事项

1）云函数上传并部署成功可能需要几分钟时间，因此上传之后马上测试可能会报错。智谱清言生成的代码有一处没有指定云环境，如下所示：

```
cloud.init()
```

2）将代码复制到本地时，可以在括号中填入开发者的环境 ID，或者选择使用当前环境，如：

```
cloud.init({env: cloud.DYNAMIC_CURRENT_ENV }) // 使用当前云环境
```

3）在 call_function 中调用的云函数名必须与云函数注册名称一致，不然会出现找不到函数名的错误：FUNCTION_NOT_FOUND

5.4.2 云函数监控、日志与性能管理

云函数作为小程序后端逻辑的重要组成部分，在运行过程中可能会遇到各种问题。由于云函数在云端运行，其错误信息和运行状态的监控相较于前端代码更为复杂。因此，有效地监控云函数的运行状态、记录日志以及管理性能成为确保云函数稳定运行的关键。本节将介绍如何监控云函数、记录日志以及优化性能。

1. 云函数的监控

云函数的监控主要包括以下几个方面：

1）日志记录：通过在云函数中添加日志点，记录关键信息。

2）错误处理：确保云函数能够妥善处理错误，并将错误信息反馈给前端。

3）性能监控：监控云函数的执行时间和资源消耗情况。

2. 日志管理

要在云函数中插入日志，可以使用 wx-server-sdk 提供的 logger 方法。这个方法允许开发者记录不同级别的日志，如 info、warn、error 等，并可以在日志中添加自定义字段。以下是一个在云函数中插入日志的示例。

下面一段代码用于在排查错误时，检测云函数调用时传入的参数是否准确。

```
exports.main =async (event, context) => {
  const wxContext = cloud.getWXContext()
  const db = cloud.database()
 try {
    //从入参中获取变量
    const { micro_drama_id, preview_video_url, title } = event;
    const log = cloud.logger();
    log.info({
      id: micro_drama_id,
      title: title,
      previewurl: preview_video_url,
    });
...
```

在这个示例中，首先初始化云环境，然后通过 cloud.logger( ) 获取日志对象。接着，调用 log.info 方法来记录一条信息日志，并添加几个自定义字段，如 id、title 和 previewurl。这些字段将作为日志记录的一部分被记录下来。

请注意，日志记录的每个字段都会被转换为字符串形式，以便检索和分析。开发者可以在云开发控制台的日志管理部分查看这些日志记录。

3. 查看云函数日志

用户可以通过微信开发者工具的云开发控制台查看云函数的日志，如图 5-12 所示。可以过滤和搜索日志，便于查找特定的信息。

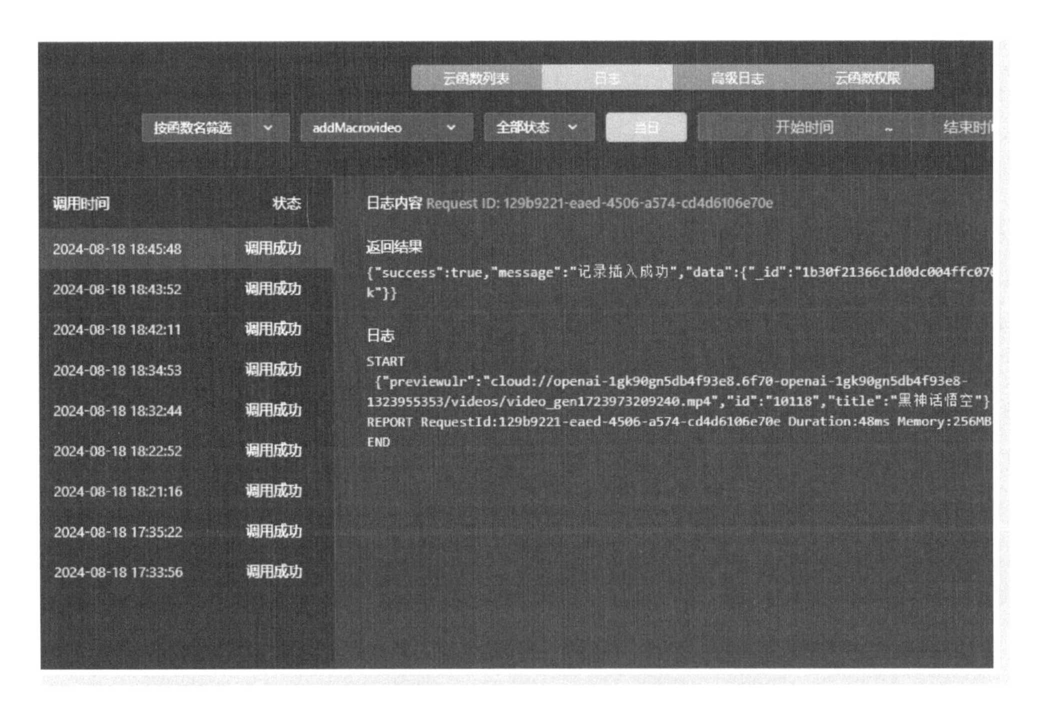

● 图 5-12　查看云函数日志界面

需要注意的是：在打印用户自定义日志之前，必须在高级日志的页签中选择“开始使用”，否则日志内容中将只显示云函数的调用结果，并不会打印你所需要的日志信息。

4. 云函数性能

微信官方建议将简单的数据库操作放在前端执行，以减轻云函数的流量和服务器压力。但是，实际上大部分小程序应用都没有大量的实时用户和并发访问，考虑到数据安全和用户体验，对于敏感或复杂的数据操作，最好放在云函数中处理。

为了提高云函数的性能，需要确保云函数尽可能简洁高效，避免不必要的计算和数据传输。使用异步处理来提高并发处理能力，合理使用缓存机制，减少数据库访问频率。

5.4.3 云函数调用第三方服务

在小程序开发中，云函数为开发者提供了一个无需管理服务器即可执行后端逻辑的平台。然而，当原生云函数存在限制时，例如下列服务，需要高性能的服务器支撑，很难通过云函数独立实现。

1）AI 服务：语音识别、图像处理、自然语言处理等。

2）支付业务：在线支付、订单处理等。

3）外部数据源：天气预报、地理位置信息等。

这些服务往往需要通过第三方 API 来实现。将这些 API 调用封装在云函数中，可以实现以下优势：

1）安全性：前端页面不需要直接与第三方服务交互，减少了数据泄露的风险。

2）统一接口：通过云函数提供统一的接口，简化前端开发。

3）易于管理：所有对外部服务的调用都在云函数中进行，方便维护和更新。

下面以一个云函数调用百度翻译 API 的例子来说明。假设开发者需要在小程序中提供文本翻译的功能，可以使用百度翻译 API 来实现。以下是具体的实现步骤：

① 申请百度翻译 API：访问百度翻译开放平台官网，注册账号并获取 API 密钥（AppID 和 SecretKey）。

② 编写云函数：在云函数中利用百度的翻译 API 设计一个云函数，该函数的功能是将英文翻译成中文，这次开发者采用腾讯元宝，元宝是腾讯混元大模型的载体，针对微信小程序的训练度较高。提示语如下：

“能否帮我编写一个微信小程序云函数，用于远程调用百度机器翻译接口 AI http 接口。该接口的说明如下：

请求示例

HTTP 方法：POST

请求 URL：https://aip.baidubce.com/rpc/2.0/mt/texttrans/v1

URL 参数：

access_token：通过 API Key 和 Secret Key 获取的 access_token，参考“Access Token 获取”

Header 如下：

Content-Type：application/json；charset=utf-8

Body 中放置请求参数，参数详情如下：

请求参数

参数类型是否必须描述备注

from　text　是　翻译源语言　可设置为 auto

to　text　是　翻译目标语言不可设置为 auto

q　text　是　请求翻译 query　单次请求最大长度为 6000 字符

termIds　text　否　术语库 id 一次请求最多支持 10 个术语库，中间用英文逗号隔开；若相同的术语出现在多个术语库中，则排在前面的术语库生效优先级高”

其中提示语中的请求示例，是从百度的机器翻译 API 文档中直接复制过来，在进行 AI 辅助代码生成时，如果有类似的代码或者帮助手册中的 API 文档，直接提供给大模型效果会更加好。

腾讯元宝大模型给出的云函数代码如下：

```
//云函数入口文件
const cloud = require('wx-server-sdk')
const axios = require('axios')
cloud.init()
//获取访问令牌
async function getAccessToken(apiKey, secretKey) {
  const url = 'https://aip.baidubce.com/oauth/2.0/token'
  const params = {
    grant_type: 'client_credentials',
    client_id:apiKey,
    client_secret:secretKey
  }

  try {
    const response = await axios.get(url, { params })
    return response.data.access_token
  } catch (error) {
    throw error
  }
}

//调用机器翻译接口
async function translateText(accessToken, q, from, to) {
  const url = 'https://aip.baidubce.com/rpc/2.0/mt/texttrans/v1'
  const params = {
    access_token:accessToken
  }
  const headers = {
```

```
      'Content-Type':'application/json;charset=utf-8'
    }
    const data = {
      from: from,
      to: to,
      q: q
    }
    try {
      const response = await axios.post(url, data, { params, headers })
      return response.data
    } catch (error) {
      throw error
    }
  }
  //云函数入口函数
  exports.main =async (event, context) => {
    const {apiKey, secretKey, q, from, to } = event

    try {
      const accessToken = await getAccessToken(apiKey, secretKey)
      const result = await translateText(accessToken, q, from, to)
      return result
    } catch (error) {
      return { error: error.message }
    }
  }
```

此外还给出了建议：请确保开发者已经安装了 axios 库，如果没有，请在云函数目录下运行以下命令安装：

```
npm install axios
```

这次元宝大模型给出的代码非常精确，基本上没什么改动，只是修改了它的环境初始化，把 cloud.init( ) 函数改成了：

```
cloud.init({env: cloud.DYNAMIC_CURRENT_ENV }) // 使用当前云环境
```

表示使用当前的云环境。

③ 部署云函数：使用微信开发者工具部署云函数，右击云函数目录，选择“上传并部署所有文件”，等待 5min 左右，云函数就部署成功了。

④ 在小程序中调用云函数：使用大模型生成测试前端和调用代码，使用 wx.cloud.callFunction 调用云函数，并传入待翻译的文本、源语言和目标语言。调用代码示例如下。

```
translateText: async function() {
    //获取用户输入的英文文本
    const englishText = this.data.inputText;
    const db = wx.cloud.database();
    const secretRes = await db.collection('ai-Dictionary').where({
      name:'secret'
    }).get();
    console.log("result:",secretRes);
    const secretKey =secretRes.data[0].value;

    const apikeyRes = await db.collection('ai-Dictionary').where({
      name:'apiKey'
    }).get();
    const apiKey =apikeyRes.data[0].value;
    const textInput  = this.data.inputText;
    const from = 'en';
    const to = 'zh';

    wx.cloud.callFunction({
      name:'baiduai',
      data: {
        apiKey,
        secretKey,
        q:textInput,
        from,
        to
      },
      success: res => {

        this.setData({
          result: res.result.result.trans_result[0].dst
        });
      },
      fail: err => {
        console.error(err);
      }
    });
  },
```

如图 5-13 所示，小程序运行后，可以在上面设置英文，从而获得对应的中文翻译。

在调用百度 API 接口时，程序使用了 apiKey 和 secretKey 两个参数用于获取 token，这两个参数是百度开发者的 API ID 和密钥，如果泄露给第三方，开发者在百度订阅的服务就会被盗刷。

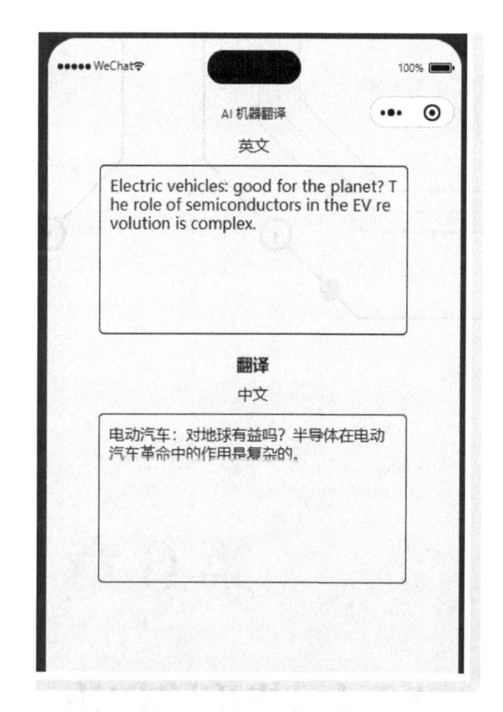

● 图 5-13　小程序“AI 机器翻译”界面

因此，这两个参数最好存储到云数据库 ai-Dictionary 中并加密，需要使用时再从数据库取出并解密。这样一方面可以灵活地改变密钥而不需要修改代码，另一方面第三方即使拿到前端页面或者单独地拿到数据库中未解密的代码，也不是那么容易破解。

通过学习本节，可以掌握如何在云函数中调用第三方服务，特别是如何使用百度翻译 API 来实现在小程序中翻译文本的功能。这种方法不仅提高了安全性，也简化了前端页面的开发工作，大大提升了小程序的质量和效率。

CHAPTER 6

第6章

AI大模型辅助小程序测试和运营

6.1 大模型辅助小程序编译纠错

【学习目标】

1）理解编译产生错误的原因，了解小程序开发中常见的编译错误类型。

2）学会如何利用大模型工具进行编译错误实时诊断，学会基于智能建议对代码进行优化。

3）提升编程效率和质量：通过实践案例的学习，提高识别和解决小程序编译问题的能力，从而提升整体开发效率和软件质量。

在快速发展的移动互联网时代，小程序因其便捷性和轻量级的特点而广受欢迎。然而，在小程序开发过程中，开发者经常会遇到各种编译错误，这些问题不仅会减缓开发进度，还可能影响最终产品的质量。为了解决这一难题，大模型技术被引入到小程序的开发流程中，以提高开发效率并减少人为错误。

6.1.1 什么是小程序编译错误

小程序编译错误是指在小程序源代码被转换成可执行代码的过程中出现的问题。这些错误通常是由不符合语言规范的语法错误、类型不匹配、变量未定义等问题引起的。编译器在遇到这类问题时无法继续编译，并会报出具体的错误信息。

以下是一些在小程序开发中常见的编译错误示例。

1. 语法错误

例如忘记闭合括号或引号。

```
function test() {
    console.log("Hello World! " // 此处缺少闭合括号
}
```

此例中函数内的字符串没有正确闭合，会导致编译失败。

2. 类型不匹配

例如尝试将字符串赋值给数字类型的变量。

```
var num = "10";
var result = num + 5; //这里实际上会产生运行时错误而非编译错误,但在某些情况下也可能导致编译
警告。
```

虽然 JavaScript 是动态类型语言，但这种类型的错误在静态类型的语言中会导致编译失败。

3. 变量未定义

例如使用了未声明的变量。

```
console.log(myVar); // myVar 未定义
var myVar = 10;
```

在某些情况下，如果变量在使用前未声明，则会导致运行时错误或编译警告。

4. 循环依赖

例如模块之间存在循环引用。

```
//moduleA.js
import {funcB } from './moduleB';
export function funcA() {
    funcB();
}

//moduleB.js
import {funcA } from './moduleA';
export function funcB() {
    funcA();
}
```

上述两个模块相互引用，这可能导致编译器无法解析正确的导入路径，从而引发编译错误。

5. 接口不匹配

例如调用的 API 参数与实际定义的参数类型不一致。

```
function add(a: number, b: number): number {
    return a + b;
}
add("1", 2); //类型错误
```

在此例中尝试向 add 函数传递一个字符串和一个数字，这与函数期望的两个数字参数类型不符，这在类型检查严格的环境中会导致编译错误。

6.1.2 实时错误诊断与大模型修正建议

在小程序开发过程中，当开发者通过可视化工具单击“编译”按钮后，如果遇到编译错误，可以利用大模型技术快速定位问题并获取修复建议。这种方法不仅能够提高开发效率，还能减少调试时间，让开发者专注于业务逻辑的实现。

1. 复制错误代码

当编译失败时，将编译器报告的错误信息复制到 AI 大模型的对话框中。

2. 编译错误样例

假设遇到了如下编译错误：

```
Uncaught TypeError: Cannot read properties of undefined (reading 'property')
  at Object.<anonymous> (index.js:5)
```

这个错误表明在 index.js 文件的第 5 行，试图访问一个未定义对象的属性。大模型工具可以分析错误信息，并尝试理解问题所在。

3. 大模型诊断

将编译错误的信息和上下文的场景发送给大模型工具，请它提供可能的解决方案。

针对上述错误，大模型给出如下建议：

这个编译错误信息表明在 index.js 文件的第 5 行，尝试读取一个未定义对象的属性。要解决这个问题，请按照以下步骤操作：

1）定位错误

打开 index.js 文件，找到第 5 行，查看具体代码。

2）检查对象是否已定义：

确保在第 5 行尝试访问的变量或对象已经定义。例如，第 5 行代码是：

```
console.log(someObject.property);
```

确保 someObject 已经被正确初始化。

3）添加条件判断：

在访问属性之前，添加一个条件判断来确保对象已定义。例如：

```
if (someObject) {
    console.log(someObject.property);
} else {
    console.log('someObject is undefined');
}
```

4）调试代码：

使用调试工具来逐步执行代码，在调试过程中查看变量值，确保每个变量都被正确初始化。

5）检查依赖项：

如果 someObject 是从其他模块导入的，确保该模块已正确导入并且导出了所需的对象。

以下是一个示例，假设 someObject 是从另一个模块导入的：

```
// index.js
import { someObject } from './otherModule';

if (someObject) {
```

```
    console.log(someObject.property);
} else {
    console.log('someObject is undefined');
}
```

确保 otherModule.js 正确导出了 someObject：

```
// otherModule.js
export const someObject = {
    property: 'value'
};
```

通过以上步骤，开发者通常能发现并解决 Uncaught TypeError：Cannot read properties of undefined (reading ' property ') 错误。

6.1.3 案例展示：常见编译错误处理

这一节将通过一个例子来说明如何快速发现并解决编译问题。

首先，使用腾讯的元宝大模型来生成小程序代码，代码功能是在页面上显示一张图片，单击按钮可以进行切换，提示语如下：

“现在请编写一段小程序代码，在页面的正中展示一张 300：400 比例的图片，如果单击下方的按钮，该图片就会换成另一张图片，再点一下，图片又换回原来那张。”

很快元宝大模型给出了相关的代码。

页面代码如下：

```
<!-- pages/index/index.wxml -->
<view class="container">
  <image src="{{currentImage}}" class="center-image"></image>
  <button bindtap="toggleImage">切换图片</button>
</view>
```

JS 代码如下：

```
// pages/index/index.js
Page({
  data: {
    currentImage: 'path/to/image1.jpg',
    images: ['path/to/image1.jpg', 'path/to/image2.jpg']
  },
toggleImage() {
    const {currentImage, images } = this.data;
    const currentIndex = images.indexOf(currentImage);
    const nextIndex = (currentIndex + 1) % images.length;
```

```
        this.setData({
          currentImage: images[nextIndex]
        });
      }
    });
```

修改JS代码中的图片地址定义，将其换成绝对路径："/miniprogram/pic/1.png"，"/miniprogram/pic/2.png"，单击微信开发者工具左上角的"可视化"按钮，出现了以下错误：

```
Failed to load local image resource /pages/complerr/path/to/image2.jpg the server responded with a status of 500 (HTTP/1.1 500 Internal Server Error) (env: Windows,mp,1.06.2401020; lib: 2.20.1)
```

为了解决该问题，使用通义千问大模型进行错误查询，提示语如下：

"请看下这个错误是什么原因：［渲染层网络层错误］Failed to load local image resource /pages/complerr/path/to/image2.jpg the server responded with a status of 500（HTTP/1.1 500 Internal Server Error）（env：Windows，mp，1.06.2401020；lib：2.20.1）"

通义千问大模型返回的回答如下：

这个错误信息表明在尝试加载本地图片资源 /pages/complerr/path/to/image2.jpg 时出现了问题，服务器返回了一个 HTTP 500 错误状态码，这意味着服务器端内部发生了错误。

1. 分析错误原因

（1）路径问题

1）确认图片路径是否正确。路径中可能存在拼写错误或路径结构不正确。

2）确认图片确实位于指定的位置。

（2）服务器配置问题

1）如果图片是通过服务器来提供的话，可能是服务器配置存在问题，导致无法正确提供图片资源。

2）检查服务器上的配置文件，确保图片所在的目录被正确设置为可公开访问。

（3）权限问题

1）确保服务器有足够的权限读取该图片文件。

2）检查图片文件的权限设置，确保服务器进程能够访问它。

（4）文件损坏或不存在

1）图片文件可能已经损坏或不存在于指定的位置。

2）重新上传或替换图片文件，确保文件完整无损。

（5）服务器错误

1）HTTP 500 错误通常意味着服务器遇到了一个意外情况，使其无法完成请求。

2）查看服务器的日志文件，寻找与该错误相关的更多信息，以便进一步诊断问题。

2. 解决方案

（1）检查路径

1）确认路径是否正确，例如路径应该是 /pages/path/to/image2.jpg 而不是 /pages/complerr/path/to/image2.jpg。

2）如果路径正确，确认图片确实存在于该位置。

（2）服务器日志

1）查看服务器日志文件，查找与 HTTP 500 错误相关的详细信息。

2）日志文件中可能会包含错误的具体原因，例如文件不存在、权限不足等。

（3）文件完整性

1）确认图片文件是否完整且未损坏。

2）可以尝试重新下载或上传图片文件。

（4）服务器配置

1）检查服务器的配置文件，确保图片文件所在的目录被正确设置为可公开访问。

2）如果服务器有特定的安全设置或防火墙规则，请确保它们不会阻止图片文件的访问。

3. 重试或测试

1）清除浏览器缓存后重新尝试加载图片。

2）在不同的设备或环境中测试图片是否能够正常加载。

根据这些解决文案，首先尝试清除缓存然后再次加载图片，问题没有解决。接着检查图片文件是否存在，问题也没有解决。最后考虑路径是否准确，因为之前用的是绝对路径，试着把 pic 文件夹放在 page 目录下面，然后使用相对路径来访问它：

```
currentImage:'../pic/pic1.png',
```

结果，问题解决了，漂亮的图片也成功地出现在了页面上，效果如图 6-1 所示。

这就是通过 AI 大模型来辅助解决编译错误的方法，下次如果读者遇到类似的错误，也可以尝试这种方法，至少英译汉速度较快，而且还可以帮助快速提出解决意见。

• 图 6-1　解决编译问题后的页面

6.2 大模型辅助测试用例生成与智能修复

【学习目标】

1）理解大模型在测试用例生成中的作用，了解基于大模型的测试方法如何从源代码、需求文档和其他测试资源中自动提取测试用例，从而减少手动编写测试用例的工作量。

2）学习大模型如何识别测试失败的具体原因，并尝试智能修复这些错误，提高 bug 的解决速度。

3）探索大模型如何优化测试流程：通过具体的实践案例，理解 AI 如何通过自动化测试和智能修复手段显著提升软件测试的效率和质量。

在当今快速发展的软件行业中，确保软件的质量和可靠性变得越来越重要。随着软件系统变得日益复杂，传统的手动测试方法已无法满足高效且全面的测试需求。因此，采用先进的智能技术来辅助软件测试成为必然趋势。

本节将重点介绍大模型在测试用例生成和代码修复方面的应用，旨在展示如何利用现代人工智能技术来提高软件测试的效率和质量。读者可以了解大模型如何自动生成测试用例，并在测试过程中发现错误时尝试智能修复代码，从而为软件开发团队节约了大量的时间和成本。

6.2.1 基于大模型的测试用例自动生成

软件测试是确保软件质量的关键步骤。它涉及验证和确认软件功能是否符合预期，并满足所有业务和技术需求。测试过程通常包括设计和执行一系列测试用例，这些用例旨在覆盖软件的所有重要方面，包括功能、性能和安全性等。

传统的测试用例编写是一项耗时且需要专业知识的任务。测试工程师需要根据软件的需求规格说明书（SRS）来制定测试计划，并为每个功能点编写详细的测试用例。这包括定义输入数据、预期输出和测试步骤。此外，随着软件复杂性的增加，测试用例的数量也会显著增加，这进一步加大了测试工作的难度。

1. 通过 AI 生成系统测试用例

近年来，AI 在软件测试领域发挥了越来越重要的作用。特别是对于系统级别的测试用例生成，AI 可以自动分析需求文档，识别关键的功能点和边界条件，进而自动生成相应的测试用例。

这种方法不仅能够减少手动编写测试用例所需的时间，还能提高测试覆盖率，有助于发现潜在的缺陷。

举个例子，3.2节描述了在线订餐系统的需求规格说明，接下来将使用这个需求规格来生成相应的测试用例。

使用通义千问大模型，提示语如下：

“请帮助写一份小程序的测试用例，需求规格如下所示：

【可以较好地指导研发人员进行下一步的设计和开发工作。

1. 功能需求

1.1 下单功能 用户在选择完菜品后，可以将其添加到购物车。购物车页面应显示用户所选的所有菜品，包括菜品名称、数量、单价和总价。用户可以修改购物车中的菜品数量或删除菜品。用户确认购物车中的菜品无误后，可以单击“下单”按钮进行下单。

1.2 支付功能 支持多种支付方式，如微信支付、支付宝支付等。用户选择支付方式后，应跳转到相应的支付页面进行支付。支付成功后，用户应收到支付成功的通知，并显示订单详情。支付失败时，应提供错误信息，并允许用户重新选择支付方式或取消订单。】”

大模型生成内容如下：

测试用例文档

1. 下单功能

测试用例1：添加菜品到购物车

测试编号：TC001

测试目标：验证用户能否将菜品添加至购物车

前置条件：用户已登录并浏览菜品列表

操作步骤：

选择一个菜品。

单击“加入购物车”按钮。

预期结果：

购物车图标应显示有新增的菜品数量提示。

进入购物车页面查看，应能看到所选菜品及其数量。

测试用例2：修改购物车中的菜品数量

测试编号：TC002

测试目标：验证用户能否修改购物车中的菜品数量

前置条件：用户已将菜品添加至购物车

操作步骤：

进入购物车页面。

修改某个菜品的数量。

单击“保存”或“更新”按钮。

预期结果：

购物车页面应正确显示更新后的菜品数量。

总价应随之更新。

测试用例 3：删除购物车中的菜品

测试编号：TC003

测试目标：验证用户能否删除购物车中的菜品

前置条件：用户已将菜品添加至购物车

操作步骤：

进入购物车页面。

选择一个菜品并单击“删除”按钮。

预期结果：

购物车页面不应再显示该菜品。

总价应扣除被删除菜品的价格。

测试用例 4：完成下单

测试编号：TC004

测试目标：验证用户能否完成下单流程

前置条件：用户已将菜品添加至购物车

操作步骤：

进入购物车页面。

确认菜品信息无误。

单击“下单”按钮。

预期结果：

应跳转至支付页面。

2. 支付功能

测试用例 5：支付方式选择

测试编号：TC005

测试目标：验证用户能否选择支付方式

前置条件：用户已完成下单流程

操作步骤：

在支付页面选择一种支付方式（如微信支付）。

预期结果：

应跳转至所选支付方式的支付界面。

测试用例 6：支付成功

测试编号：TC006

测试目标：验证用户支付成功后的行为

前置条件：用户选择了支付方式并完成了支付

操作步骤：

模拟支付成功。

预期结果：

用户应收到支付成功的通知。

应展示订单详情。

测试用例 7：支付失败

测试编号：TC007

测试目标：验证支付失败时的错误处理

前置条件：用户选择了支付方式

操作步骤：

模拟支付失败。

预期结果：

应显示错误信息。

提供重新选择支付方式或取消订单的选项。

注意事项

对于每个测试用例，都需要记录实际结果并与预期结果进行对比。

如果实际结果与预期结果不符，则需要记录具体差异及发生问题的具体步骤。

所有的测试用例都应在不同设备上进行，以确保兼容性和稳定性。

2. 根据代码生成单元测试用例

AI 还可以应用于更细粒度的单元测试用例生成。通过对源代码的静态分析，AI 工具能够理解函数的逻辑结构和依赖关系，并自动生成单元测试代码。这些测试用例可以覆盖常见的边界情况和异常处理路径，帮助开发者快速验证模块功能的正确性。

如图 6-2 所示是采用腾讯云 AI 代码助手生成单元测试的例子，将相关的云函数交给腾讯云 AI 代码助手插件，它直接生成与代码相关的单元测试计划和代码。

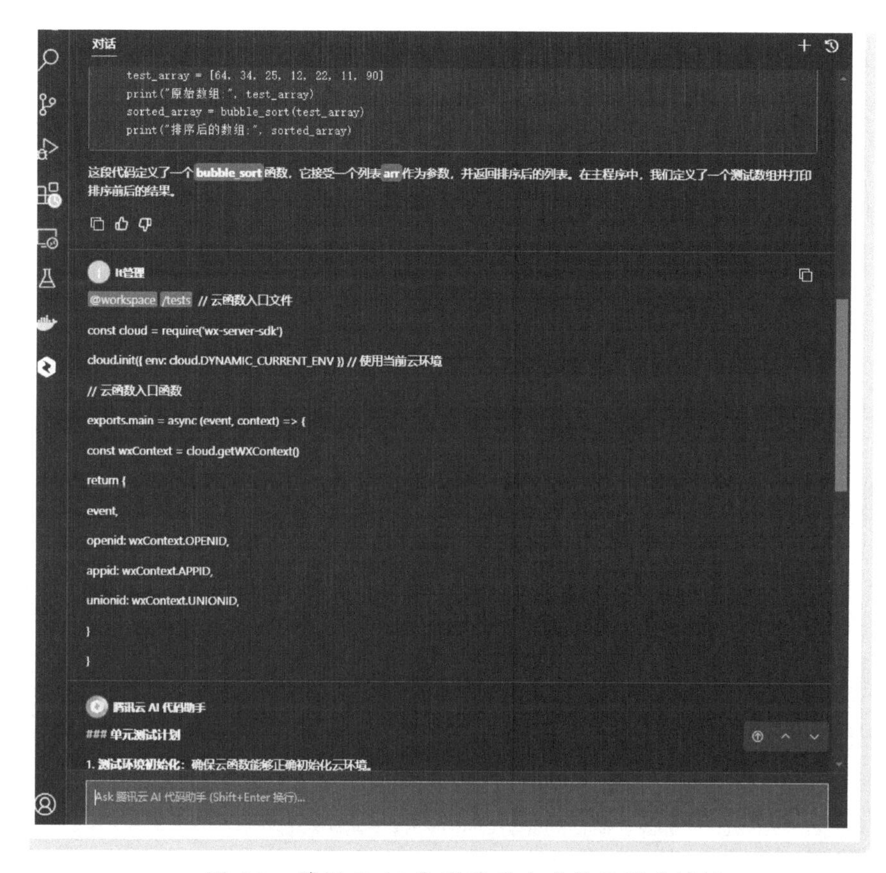

● 图 6-2　腾讯云 AI 代码助手生成单元测试用例

单元测试计划如下：

1）测试环境初始化：确保云函数能够正确初始化云环境。

2）测试获取上下文信息：验证云函数能够正确获取并返回 openid、appid 和 unionid。

3）测试事件传递：验证云函数能够正确传递事件数据。

单元测试代码如下：

```
    // Javascript

    const cloud = require('wx-server-sdk');const { mockContext } = require('wx-server-sdk-mock');
    // 模拟云函数入口文件
    const mainFunction = require('./index.js').main;
    describe('云函数测试', () => {
    beforeAll(() => {
        cloud.init({env: cloud.DYNAMIC_CURRENT_ENV });
      });
```

```
    it('应该正确初始化云环境', async () => {
      const context =mockContext();
      const result = await mainFunction({}, context);
      expect(result).toHaveProperty('openid');
      expect(result).toHaveProperty('appid');
      expect(result).toHaveProperty('unionid');
    });

    it('应该正确获取并返回 openid, appid 和 unionid', async () => {
      const context =mockContext({
        OPENID:'mockOpenID',
        APPID:'mockAppID',
        UNIONID:'mockUnionID'
      });
      const result = await mainFunction({}, context);
      expect(result.openid).toBe('mockOpenID');
      expect(result.appid).toBe('mockAppID');
      expect(result.unionid).toBe('mockUnionID');
    });

    it('应该正确传递事件数据', async () => {
      const event = { key:'value' };
      const context =mockContext();
      const result = await mainFunction(event, context);
      expect(result.event).toEqual(event);
    });
  });
```

下一步建议：

1）运行测试：在 Visual Studio Code 中运行上述测试代码，确保所有测试用例都能通过。

2）代码覆盖率：检查代码覆盖率，确保所有关键逻辑都被测试覆盖。

3）优化测试：根据测试结果，优化测试用例和代码逻辑。

6.2.2 测试失败后的代码智能修复

在软件开发过程中，即使经过精心设计的测试用例也可能无法完全避免测试失败的情况。当测试失败时，通常需要仔细检查代码逻辑，找出失败原因。这一过程既耗时又可能引入新的错误。

近年来，AI 的发展为这一过程提供了有力的支持。大模型工具可以通过分析失败的测试用例和相关的代码片段，帮助开发者快速定位问题所在，并给出修复建议。这种智能修复的能力基于深度学习、自然语言处理和符号执行等多种技术。

例如使用大模型生成一个折扣计算器，只要输入商品原价 price 和折扣百分比 discount_percentage 作为参数，就能计算出折扣后的价格 discounted_price。其页面如图 6-3 所示。

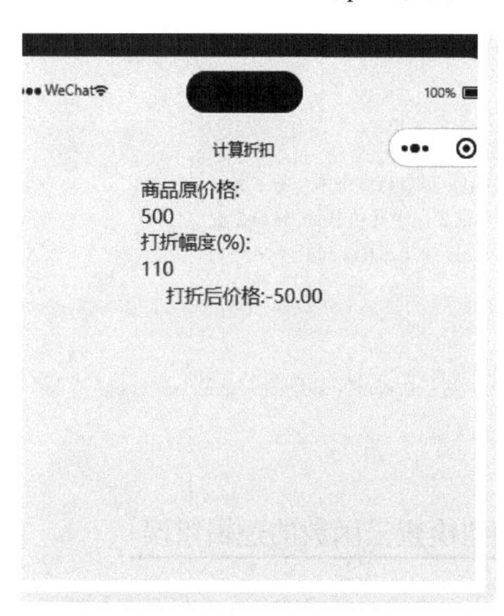

● 图 6-3　商品折扣计算工具

函数代码如下：

```
calculateDiscountedPrice: function() {
    var originalPrice = this.data.originalPrice;
    var discount = this.data.discount / 100;
    var discountedPrice = originalPrice * (1 - discount);
    this.setData({
      discountedPrice: discountedPrice.toFixed(2)
    });
  }
```

但是在测试时，发现了一个问题，当折扣大于 100%时，价格为负数，如折扣为 110%时，原价 500 元的商品，折扣后价格居然为-50 元。

当然折扣后商品的价格不能为负，现在把这个问题交给 AI，看看它能否给出解决思路。

提示语如下：

“请检查这段代码，希望打折后的售价不能为 0，【相关代码（略）】”

大模型很快发现了代码错误，完美地解决了问题，再次计算打折时价格不会出现负数了。修改后代码如下：

```
calculateDiscountedPrice: function() {
    var originalPrice = this.data.originalPrice;
    var discount = this.data.discount / 100;
    var discountedPrice = originalPrice * (1 - discount);

    //检查打折后的售价是否为 0
    if (discountedPrice <= 0) {
        console.warn('打折后的售价不能为 0 或负数');
        //可以根据需求设置一个最小售价,例如原价
        discountedPrice = originalPrice;
    }

    this.setData({
        discountedPrice: discountedPrice.toFixed(2)
    });
}
```

6.2.3 使用大模型检查云函数的逻辑错误

后端云函数是现代 Web 应用的重要组成部分，它们负责处理业务逻辑、数据库交互和其他服务器端任务。与前端逻辑相比，云函数的调试往往更加困难，因为它们通常涉及复杂的服务器端逻辑、数据库操作和第三方服务调用。此外，调试云函数时，开发者往往需要加载链接库，还可能跳到系统函数中，这使得调试过程既缓慢又复杂。下面介绍一个云函数排错示例，使用 5.2 节创建的一个微短剧页面。

现在为了增强用户体验，需要在每个微短剧的下方增加一个心形图标，用户可以通过单击该图标对微短剧进行点赞或取消点赞。为此，需要创建一个云函数，用于在数据库中更新点赞数并插入或删除点赞记录。

通过腾讯元宝大模型，生成了页面代码，实现了点赞和取消点赞时心形图标互相切换的功能，如图 6-4 所示。下一步，生成一个云函数，当用户点赞时，数据表 micro_drama_info 中对应的微短剧点赞数加 1，当取消点赞时对之减 1。同时获取用户的 openid，当点赞时向 5.2 节创建的点赞记录表 likes 插入一条新记录，使之能记录用户与微短剧的关联，取消点赞时则删除相应记录。

图 6-4 给微短剧点赞

这是一个复杂的云操作函数，使用腾讯元宝大模型来

实现，提示语如下：

“请编辑以及调用一个云函数。

当点赞事件触发时，请调用一个点赞管理的云函数：tLikeFunction

该云函数的主要功能是：

1）当点赞产生时，使用 microDramaList 当前 index 中的 micro_drama_id 项为索引检索并更新微短剧数据表 micro_drama_info，如果 likeNum 字段不存在，将其初始化为 0，然后使 likeNum+1。同时在点赞记录表 likes 中插入一条新记录，包括当前用户 id、关联的微短剧 id 以及当前时间。

2）当点赞取消时，更新微短剧数据表 micro_drama_info，将 likeNum−1。同时在点赞记录表 likes 中删除相关用户对于相应微短剧的点赞记录。

以下是 likes 表的结构

点赞记录表（likes）：

like_id（string，主键）：点赞记录的唯一标识符（通常为 UUID）。

user_id（string，外键）：点赞用户的 ID。

micro_drama_id（string，外键）：被点赞的微短剧 ID。

like_date（date）：点赞的时间。”

以下是大模型生成的云函数代码。

```
//云函数入口文件
const cloud = require('wx-server-sdk')
cloud.init()
const db = cloud.database()
exports.main =async (event, context) => {
  const { micro_drama_id, user_id, action } = event
  try {
    if (action === 'like') {
      //更新微短剧数据表
      await db.collection('micro_drama_info').doc(micro_drama_id).update({
        data: {
          likeNum: db.command.inc(1)
        }
      })
      //在点赞记录表中插入一条数据
      await db.collection('likes').add({
        data: {
          like_id: cloud.getWXContext().OPENID + '_' + Date.now(),
          user_id,
          micro_drama_id,
          like_date: new Date()
```

```
          }
        })
      } else if (action === 'unlike') {
        //更新微短剧数据表
        await db.collection('micro_drama_info').doc(micro_drama_id).update({
          data: {
            likeNum: db.command.inc(-1)
          }
        })
        //在点赞记录表中删除相关用户对于相应微短剧的点赞项
        await db.collection('likes').where({
          user_id,
          micro_drama_id
        }).remove()
      }
    } catch (err) {
      console.error(err)
      return { success: false, error: err }
    }
    return { success: true }
  }
```

第一次创建云函数时会报错“Cannot find module 'wx-server-sdk'”，意为找不到 wx-server-sdk 库。这时在资源管理器中选择云函数“tLikeFunction”目录，右击菜单选择“在外部终端窗口中打开”选项。在打开的终端窗口中输入“npm install --save wx-server-sdk”命令，安装结束后云函数目录下方会出现 node_modules 子目录，再将云函数全部文件上传就不会报错了。

修改相关代码设置环境变量并执行后，发现 micro_drama_info 中的点赞数量 LikeNum 并没有正确赋值。Likes 表虽然增加了一行数据，却没有 use_id 的值，而在 like_id 增加了一段可能是用户 id 的值，如图 6-5 所示。

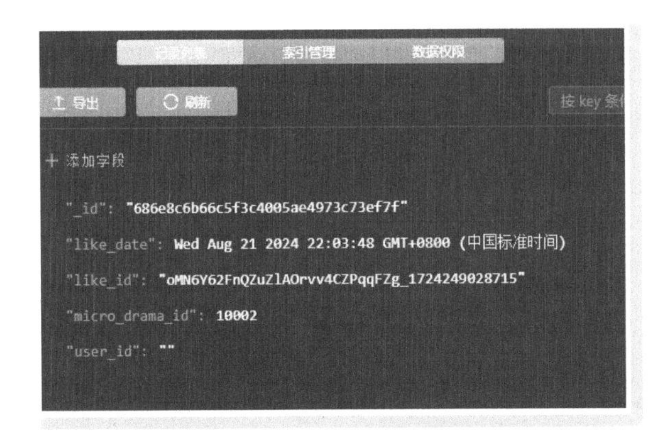

● 图 6-5　Likes 表格的新记录

这说明云函数在写入这两个数据表时出现了问题。

由于云函数的逻辑复杂，人工排查需要较长时间，因此采用大模型排查，提示语如下：

"请协助检查这个云函数存在的问题：

1）该函数需要对 micro_drama_info 表的 likeNum 字段增或者减，但是当 likeNum 字段不存在时，需要先在该行加入一个 likeNum 字段，默认值为 0，再进行操作。

2）该函数需要对 likes 表增加或者删除一条操作，其 likeid 字段应该是一个用 Data 生成的递增常量，useID 应该放在 user_id 字段中，使用 user_id 和 micro_drama_id 组合作为唯一索引。下面是现有的代码：..."

大模型发现失败的原因是没有判断之前的 micro_drama_info 表是否存在 likeNum 字段。对数据表 macro_drama_info 中的数据进行批量操作，对没有 likeNum 字段的行记录增加 likeNum 字段，修改后代码如下所示。

```
const cloud = require('wx-server-sdk')

cloud.init({env: cloud.DYNAMIC_CURRENT_ENV }) // 使用当前云环境
const db = cloud.database()

exports.main =async (event, context) => {
  const { micro_drama_id, user_id, action } = event

  try {
    if (action == 'like') {
      //更新微短剧数据表
      const queryResult = await db.collection('micro_drama_info').where({
        micro_drama_id: micro_drama_id
      }).get();

      if (queryResult.data.length > 0) {
        const docId = queryResult.data[0]._id;
        await db.collection('micro_drama_info').doc(docId).update({
          data: {
            likeNum: db.command.inc(1)
          }
        });

        //在点赞记录表中插入一条数据
        await db.collection('likes').add({
          data: {
            like_id: cloud.getWXContext().OPENID + '_' + Date.now(),
            user_id,
```

```
          micro_drama_id,
          like_date: new Date()
        }
      })
    } else {
      return { success: false, error: 'Micro drama not found' }
    }
  } else if (action == 'unlike') {

    const queryResult = await db.collection('micro_drama_info').where({
      micro_drama_id: micro_drama_id
    }).get();

    if (queryResult.data.length > 0) {
      const docId = queryResult.data[0]._id;
      await db.collection('micro_drama_info').doc(docId).update({
        data: {
          likeNum: db.command.inc(-1)
        }
      });
    }

    //在点赞记录表中删除相关用户对于相应微短剧的点赞项
    await db.collection('likes').where({
      user_id,
      micro_drama_id
    }).remove()
  }
}
catch (err) {
  console.error(err)
  return { success: false, error: err }
}

return { success: true }
}
```

在实际的操作过程中，与大模型对话框交互了 5 次以上，在测试的过程中不断地检查输出与数据库的修改情况，并根据结果与测试用例的差异来提示大模型进行错误修复和更正。如果数据表中没有 likeNum 字段，操作就不会成功。

所以，要做好云函数的测试和调试工作，不仅有大模型的协助，开发者也需要具备一定的语法知识和程序逻辑知识，理解业务场景，这样才能事半功倍，真正用好大模型。

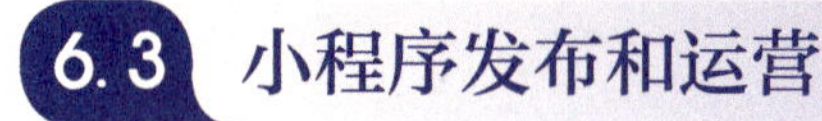

6.3 小程序发布和运营

【学习目标】

1）了解小程序版本管理的基本概念及其重要性。

2）掌握小程序提交审核的流程及注意事项。

3）熟悉使用 CMS 后台进行内容运营的方法和技巧。

无论是对于开发者还是运营者而言，掌握小程序的发布和运营策略都是至关重要的。本节将深入探讨小程序的版本管理、审核流程以及如何利用 CMS（内容管理系统）后台来有效管理内容，帮助读者更好地优化用户体验，提升小程序的市场竞争力。

通过学习本节，读者能够更加自信地处理小程序从开发到上线的全过程，确保其顺利运行并吸引更多的用户。

6.3.1 小程序版本管理

版本控制系统是一种记录代码文件和目录更改的软件工具，它使得开发者能够跟踪和回溯历史更改，这对于多人协作开发尤为重要。Git 是目前最流行的分布式版本控制系统之一，它可以帮助开发者高效地管理代码版本。

Git 提供了以下优势：

1）变更追踪：版本控制系统记录每一次对文件的更改，使开发者能够查看每个版本的历史记录。

2）分支管理：支持创建多个独立的工作线（分支），便于开发不同的功能或修复 bug，而不影响主代码库。

3）冲突解决：在多人协作时，可能会出现不同开发者同时修改同一文件的情况。版本控制系统提供冲突检测机制，并帮助解决这些冲突。

4）回滚能力：如果某个版本出现问题，可以轻松回滚到之前的稳定版本。

5）协作简化：版本控制系统使得团队成员可以轻松共享和交换代码，减少了因手动复制粘贴代码所带来的错误。

6）文档和注释：每次提交更改时，都可以添加注释来说明所做的更改，这有助于团队成员理解更改的目的和背景。

目前，GitHub 和 国产的 CODING 系统都是流行的版本管理工具，如图 6-6 所示是国产的腾讯 CODING 版本管理工具，其支持 Git 版本管理。

● 图 6-6　CODING 代码仓库

本节以 CODING 系统为例，介绍如何做好小程序的版本管理。

（1）微信登录进入 CODING.net 网站

首先访问 CODING.net 官网（https：//coding.net/）。使用微信账号进行登录，或者注册一个新账户并通过微信绑定账号。

（2）创建项目

登录后，在首页单击“新建项目”按钮。输入项目名称，选择项目类型（公开或私有），单击“创建”按钮。

（3）创建代码仓库

进入项目页面后，单击“代码仓库”选项。单击“创建代码仓库”，如图 6-7 所示，默认为当前项目，为仓库命名（如：“ch6”），并选择“空仓库”。

完成创建后，可以看到仓库的 URL，这是之后需要配置到微信开发者工具中的地址。

(4) 配置微信开发者工具

打开微信开发者工具，选择小程序项目 ch6。在右上角图标栏选择“版本管理”选项。单击“添加远程服务器”按钮，输入 CODING.net 提供的仓库地址，可以在代码仓库的基本配置中获取（如：https：//e.coding.net/stepb/xiaochengxuziliao/ch6.git），同时配置用户名和密码以便上传和提交。

● 图 6-7 创建代码仓库

(5) 提交代码

配置好远端服务器后开始进行版本管理。每次在微信开发者工具中对代码进行修改并测试完成后，单击版本管理页的“提交”按钮，添加描述性的提交信息，例如：“修复了登录页面的显示问题”，再单击“提交”按钮，将更改保存到本地仓库。

(6) 推送代码到服务器

如图 6-8 所示是微信开发者工具中的版本管理窗口，在完成本地提交后，需要进行以下操作来推送代码到服务器：

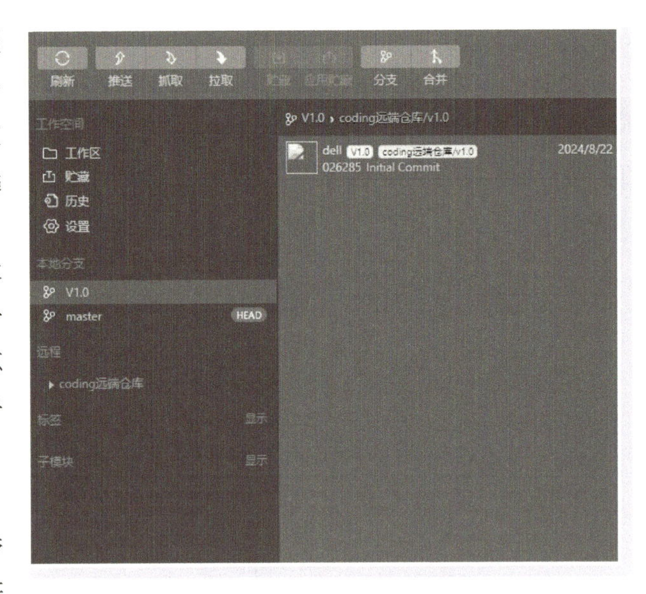

● 图 6-8　版本管理窗口

先单击“抓取”按钮，获得远端服务器的代码，与本地代码合并。再单击“推送”按钮，把本地最新版本的分支（通常是 main 或 master 分支）推送到远端服务器上。

推送完成后，微信开发者工具的本地代码便具备了云端备份，如果因为计算机故障或编辑过程中出现的问题损坏了代码，可以通过远端的存储镜像进行恢复。

（7）代码管理规范

每次修改代码后记得提交，并附带清晰的提交信息。对于较大的功能更新或版本迭代，建议打上标签，以便将来需要时可以快速回滚到特定版本。定期检查代码库的状态，确保没有遗漏未提交的更改。

通过以上步骤，可以有效地使用 CODING 代码库工具来管理小程序的代码版本。使用代码库工具后，不仅可以更好地组织和维护代码，还可以促进团队间的协作，确保代码安全保障，不会丢失重要文件。

6.3.2　小程序审核注意要点

在小程序完成编程并通过测试用例做好测试和版本管理后，就可以上传至微信运营平台。单击微信开发者工具右上角“上传”按钮发起版本上传。此次上传的版本号是对外的正式版本号，上传的目的是给微信运营人员审核。上传后，可以在微信运营平台查看已上传的代码，并可以选择提交进行人工审核。

用微信扫描二维码打开微信公众平台，单击左侧的“版本管理”选项，进入版本管理窗口，如图 6-9 所示，这个窗口就是小程序提交审核的界面。

1. 提交小程序审核注意事项

1）不要违法违规，确保小程序的内容符合法律法规的要求，避免包含任何违法或不良信息。

2）遵守微信平台的相关规定，如不得涉及赌博、色情、暴力等敏感内容。

3）小程序的功能和服务需与其认证类目一致。

4）不得提供超出认证范围的服务，否则小程序可能无法通过审核。

● 图 6-9 版本管理窗口

2. 审核不通过的处理

如果审核不通过，有两个处理方法：

1）根据审核人员反馈的意见进行修改。

2）若认为审核结果有误，可以发起申诉，但需确保申诉理由充分合理，才能增大二次审核通过的概率。

3. 审核不通过的案例与解决方案

（1）案例 1：违规内容

问题：小程序中包含赌博性质的游戏或活动。

解决方案：移除所有涉及赌博的游戏或活动，并确保所有内容合法合规。

（2）案例 2：内容不符

问题：小程序的实际功能与申请时描述的功能不符。如在个人小程序中涉及评论功能、视频功能，都是不允许的。

解决方案：修改小程序功能以符合认证范围，或者重新提交认证申请，以覆盖新的功能点。

（3）案例 3：界面设计不符合规范

问题：小程序界面设计不符合微信平台的设计指南

解决方案：调整界面设计以遵循微信的设计规范。

（4） 案例 4：功能不完善

问题：小程序存在明显的技术缺陷或功能性不足。

解决方案：修复技术问题，确保所有功能正常工作，并且用户体验良好。

（5） 案例 5：侵权行为

问题：小程序使用了未经授权的第三方资源（如图片、音频等）。

解决方案：替换侵权资源或获得合法授权。

在提交小程序审核前，务必仔细检查所有内容是否符合微信平台的规定，并确保功能完整且用户体验良好。遇到审核不通过的情况时，应当积极按照审核意见进行修改，并在必要时发起申诉。遵循这些指导原则可以使小程序更快地通过审核。

6.3.3 小程序内容管理工具 CMS

在当今数字化时代，无论是常见的网页平台还是应用程序，都离不开一个强大的后台管理系统来处理各类数据。

对于追求快捷方便的小程序来说，同样也需要一个高效的内容管理工具，为了减轻开发者的工作负担，微信开发者工具提供了 CMS（Content Management System）内容管理系统，如图 6-10 所示。这个工具不仅能够轻松建立表格数据模型，还提供了一个可视化操作界面，让用户能够方便地进行增删改查操作，甚至可以批量加入数据表项，极大地提升了内容管理的效率。

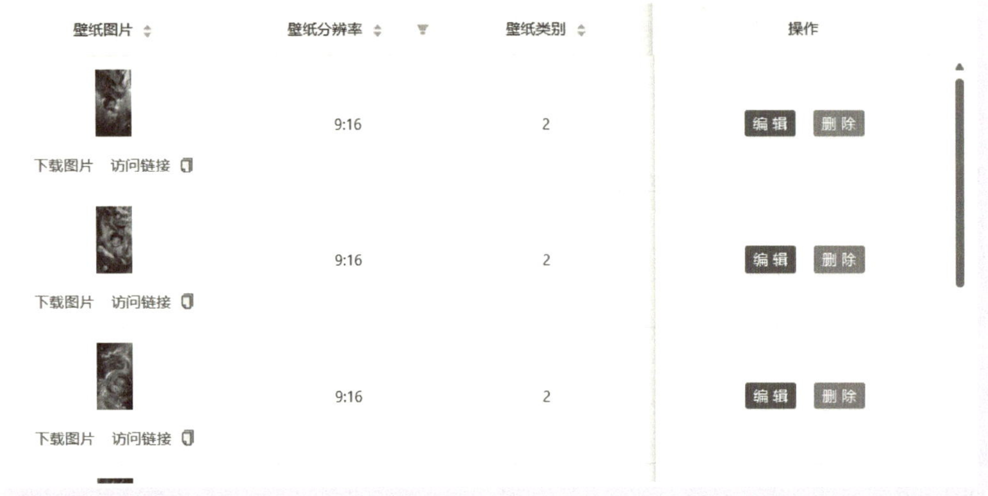

壁纸图片	壁纸分辨率	壁纸类别	操作
下载图片 访问链接	9:16	2	编辑 删除
下载图片 访问链接	9:16	2	编辑 删除
下载图片 访问链接	9:16	2	编辑 删除

• 图 6-10 CMS 内容管理系统

1. CMS 的开通与部署

CMS 是基于云开发搭建的内容管理平台，开通过程简单便捷。CMS 与云控制台相互独立，无须编写代码即可使用。开发者可以在云开发控制台界面选择“云后台”标签页，单击“去使用”按钮，就可以进入微信云开发后台。

在云开发后台的模板市场中，选择“内容管理系统（CMS）”模板就可以进入内容管理系统进行管理。在网页端使用 CMS，首先需要创建内容模型，如图 6-11 所示。

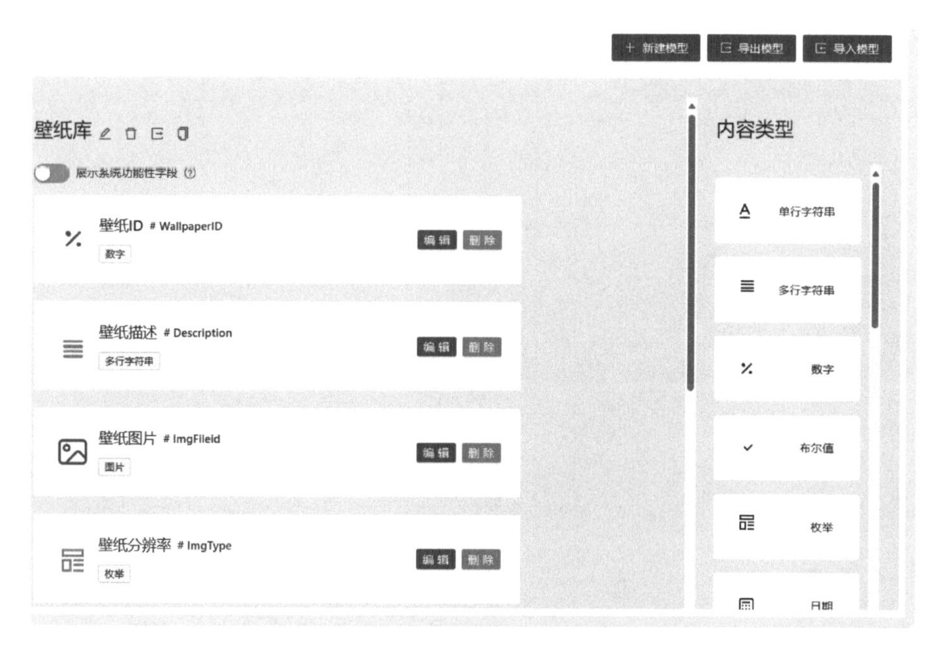

● 图 6-11　创建内容模型

CMS 与云开发环境密切相关，在 CMS 中建立一个内容模型，云开发环境的数据库中就会产生一个对应的集合，其集合名称和字段名称都与内容模型一一对应。

接下来开发者可以通过 CMS 增加、删除、修改内容模型的信息，对应了数据库的增删改查，在一个可视化的环境中，插入图片、视频尤其方便，而且它还支持 JSON 格式批量上传的模式，一次可以插入成百上千条数据，大大提高了内容运营人员的工作效率。

2. 内容编辑多样化

CMS 支持文本、富文本、Markdown、图片、文件、关联类型等多种格式的可视化编辑。这样的多样性使得内容创作更加灵活丰富，满足不同场景的需求。

3. 系统集成与数据源兼容

CMS 支持 Webhook 触发机制，可以方便地与外部系统集成。同时，CMS 不仅支持管理已有的云开发数据，还可以在 CMS 后台创建新的内容和数据集合，实现数据的无缝对接。

CMS 非常适合小程序的商品管理、文章编辑和发布、运营活动配置、素材管理等数据和内容管理场景。使用 CMS 进行扩展，可以省去手动在线修改数据库数据的烦琐步骤，同时不必投入人力物力开发管理后台。

CMS 作为一个功能强大的内容管理系统，为开发人员提供了便捷的部署和二次开发环境，同时为运营人员提供了高效的内容编辑和管理工具，极大地提升了工作效率，降低了人力物力成本。

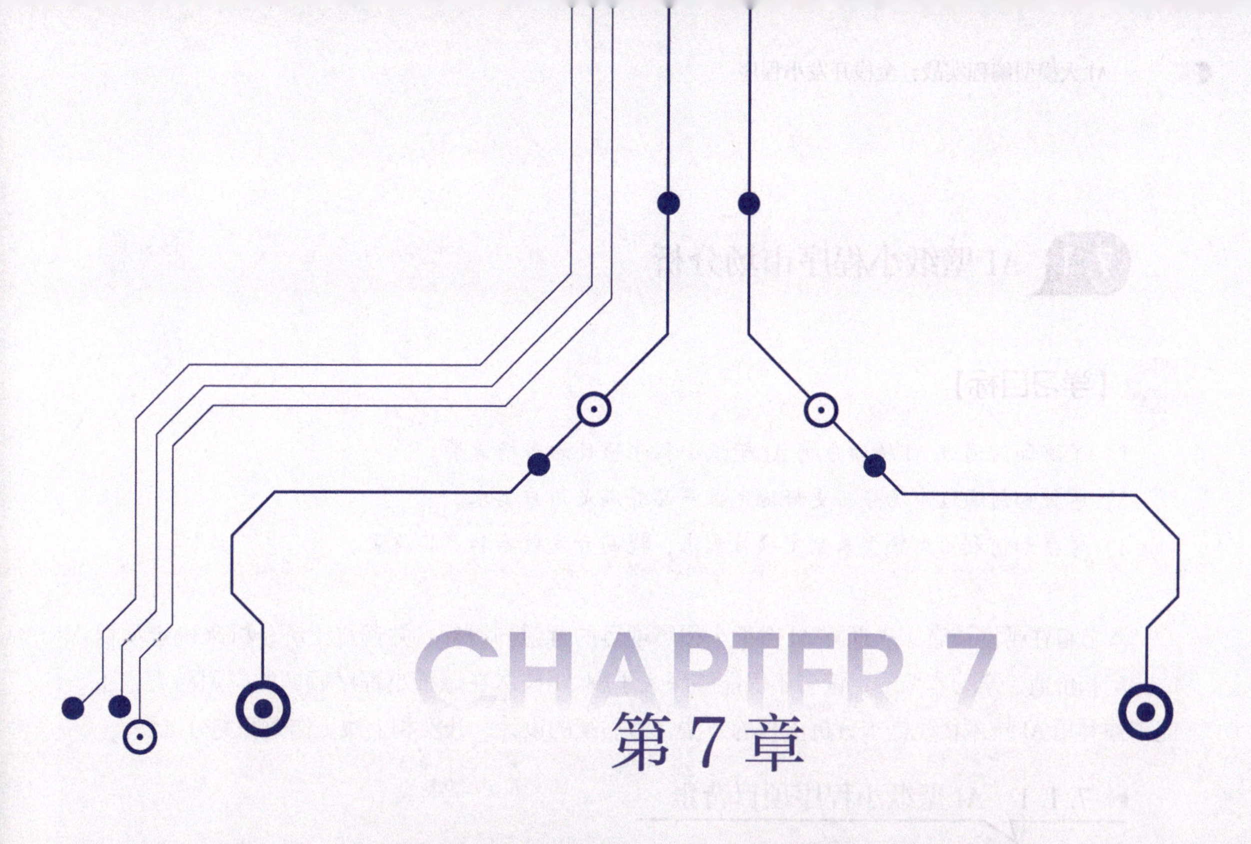

CHAPTER 7

第7章

实战案例：AI壁纸小程序

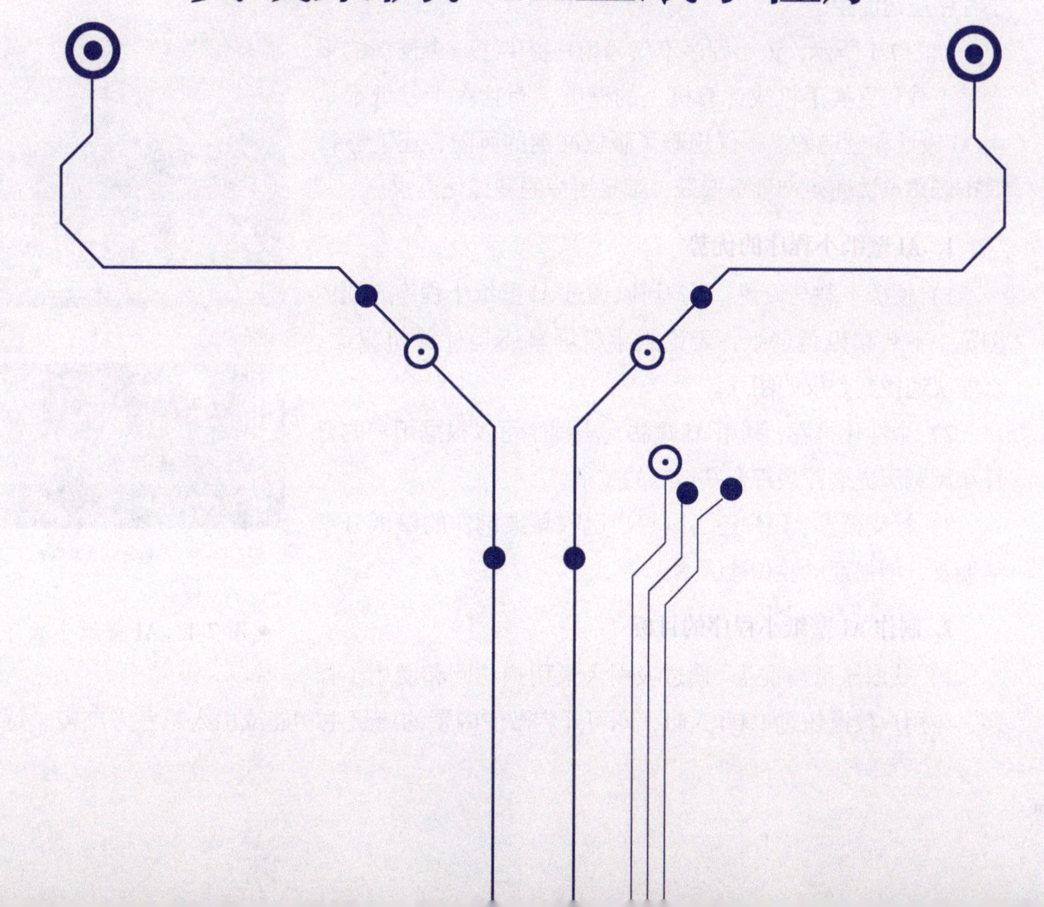

7.1 AI 壁纸小程序市场分析

【学习目标】

1）了解如何通过 AI 辅助分析 AI 壁纸小程序项目的市场前景。

2）掌握如何通过市场分析更好地定位产品并满足用户需求。

3）学会如何利用大模型来制定项目需求，提高开发效率和产品质量。

本节旨在帮助读者深入理解 AI 壁纸小程序项目的背景与目标，并通过市场分析来确定项目的方向和价值。学习本节后，读者不仅能够深入了解 AI 技术在壁纸小程序领域的应用潜力，还能掌握利用 AI 技术优化需求分析流程的方法，为后续的设计、开发和上线工作做好充分准备。

7.1.1 AI 壁纸小程序项目背景

随着移动设备的普及和技术的进步，用户对于个性化和美观壁纸的需求日益增长。AI 壁纸小程序应运而生。

如图 7-1 所示，该小程序不仅为用户提供了一个便捷的平台来下载和更换手机或计算机上的壁纸，而且由于壁纸都是由 AI 设计和创造的。不仅规避了版权冲突的风险，还能够针对市场热点快速生产创意壁纸，满足用户的多样化需求。

● 图 7-1 AI 壁纸小程序展示

1. AI 壁纸小程序的优势

1）便捷下载与设置：用户可以通过 AI 壁纸小程序方便地浏览、下载和设置壁纸，无论是手机屏幕还是计算机桌面，都能快速找到心仪的图片。

2）个性化推荐：利用 AI 算法，小程序可以根据用户的喜好和浏览历史推荐最符合其口味的壁纸。

3）社交分享：用户还可以将自己收藏或创作的壁纸分享给朋友，增强互动性和社区感。

2. 制作 AI 壁纸小程序的目标

1）获取流量与收益：通过吸引大量用户访问和使用小程序，当用户数量超过 1000 人时，即可开启微信内置的流量主功能或引入第三方广告。每当用户查看或单击广告时，开发者可以获得相应的收益。

2）全栈技能提升：通过参与 AI 壁纸小程序的开发，不仅可以让开发者深入了解小程序开发的技术细节，还能掌握从前端到后端的全栈开发流程。

3）商业变现：除了直接的广告收入外，还可以通过提供定制化服务、售卖高级壁纸包等方式进一步拓展盈利渠道。

4）第三方合作：对于有意向开发类似小程序的企业和个人，可以提供技术支持和服务，从而赚取开发费用。

5）AI 创作壁纸：使用 AI 技术自动生成壁纸，既规避了版权问题，还能够迅速响应市场热点，生产出具有创意和吸引力的壁纸，进一步扩大收益。

AI 壁纸小程序不仅为用户提供了一个便捷美观的壁纸更换平台，同时也为开发者提供了多种变现途径。通过学习 AI 壁纸小程序的开发，不仅可以提升个人的技术能力，还能开拓新的商业模式和机会。

7.1.2　大模型辅助市场分析

为了做好产品，市场分析是制定产品开发计划的关键环节。随着人工智能技术的快速发展，大模型以其强大的数据处理能力和模式识别能力，正在逐渐成为市场分析的有力助手。本节将探讨如何利用大模型辅助壁纸市场的分析工作。

1. 直接输入需求利用大模型进行 AI 壁纸市场分析

首先，可以直接把想要开发的小程序功能理念以及市场方向发给大模型，让大模型协助进行市场分析，提示语如下：

“你是一名经验丰富的软件市场分析经理，目前需要做一个 AI 壁纸小程序，请协助分析该项目的市场前景，应该包括哪些功能项和使用场景。

目前设计的功能项包括：壁纸展示：用于向用户展示壁纸列表，引起兴趣；AI 生成图片：帮助用户快速获取各类图片提示词组，以生成更为精确的 AI 壁纸图片；壁纸分类：对壁纸进行详细分类，请看看可以分为哪些类别；智能推荐：根据壁纸的浏览和下载习惯，为用户推荐新的壁纸。”

把提示词分别发送给通义千问 2.5 大模型、kimi 以及腾讯元宝，通义千问的回答更为合理，下面是它的响应内容：

当然可以。作为一名经验丰富的软件市场分析经理，需要考虑的是如何让这款 AI 壁纸小程序在市场上脱颖而出。下面是功能项的市场前景分析及使用场景的建议：

壁纸展示

市场前景：高质量且吸引人的壁纸展示是吸引用户的第一步。通过精美的壁纸展示，可以迅速吸引用户的注意力，提高用户的留存率。

使用场景：首页轮播展示、分类浏览、最新壁纸推荐等。

AI生成图片

市场前景：AI生成图片功能是该应用的核心竞争力之一，可以显著提高用户的参与度和满意度。通过提供多样化的图片提示词组，可以让用户轻松定制专属壁纸。

使用场景：用户可以根据心情、节日、活动等特定场合选择不同的提示词，生成相应的壁纸。

壁纸分类

市场前景：细致的分类有助于用户快速找到他们感兴趣的壁纸类型，提高用户体验。

使用场景：根据壁纸的主题进行分类，例如自然风光、城市建筑、抽象艺术、动漫卡通、电影角色等。

建议类别：

自然风景：山脉、湖泊、森林、海滩等。

科技未来：数字艺术、科技概念、宇宙星空等。

生活日常：家居装饰、宠物、美食等。

娱乐文化：电影海报、动漫角色、游戏场景等。

节日庆典：圣诞节、情人节、万圣节等特殊节日主题。

智能推荐

市场前景：个性化推荐系统是提高用户黏性的重要手段。通过分析用户的浏览历史和下载记录，可以更准确地推荐符合用户口味的新壁纸。

使用场景：根据用户的浏览和下载历史，在首页或者单独的推荐页面显示推荐壁纸。

其他建议功能

社交分享：允许用户将喜欢的壁纸分享到社交媒体，扩大应用的曝光度。

壁纸收藏：方便用户保存自己喜欢的壁纸，便于日后查看和更换。

用户评论与评分：收集用户的反馈，帮助改善壁纸质量和用户体验。

壁纸DIY：让用户能够上传自己的图片，并使用AI技术对其进行编辑和美化。

高清下载：提供高清无水印壁纸下载选项，增强用户满意度。

总结

为确保项目的成功，不仅需要关注上述功能的实现，还需要持续收集用户反馈，不断迭代更新产品，以满足用户日益变化的需求。此外，利用大模型进行市场分析，可以更准确地把握市场动态和用户偏好，为产品的长期发展奠定坚实的基础。

可以看到，大模型生成的市场分析考虑得比较全面，不仅细致地描述了各类场景，还会贴心地协助开发者分析更多的场景，把市场分析做得更好。

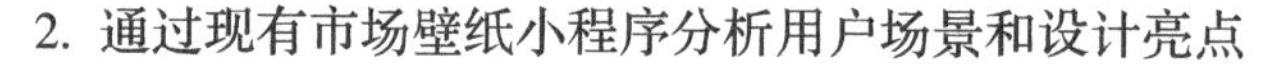

2. 通过现有市场壁纸小程序分析用户场景和设计亮点

通过收集市场上热门的壁纸小程序的界面截图，大模型可以分析这些设计背后的用户场景。例如，某些热点页面可能针对特定的节日或事件进行促销，大模型可以识别这些场景并分析其吸引用户的原因。

大模型可以识别壁纸设计中的亮点，如独特的色彩搭配、创意元素或交互功能。这些分析结果可以为设计师提供灵感，帮助他们创造出更具吸引力的壁纸。

如图 7-2 所示，将一个优秀的壁纸小程序页面截图发给大模型，请大模型分析相关的功能场景和设计思路，提示语如下：

● 图 7-2　大模型根据竞品截图进行市场分析

“作为一名优秀的小程序市场分析师，请根据这个热门的壁纸小程序截图，分析设计一款 AI 小程序壁纸需要具备哪些功能。”

通义千问大模型分析过竞争对手的壁纸首页后，给出了下面的建议：

从这张壁纸小程序的截图中，可以看到一些关键的功能和特性，这些都可以作为设计一款 AI 小程序壁纸的基础。

分类与标签：用户可以根据不同的主题、风格或用途来筛选壁纸，如聊天背景、头像、表情等。

搜索功能：提供一个搜索框，让用户可以输入关键词查找特定类型的壁纸。

推荐系统：基于用户的浏览历史、下载记录以及喜好进行个性化推荐，例如“一周热门”、“今日超值”。

动态更新：定期更新壁纸库，保持内容的新鲜感，并通过通知提醒用户有新的壁纸可供选择。

社交分享：允许用户将喜欢的壁纸分享到其他社交媒体平台，增加小程序的曝光度。

评论与反馈：为用户提供发表意见和建议的空间，以便开发者了解用户需求并改进产品。

付费服务：对于某些高级功能或特殊壁纸，可以设置付费解锁，以获取收入。

AI 创作工具：结合人工智能技术，提供自定义壁纸创作功能，比如“画呀 AI”这样的绘画图片创作工具。

收藏夹：让用户能够保存自己喜欢的壁纸，方便日后查看或使用。

多语言支持：考虑到全球市场的多样性，提供多种语言版本，以吸引不同地区的用户。

在设计过程中，还需要注意以下几点：

界面简洁易用，确保用户体验流畅。

图片质量高且加载速度快，避免影响用户满意度。

尊重版权问题，确保所有使用的素材都符合相关法律法规要求。

定期收集用户反馈，持续优化产品性能和服务内容。

经过这些市场分析，可以使用大模型进一步深化设计，从而得到本项目的需求分析。

3. 创建智能体进行市场分析报告生成

AI 智能体是一种模拟人类行为和思维过程的人工智能模型，在各种专业领域中发挥着重要作用。它们被广泛应用于自动化决策制定、数据分析、图像处理等方面，帮助企业和个人更高效地完成任务。图 7-3 展示了智谱清言大模型中与产品分析相关的智能体列表。

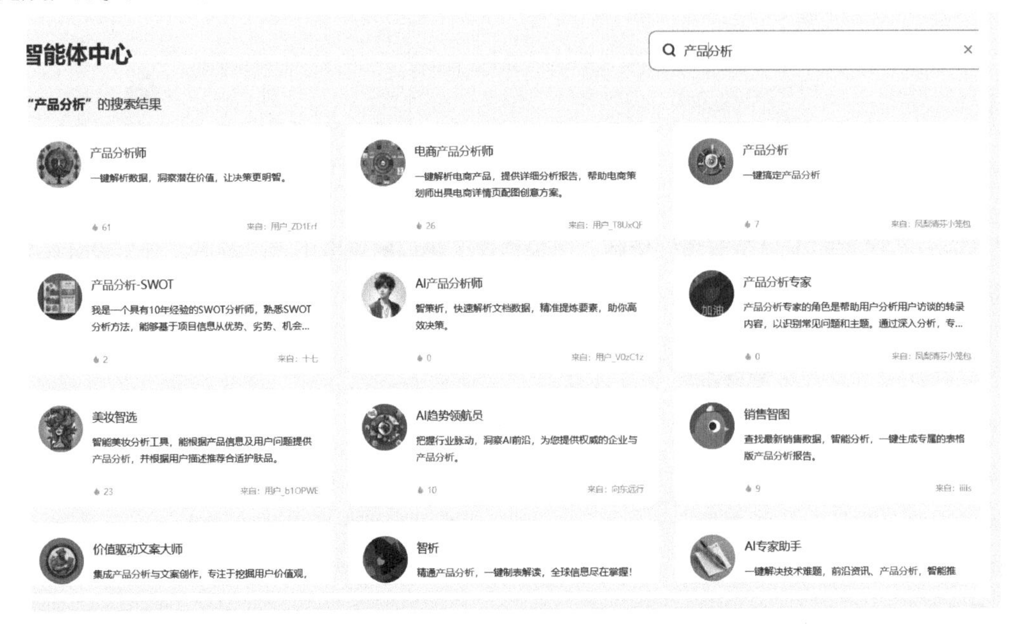

• 图 7-3　用于产品分析的智能体列表

在小程序领域，AI 智能体可以帮助企业快速识别消费者趋势、创建市场分析报告。为了使 AI 智能体成为某个专业领域的专家，我们需要为其配备相应的知识库。知识库是一个存储专业知识和经验的信息库，它包含了该领域内的规则、规律、案例等信息。通过结合知识库，AI 智能体可以更好地理解和解决复杂问题，实现更高层次的认知能力。

要建立一个有效的 AI 智能体，首先需要确定其目标和应用场景。然后，利用机器学习算法训练模型，使其能够自主学习并适应环境变化。此外，还需考虑数据安全性和隐私保护等问题，确保智能体运行时不会泄露敏感信息。

在实际操作中，可以通过 API 接口或者人工操作将数据和图片上传至云端服务器，供 AI 智能体进行分析处理。例如，在壁纸精选小程序中，用户可以上传自己的照片或选择已有的模板，由 AI 智能体生成定制化的壁纸作品。

通过对大量数据的深度挖掘和分析，AI 智能体可以生成详细的市场研究报告。这些报告不仅包括统计数据和图表，还可能包含对潜在风险和机遇的评估，为企业决策者提供有价值的参考信息。

例如，针对 AI 壁纸小程序，下面就是一款 AI 智能体生成的市场分析报告。

产品名称：AI 壁纸小程序

产品定价：待查询

市场画像：

性别：男女皆宜

年龄：主要针对年轻群体，如青少年和年轻人（15-35 岁）

职业：学生、上班族、设计师、艺术家等对创意和个性化有需求的用户

习惯：经常使用社交媒体，喜欢个性化设置，追求新鲜感

爱好：艺术、设计、科技、社交分享等

产品属性：

外观：简洁、现代、科技感，符合年轻用户的审美

功能：分类与标签、搜索功能、推荐系统、动态更新、社交分享、评论与反馈、付费服务、AI 创作工具、收藏夹、多语言支持等

质量：待查询（需要网页内用户评价信息）

情景：在需要个性化壁纸的情景下，如手机、计算机壁纸，社交媒体背景，头像等，用户产生购买意愿

品牌定位：

品牌故事：AI 壁纸小程序以创新和个性化为核心，致力于为用户提供高质量的壁纸体验，通过 AI 技术实现壁纸的个性化创作和推荐。

市场定位：针对追求个性化和新鲜体验的年轻用户，提供多样化的壁纸选择和高品质的服务。

卖点总结：

AI 个性化推荐：基于用户喜好和历史记录，提供个性化的壁纸推荐

动态更新：定期更新壁纸库，保持内容的新鲜感

社交分享：方便用户将喜欢的壁纸分享到其他社交媒体平台

高品质图片：保证图片质量高且加载速度快

AI 创作工具：提供自定义壁纸创作功能，增加用户体验

产品页配图建议：

产品图背景主题建议：现代、科技感，符合年轻用户的审美

产品图背景中的道具建议：手机、计算机等展示壁纸应用的设备

产品图的画面光影建议：明亮、清晰，突出壁纸的细节和质感

产品图的画面风格建议：简洁、现代，突出产品的科技感和个性化特点

请注意，以上分析基于提供的产品描述，具体信息如产品定价和质量评价需要更多信息才能提供准确分析。

通过不断积累和更新知识库的内容，AI 智能体可以逐步成长为某一领域的专家，为用户提供更加精准的服务和建议。

7.1.3 如何利用大模型制定需求

着手制定需求规格时，目标是产出一份既明确又清晰的说明书。要做到这一点，用词必须精准，且范围要明确。所有术语和描述都应当被明确定义，避免模糊不清的概念。如“首页”“推荐热点”这样的术语，需要具体地定义它们的含义，同时也要清晰地界定项目的边界，说明哪些功能会被包含进来，哪些会被排除在外。

基于市场需求分析来确定需求规格的输入至关重要。需要通过市场调研来收集用户反馈和竞品分析，深入了解用户的需求和期望。如 AI 壁纸小程序，对于首页推荐热点的设计，需要分析用户行为数据，识别最热门的内容类别以及用户的偏好，以此来确定首页推荐算法的设计。为了提高用户体验，根据用户搜索历史和单击率来细分图片类别，并确保每个类别的代表性图片能够吸引用户。

在设计图片详情页时，要确保图片加载速度快且高清，同时提供缩放和平移功能，让用户能够更细致地查看图片。简化下载、收藏与点赞的操作流程也非常关键，这会显著提升用户体验。AI 生成图片的部分则需要对接一个 AI 绘图模型，该模型能够根据用户的输入生成高质量的图片，并提供多种风格和主题供用户选择。此外，还应该提供一组经过设计的模板，让用户可以通

过简单的提示语快速生成新图片。

为了确保需求与市场保持同步，需要定期更新需求文档，反映最新的市场趋势和技术发展。可以借助AI工具自动审查需求文档，确保没有遗漏任何重要的功能点或细节。

例如，可以使用之前的分析来生成一份AI壁纸小程序详情页的需求规格说明，提示语如下：

“作为一名软件需求专家，请帮助编写一份小程序功能的需求文档，该功能描述如下：【壁纸小程序的详情页，包括大图展示，点赞收藏功能，为了查看图片细节，用户可以单击图片后进入图片操作栏，用手指选择放大、缩小、平移和下载功能。】”

提交给大模型后，生成以下需求规格描述：

1. 引言

本文档旨在详细描述壁纸小程序详情页的功能需求，包括大图展示、点赞收藏功能以及图片操作栏的放大、缩小、平移和下载功能。

2. 功能需求

2.1 大图展示

功能名称：大图展示

需求描述：在详情页中，壁纸以大图形式展示，占满屏幕宽度，高度自适应。

概述：用户进入详情页后，首先看到的是壁纸的大图展示，以获得最佳的视觉体验。

2.2 点赞收藏功能

功能名称：点赞收藏

需求描述：在详情页的下方，有两个按钮，一个是点赞按钮，一个是收藏按钮。

概述：用户可以通过单击这两个按钮来表达对壁纸的喜爱和收藏。

2.3 图片操作栏

功能名称：图片操作栏

需求描述：用户单击壁纸大图时，底部会弹出一个操作栏，包括放大、缩小、平移和下载四个功能按钮。

概述：用户可以通过这个操作栏对壁纸进行更细致的操作。

2.3.1 放大功能

功能名称：放大

需求描述：用户单击放大按钮后，双击壁纸，壁纸会以双击点为中心进行放大。

概述：放大功能允许用户查看壁纸的细节。

2.3.2 缩小功能

功能名称：缩小

需求描述：用户单击缩小按钮后，双击壁纸，壁纸会以双击点为中心进行缩小。

概述：缩小功能允许用户从细节中抽身，查看壁纸的全貌。

2.3.3 平移功能

功能名称：平移

需求描述：用户在壁纸放大状态下，可以通过手指在屏幕上滑动来平移壁纸。

概述：平移功能允许用户在放大状态下自由查看壁纸的不同部分。

2.3.4 下载功能

功能名称：下载

需求描述：用户单击下载按钮后，壁纸会保存到本地相册。

概述：下载功能允许用户将喜爱的壁纸保存到自己的设备上。

3. 用户旅程和用户故事

用户旅程

用户进入壁纸小程序，浏览到喜欢的壁纸。

用户单击壁纸，进入详情页。

用户在详情页中查看壁纸大图，并可以使用点赞和收藏功能。

用户单击壁纸大图，底部弹出图片操作栏。

用户使用图片操作栏的放大、缩小、平移和下载功能。

用户故事

作为用户，我想要在详情页中查看壁纸大图，以便更好地欣赏壁纸。

作为用户，我想要使用点赞和收藏功能，以便表达对壁纸的喜爱和收藏。

作为用户，我想要使用图片操作栏的放大、缩小、平移和下载功能，以便更细致地操作壁纸。

4. 实现逻辑和功能细节描述

4.1 大图展示

使用图片懒加载技术，提高页面加载速度。

根据设备屏幕尺寸，调整壁纸的显示比例。

4.2 点赞收藏功能

使用本地存储或云存储记录用户的点赞和收藏数据。

设计点赞和收藏的动画效果，提高用户体验。

4.3 图片操作栏

使用手势识别库，实现放大、缩小、平移功能。

使用 HTML5 的下载 API，实现壁纸的下载功能。

通过以上步骤，可以确保产品设计阶段输出一份明确清晰的需求规格说明书，为后续的产品开发奠定坚实的基础。

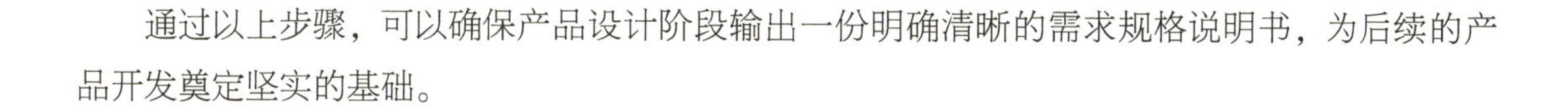

7.2 AI壁纸小程序系统设计

【学习目标】

1）学习如何使用大模型快速创建原型：掌握借助AI工具快速构建概念验证的方法，以便更高效地进行迭代和测试。

2）掌握样式自动适配多终端的策略：学习设计能够跨不同设备和屏幕尺寸无缝工作的界面，确保用户体验的一致性和流畅性。

3）熟悉业务逻辑与模块化设计：理解如何将复杂的功能分解为可管理的模块，以及如何定义清晰的业务流程来支持这些模块。

4）学习自动化工具如何帮助设计数据库模式，减少手动编码的工作量并提高效率。

5）掌握云函数的使用方法，学习如何设计云函数满足系统需求。

本节介绍如何利用大模型快速创建原型，这对于快速迭代和测试设计理念至关重要。通过微信的多端构建功能，可以创建自动适配多终端的小程序项目，这是保证应用程序能够在各种设备上良好运行的关键。此外，将探讨系统业务逻辑设计与模块化设计的重要性，以及如何通过大模型辅助生成数据库表结构，从而进一步提高开发效率。

7.2.1 使用大模型快速设计原型

在设计AI壁纸小程序的过程中，可以利用大模型快速创建交互原型。通过这种方式，可以高效地探索用户体验（UX）设计的可能性，并优化核心功能的交互方式。

由于目前大模型的能力限制，还不能够直接生成原型页，但是可以借助大模型给出原型的文字描述，在设计原型前做好需求规格制定，下面是AI壁纸小程序几个主要的页面说明：

1. 首页设计

该页面的主要功能是展示精选的AI壁纸和推荐内容，同时提供搜索入口。首页分为以下几个子区域：

1）热点Banner：通过定时滚动的Banner图吸引用户注意。

2）排序功能：用户可以根据最新、最热、最多收藏等不同标准对壁纸进行排序，以便用户第一时间预览到最感兴趣的壁纸。

3）搜索框：允许用户直接输入关键词查找特定壁纸。

4）相关页面：包括分类页面和搜索结果页面。单击“分类”按钮后，用户可以通过选择不同的壁纸分类来浏览特定类型的壁纸，在搜索结果页面显示与用户查询相关的壁纸列表。

2. 详情页设计

该页面用于展示壁纸的详细信息，如图 7-4 所示，包括预览图、作者信息、图片描述、点赞、收藏和下载按钮等。详情页分为几个子区域：

1）预览功能：用户可以放大查看壁纸细节。

2）下载功能：用户可以直接下载壁纸至手机或计算机。

该页面包含下级页面链接，包括相关壁纸页面和下载页面，相关壁纸页面列出与当前壁纸风格相似或同一作者的作品，下载页面选择下载位置将图片下载到本地。

● 图 7-4　详情页

3. AI 提示词页面

该页面帮助用户快速生成个性化的 AI 绘图提示词，包括以下内容：

1）提示词生成器：根据用户选择的主题和风格生成提示词。

2）自定义编辑及翻译：允许用户修改生成的提示词并把中文翻译成英文，以便更精确地表达自己的需求。

3）主题和风格选择页面：用户可以从多种主题中选择，如风景、抽象艺术等。在风格选择页面，可选择动画风格或者写实风格等。

了解了页面的需求及布局，下一步就可以通过这些页面需求，让大模型生成更为细化的交互描述和说明。提示语如下：

“请帮我生成相关的提示词工具交互界面描述，该页面说明如下：【该页面用于根据用户的要求生成 AI 绘画组合提示语，最上方设有两个页签，用于在通用模型和二次元模型之间切换，接下来是两个多行文本框，一个用于输入，一个用于输出，用户可在此输入中文，输出则为对应英文的组合提示语。

文本框下面设有三个按钮，一个用于提交输入，提交后将英文翻译成中文，一个可以选择模板，最后一个用于清除当前的输入、输出。

最下方是多个绘画风格选择页签，选择如尺寸、画风、大师等风格，并在风格中选择二级细目以确定输出的画面风格。多个风格和用户输入组合后，可以选择一个大合成按钮将风格与用户输入内容的翻译结果组合，生成符合绘图语法的组合提示语。】”

在描述提示语时，需要对产品页面和工具有一定程度的设计和构想，需求规格做得越细致，页面交互的生成就会越符合想象，给开发以更有力的指导。

根据上面一段提示语，大模型生成的交互界面结果如下：

为了实现上述要求，设计一个直观且易于使用的交互界面，帮助用户生成符合其需求的AI绘画组合提示语。以下是具体的设计方案：

页面布局

顶部标签栏：提供两种模式选择，“通用模型”和“二次元模型”，用户可以通过单击标签来切换模型类型。

输入输出区域：

上方是一个多行文本框，用于用户输入中文描述或关键词。

下方是一个多行文本框，用于展示生成的英文提示词。

操作按钮：

“生成提示词”按钮：用户单击后，系统会基于输入的内容和选定的风格生成相应的英文提示词。

“翻译为中文”按钮：用户单击后，将英文提示词翻译成中文。

“清除”按钮：用于清空输入框和输出框的内容。

绘画风格选择区：位于页面底部，提供多个绘画风格的选择，每个风格下还包含二级细目，便于用户进一步细化风格需求。

核心功能交互设计

模型选择：用户打开页面后，首先选择是使用“通用模型”还是“二次元模型”。

输入内容：用户在上方的多行文本框中输入想要的中文描述或关键词，如“夕阳下的海边小镇，温暖而宁静”。

风格选择：

用户在底部的绘画风格选择区中选择一个主要风格，例如“印象派”。

在选定的主要风格下，用户可以选择二级细目，例如“莫奈风格”或“梵高风格”。

生成提示词：单击“生成提示词”按钮后，系统根据用户输入的内容和选定的风格生成英文提示词。例如，“A peaceful and warm seaside town at sunset, painted in the style of Claude Monet.”

翻译为中文：单击“翻译为中文”按钮，系统将生成的英文提示词翻译成中文，如“夕阳下的海边小镇，以克劳德·莫奈的风格绘制，温暖而宁静。”

清除输入：如果用户想要重新开始，可以单击“清除”按钮来清空输入和输出的内容。

示例

假设用户希望生成一幅以“海边小镇”为主题，具有“印象派”风格的画作。用户可以按以下步骤操作：

选择“通用模型”。

在输入框中输入“夕阳下的海边小镇，温暖而宁静”。

在绘画风格选择区中选择“印象派”下的“莫奈风格”。

单击“生成提示词”按钮。

系统生成英文提示词：“A peaceful and warm seaside town at sunset, painted in the style of Claude Monet.”

单击“翻译为中文”按钮，系统将英文提示词翻译成中文：“夕阳下的海边小镇，以克劳德·莫奈的风格绘制，温暖而宁静。”

通过这样的设计，用户可以轻松地根据自己的想法生成适合 AI 绘图的提示词，从而获得理想中的作品。

从这个效果来看，交互效果与该设计的最终结果如图 7-5 已经差别不大，不过为了进一步修改和细化，并给研发提供更为详细的指导，最好还是根据这个设计使用交互工具，如 Axure RP、墨刀等，生成更为明确的 UI 原型。

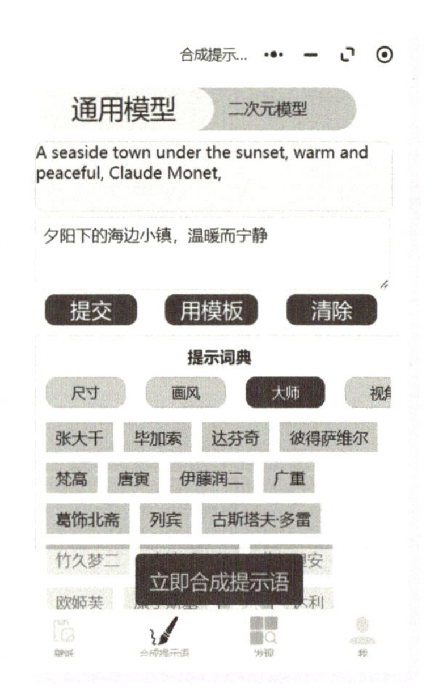

图 7-5 合成提示语页面

7.2.2 小程序自动适配多终端架构

随着移动互联网的普及和发展，用户对于应用程序的使用不再局限于单一平台。为了满足不同用户的使用习惯和偏好，企业需要开发适用于多个操作系统的应用版本。然而，传统的开发方式往往需要针对每个平台单独编写代码，这不仅增加了开发成本，还延长了产品的上市时间。因此，市场对于能够实现“一次开发，多端部署”的解决方案有着强烈的需求。

小程序多端框架正是为了满足这种需求而诞生的，它允许开发者使用一套代码库同时支持微信小程序、Android 和 iOS 应用，极大地提升了开发效率并降低了维护成本。

1. 支持小程序适配多端的 Donut 框架

Donut 是一个全面的开发平台，支持从小程序到移动应用的全生命周期管理。通过 Donut，开发者可以专注于业务逻辑的实现，而无需担心底层技术细节。Donut 提供的核心功能之一就是多端框架，它能够帮助开发者轻松实现跨平台应用的开发。

2. Donut 多端框架特点

Donut 使用以下的特色能力来支持“一次编写，多端执行”的效果。

1）多端框架：支持使用微信小程序技术和微信开发者工具开发移动应用，开发者只需编写一套代码即可生成适用于微信小程序、Android 和 iOS 的应用版本。

2）多端身份管理：提供便捷的用户登录解决方案，包括微信登录、短信验证码登录、Apple 登录等多种方式，简化了登录流程。

3）安全网关：提供数据传输的安全保障，保护用户隐私和应用安全。

通过使用 Donut 框架，可以将小程序构建成 Android 以及 iOS 应用。Donut 框架支持条件编译，便于兼容小程序和移动应用的不同需求。构建的应用具有接近原生的界面和交互体验，提供高质量的用户体验。

3. 创建一个多端框架小程序项目

首先，访问 Donut 官方网站并完成账号注册。在微信开发者平台创建项目时，选择多端框架，如图 7-6 所示，按照提示填写项目基本信息。

• 图 7-6　创建多端项目

1）编写代码：使用微信小程序语法编写代码，注意利用框架提供的条件编译功能来兼容不同平台的差异。

2）调试与测试：使用微信开发者工具进行调试，并确保所有功能在不同平台上都能正常工作。

3）打包发布：完成测试后，使用 Donut 平台提供的打包功能生成 Android 和 iOS 应用包，然后提交至相应的应用商店。

通过以上步骤，开发者就可以利用 Donut 多端框架快速创建一个支持多端的小程序项目，实现“一次开发、多端部署”的目标。这种方式不仅能够显著缩短开发周期，还能有效降低开发成本，为企业带来更高的效益。

7.2.3 设计 AI 壁纸小程序数据库结构

在开发 AI 壁纸小程序的过程中，数据库设计是至关重要的。一个良好的数据库设计不仅能够提升软件的性能，还能增强用户体验。使用大模型来辅助生成数据表是一个关键功能，它能高效地设计出既符合业务需求又易于维护的数据表结构。下面将介绍如何为 AI 壁纸小程序设计关键的数据表。为了设计良好的数据表，要遵循一些表的设计原则，这包括功能性、一致性、扩展性和性能优化。

1）功能性是确保每个表的设计都能满足特定的功能需求。

2）一致性是保证数据的统一性和完整性。

3）扩展性是考虑到未来可能的业务变化，设计具有一定前瞻性的表结构。

4）性能优化则是通过合理使用索引来减少查询时间。

开发者需要仔细分析表之间的数据关系，这些关系包括一对一、一对多和多对多。举个例子：

1）每张壁纸都有一个唯一的缩略图，因此壁纸与缩略图之间是一对一的关系。

2）每位用户可以对多张壁纸进行点赞或收藏，而每条点赞或收藏记录都对应着一个用户，这构成了一对多的关系。

3）一张壁纸可以属于多个艺术风格，也可以由不同的绘图模型生成；同样，一种艺术风格或绘图模型可以应用于多张壁纸。这种多对多的关系通常通过关联表来实现。

使用大模型辅助设计的步骤是：

1）进行需求分析，明确业务需求，确定必要的数据表。

2）使用大模型生成初步的表结构草图。

3）根据实际需求和技术限制对模型生成的草图进行迭代调整和完善。

4）评估数据表设计对系统性能的影响，确保软件能够高效运行。

5）确保数据表设计符合安全规范，有效防止数据泄露等安全问题的发生。

举个例子，说明大模型如何辅助设计 AI 壁纸小程序的数据库结构，提示语如下：

“请协助设计 AI 壁纸小程序云数据库中的数据表结构，请注意字段类似 MongoDB，请注意功能性、一致性，可扩展和表的性能优化，并明确表与表之间的字段关联关系。

已知以下的表格需要设计：

基本壁纸表：需要包括上传壁纸的链接、壁纸描述、点赞数量和收藏数量以便排序。

艺术风格表：包括一级分类，以及分类下的更细一级的艺术风格。

用户表：存储小程序用户的基本信息，如头像和相关数据等。

点赞表和收藏表：存储用户和壁纸之间的点赞关联和收藏关联。

以及其他可能需要的数据表。”

将上述提示语输入到腾讯元宝大模型中，其输出结果如下所示：

在设计微信小程序云数据库时，我们需要考虑到数据的一致性和可扩展性。以下是根据您的需求设计的 MongoDB 数据表结构：

1. 基本壁纸表（wallpapers）

```
{
  "_id": Number,
  "wallpaper_url": String, // 壁纸链接
  "description": String, // 壁纸描述
  "likes_count": Number, //点赞数量
  "favorites_count": Number, // 收藏数量
  "art_style_id": Number, // 关联艺术风格表的外键
  "uploader_id": Number // 关联用户表的外键
}
```

2. 艺术风格表（artstyles）

```
{
  "_id": Number,
  "parent_category": String, // 一级分类
  "sub_categories": [String] // 更细一级的艺术风格
}
```

3. 用户表（users）

```
{
  "_id": Number,
  "username": String, // 用户名
  "avatar_url": String, // 头像链接
  "email": String, // 邮箱
  "registration_date": Date, // 注册日期
  // 其他用户相关信息...
}
```

4. 点赞表（likes）

```
{
  "_id": Number,
  "user_id": Number, // 关联用户表的外键
  "wallpaper_id": Number, // 关联基本壁纸表的外键
  "like_date": Date //点赞日期
}
```

5. 收藏表（favorites）

```
{
  "_id": Number,
  "user_id": Number, // 关联用户表的外键
  "wallpaper_id": Number, // 关联基本壁纸表的外键
  "favorite_date": Date // 收藏日期
}
```

表与表之间的字段关联关系

wallpapers 表中的 art_style_id 字段与 artstyles 表的 _id 字段关联，uploader_id 字段与 users 表的 _id 字段关联。

likes 表中的 user_id 字段与 users 表的 _id 字段关联，wallpaper_id 字段与 wallpapers 表的 _id 字段关联。

favorites 表中的 user_id 字段与 users 表的 _id 字段关联，wallpaper_id 字段与 wallpapers 表的 _id 字段关联。

请注意，使用数字类型作为主键（_id）可能会导致在分布式系统中的冲突问题，因为数字是有限的。在实际应用中，通常建议使用 MongoDB 的 ObjectId 类型或者字符串类型作为唯一标识符。此外，如果数据库支持自增 ID，可以考虑使用自增 ID 来生成唯一的_id 值。

开发者通过设计有效的提示语，能够快速生成 AI 壁纸小程序的数据表结构。同时，大模型也会自动建立关联和索引，有助于保证数据的一致性并提高软件的性能。

7.2.4 大模型辅助云函数设计

云原生是一种构建和运行应用程序的方法论，它充分利用云计算的弹性伸缩能力和持续交付的优势。云原生应用通常具备以下几个特点：微服务架构、容器化、DevOps、持续集成/持续部署（CI/CD）和监控/日志等。

云函数属于微服务架构，微服务是云原生的一个重要组成部分，它允许开发者编写和部署单个功能块函数，而无须关心底层基础设施的运维。

使用云函数有很多好处，具体如下：

1）按需付费，只在函数执行时计费，这样可以节省成本。

2）云函数具备自动扩展能力，可以根据请求量自动调整资源，无需手动干预。

3）云函数很容易与其他云服务集成，简化了部署过程。

因为这些特点，云函数非常适合用于事件驱动的应用场景，比如文件上传触发图像处理，或者作为后端API为前端应用提供RESTful API，处理实时数据流或者批处理任务。那么，什么时候使用云函数，什么时候使用前端逻辑呢？这取决于不同的使用场景。对于安全性要求高的操作，比如处理用户鉴权信息，应该放在云函数中处理，以确保数据安全。复杂的业务逻辑，如需要与外部服务交互或执行复杂的计算任务，也应该使用云函数。对于数据处理任务，如图片压缩、视频转码等，云函数同样是一个好选择。一些需要异步处理的任务，如发送邮件通知等非即时响应的任务，也可以使用云函数。

相比之下，一些简单的展示逻辑，比如展示用户信息或简单的数据筛选，更适合放在前端逻辑中处理。此外，如果需要快速响应用户操作，即需要即时反馈的情况，前端逻辑也是不错的选择。对于那些不需要服务器介入的操作，比如本地数据的简单处理或计算，也更适合放在前端逻辑中。

接下来，以AI壁纸小程序为例，看看哪些逻辑应该放在云函数中。

1）用户鉴权信息的处理，包括用户登录验证、权限检查等功能，都应该放在云函数中处理，以保证敏感信息的安全。

2）壁纸上传处理，包括图片的存储、元数据提取、样式分类等，也需要放在云函数中处理。

3）搜索与推荐功能，根据用户的喜好推荐壁纸，以及实现搜索功能，这些都是云函数的强项。

4）点赞与收藏功能，处理点赞和收藏逻辑，包括更新计数、记录用户行为等，由于涉及数据库修改权限，也应该放在云函数中处理。

使用大模型辅助云函数开发，可以大大加快创建云函数的过程，举个例子，请大模型设计一个用于更新用户头像的云函数，提示语如下：

“请在ai壁纸小程序中创建一个云函数，用来更新用户信息表【w_userinfo】的头像信息：【userpic】，当使用者在用户中心更换头像，或上传头像时，会生成一个图像id，该图像id和用户的openid传到云函数内，云函数检测相关的用户标识openid，更新相应的w_useinfo表项。”

将这段提示语发给腾讯元宝大模型，返回的结果如下：

为了实现这个功能，需要创建一个云函数，该函数接收用户的openid和新头像的imageId作为参数，然后在w_userinfo表中查找对应的用户记录并更新头像信息。以下是创建这个云函数的步骤和代码示例：

步骤1：创建云函数目录和文件

在微信开发者工具中，创建一个新的云函数目录，例如命名为updateUserPic。在该目录下创建一个index.js文件。

步骤2：编写云函数代码

在index.js文件中编写云函数代码：

```
//云函数入口文件
const cloud = require('wx-server-sdk');
cloud.init();
const db = cloud.database();

//云函数入口函数
exports.main =async (event, context) => {
  try {
    const {openid, imageId } = event; // 从事件对象中获取 openid 和 imageId
    return await db.collection('w_userinfo')
      .where({
        openid: openid // 查找匹配的用户记录
      })
      .update({
        data: {
          userpic: imageId // 更新头像信息
        }
      });
  } catch (err) {
    console.error(err);
    return err;
  }
};
```

步骤3：部署云函数

在微信开发者工具中，右击updateUserPic目录，选择“上传并部署：云端安装依赖”。

步骤4：调用云函数

当用户在用户中心更换头像或上传头像时，调用这个云函数，并传递openid和imageId。这通常在前端代码中通过微信小程序的wx.cloud.callFunction方法实现。

以下是一个前端调用云函数的示例代码：

```
wx.cloud.callFunction({
  name:'updateUserPic',
  data: {
    openid:'用户的 openid',
    imageId:'新头像的 imageId'
  },
```

```
    success: res => {
      console.log('更新头像成功', res);
    },
    fail: err => {
      console.error('更新头像失败', err);
    }
  });
```

确保在调用云函数之前，您已经在小程序管理后台开启了云开发服务，并且已经配置好了相应的权限。

以上就是创建和调用云函数来更新用户头像信息的过程。在实际应用中，可能还需要考虑一些额外的因素，比如错误处理、用户权限验证等。

这一段回复不仅准确地创建了云函数的逻辑，而且还详细地指导了用户开发、部署和使用云函数的步骤，大部分情况下，稍做调整就能用于实际的开发过程。通过将关键业务逻辑放在云函数中，可以确保数据的安全性和处理效率。同时，将一些简单的展示逻辑和即时反馈功能放在前端实现，可以提升用户体验。

这种前后端分离的设计模式让应用更加健壮且易于维护。合理地运用云函数，能够显著提高AI壁纸小程序的开发效率和安全性。

7.3 AI壁纸小程序编程技巧

【学习目标】

1）学习如何设计小程序的代码结构：通过分析壁纸小程序的代码组成，理解各部分功能及其相互关系。

2）学习如何利用大型AI模型辅助开发小程序，提高开发效率和代码质量。

3）通过实例讲解，掌握如何使用大模型辅助开发小程序的首页和列表页。

本节对AI壁纸小程序的代码结构进行分析，帮助读者理解AI壁纸小程序的组成和运行机制。详细介绍如何利用大模型辅助编程，包括小程序的首页和列表页的开发，帮助读者实现小程序的通用功能。

通过学习本节，读者不仅能够掌握AI壁纸小程序的开发技巧，还能够将所学知识应用到其他类型的小程序开发中，提高自己的编程能力和开发效率。

7.3.1 壁纸小程序代码模块分析

在设计小程序时，应该遵循低耦合的原则，这意味着每一个模块都应该独立管理自身的页面和前端逻辑，并且放置在一个独立的目录中。这种设计模式有助于提高代码的可维护性和可扩展性，同时也使得开发过程更加清晰和高效。

1. AI 壁纸小程序的模块划分

根据需求分析 AI 壁纸小程序分为以下几个主要模块：

1）壁纸预览主页：用户可以在这里浏览和选择喜欢的壁纸。

2）合成提示语：提供 AI 辅助功能，生成个性化的提示语。

3）发现模型：展示不同的壁纸模型，供用户探索和选择。

4）个人中心：用户可以查看和管理自己的个人信息和设置。

2. app.json 中的配置

在 AI 壁纸小程序中，使用 app.json 文件来定义小程序的全局配置。这个文件包含了小程序的所有页面路径和窗口表现等配置信息。

（1）pages 属性

pages 属性是一个数组，用于指定小程序包含哪些页面。每个数组项是一个字符串，代表页面的路径。例如：

```
"pages": [
  "pages/wallpreview/wallpreview",
  "pages/aitools/aitools",
  "pages/find/find",
  "pages/me/me"
]
```

如图 7-7 所示，小程序定义了四个页面，分别是壁纸预览主页、合成提示语、发现模型和个人中心。当单击“保存”按钮时，微信开发者工具会根据这个配置自动生成对应的目录。

（2）配置 tabBar 属性

tabBar 属性是 app.json 文件中的一个重要部分，它用于定义小程序底部 tabBar（标签栏）的样式和行为。tabBar 是小程序界面中一个常见的导航方式，允许用户在主要的页面之间快速切换。

tabBar 属性通常包含以下几个子属性：

1）color：指定 tabBar 上文字的默认颜色。

2）selectedColor：指定 tabBar 上文字被选中时的颜色。

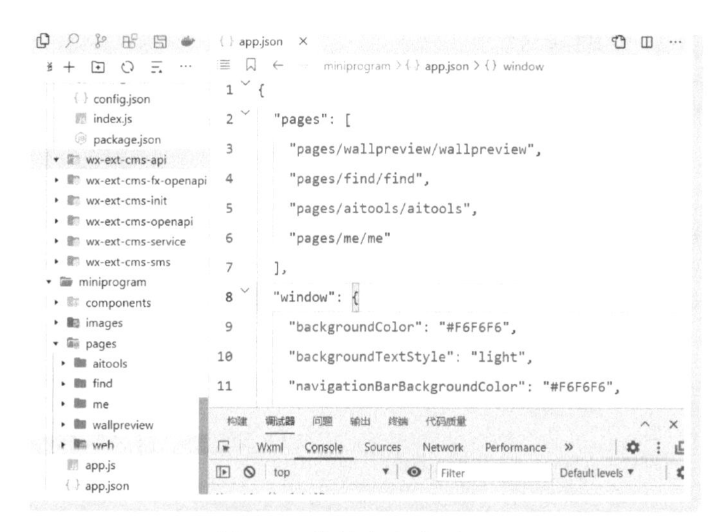

● 图 7-7　壁纸小程序页面配置

3）backgroundColor：指定 tabBar 的背景颜色。

4）borderStyle：指定 tabBar 上边框的样式，有效值有 black 和 white。

5）list：这是一个数组，用于定义 tabBar 上的每个标签项。每个标签项是一个对象，包含以下属性：

① pagePath：页面路径，必须在 pages 数组中先定义。

② text：标签按钮上的文字。

③ iconPath：图片路径，用于显示标签按钮的图标。图标大小限制为 40KB，建议尺寸为 81×81px。

④ selectedIconPath：选中时的图片路径，用于显示标签按钮的选中状态图标。

例如，一个简单的 tabBar 配置可能如下所示：

```
"tabBar": {
  "color": "#9B9B9B",
  "selectedColor": "#7ED321",
  "backgroundColor": "#F8F8F8",
  "borderStyle": "black",
  "list": [
    {
      "pagePath": "pages/wallpreview/wallpreview",
      "text": "壁纸",
      "iconPath": "imgs/手机壁纸灰.png",
      "selectedIconPath": "imgs/手机壁纸蓝.png"
    },
    {
      "pagePath": "pages/aitools/aitools",
```

```
          "text": "合成提示语",
          "iconPath": "imgs/画笔 0.png",
          "selectedIconPath": "imgs/画笔 1.png"
        },
        {
          "pagePath": "pages/find/find",
          "text": "发现",
          "iconPath": "imgs/分类灰.png",
          "selectedIconPath": "imgs/分类蓝.png"
        },
        {
          "pagePath": "pages/me/me",
          "text": "我",
          "iconPath": "imgs/用户灰.png",
          "selectedIconPath": "imgs/用户蓝.png"
        }
      ]
    }
```

配置好 tabBar 之后，单击“可视化”按钮，效果如图 7-8 所示，在预览页的下方将会出现 4 个工具栏图片，单击某个工具栏，相关的图片会高亮，表示当前页。

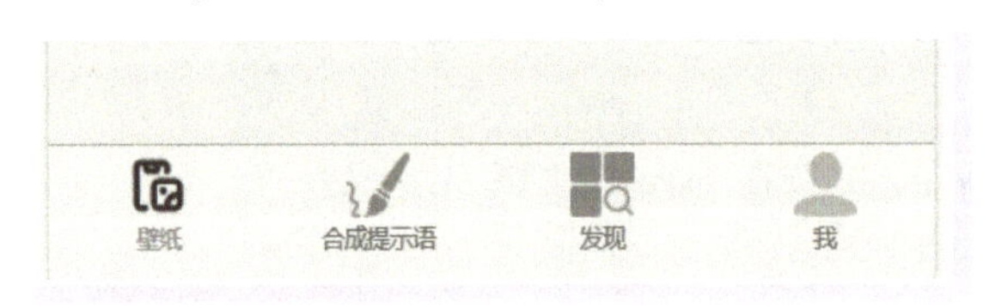

• 图 7-8　壁纸小程序 tabBar 工具栏

这就是小程序的 tabBar 工具栏，单击不同的工具栏，窗口区域会切换到相应的模块页面。

7.3.2　AI 壁纸首页搜索功能

首页 wallpreview 作为用户进入 AI 壁纸小程序的第一站，承担着吸引和引导用户的重要任务。为了使用户的参与度和兴趣最大化，首页的设计需要精心策划，确保用户一眼就能看到核心功能和亮点。

1. 首页功能区设计

首页的功能区设计应简洁明了，同时提供丰富的交互元素。以下是首页的主要功能区：

1）搜索框：允许用户输入关键词搜索壁纸，这是用户快速找到心仪壁纸的重要途径。

2）头部热点 Banner：展示最新的热门壁纸或活动信息，吸引用户关注。

3）中部壁纸专辑切换：展示不同分类的壁纸专辑，用户可以通过滑动切换查看。

4）下方分类查询：提供壁纸的分类列表，用户可以根据分类快速找到感兴趣的壁纸。

在实现首页功能的过程中，搜索框是个重要的难点，它涉及不同页面的跳转和参数传递功能，下面进行详细介绍。

2. 搜索框功能的实现

（1）获取输入值并同步到Page变量

在小程序中实现搜索功能，首先需要获取用户在搜索框中输入的关键字。这可以通过在搜索框上绑定输入事件来实现。

每当用户输入文字时，输入事件会被触发，可以在这个事件的处理函数中获取输入框的值，并将其同步到页面的data对象中的一个变量，例如searchKeyword。

.wxml文件内容如下：

```
<input type="text" placeholder="搜索壁纸" bindinput="onSearchInput" />
```

.js文件内容如下：

```
Page({
  data: {
    searchKeyword: ''
  },
  onSearchInput: function(e) {
    this.setData({ searchKeyword: e.detail.value });
  }
});
```

在上述代码中，为输入框绑定了bindinput事件，该事件会在用户输入时触发onSearchInput函数。在这个函数中，我们使用setData方法将输入框的值更新到searchKeyword变量中。

（2）单击搜索并处理搜索结果

当用户单击“搜索”按钮时，获取当前的关键字，并跳转到一个独立的页面来处理搜索结果。这个页面通常会根据用户输入的关键字展示相关的搜索结果。

```
handleSearch: function() {
  //获取当前的关键字
  const searchKey = this.data.searchKeyword;

  //构建跳转的URL,包含搜索关键字
  const url = '/pages/searchResult/searchResult? key=' + searchKey;

  //使用wx.navigateTo跳转到搜索结果页
  wx.navigateTo({
    url: url
  });
}
```

在上述代码中，handleSearch 函数首先从 data 对象中获取 searchKeyword，然后构建一个包含搜索关键字的 URL。我们使用 wx.navigateTo 方法来跳转到名为 searchResult 的页面，并将搜索关键字作为 URL 参数传递。

（3）在新页面中实现搜索结果展示

在搜索结果页 searchResult 中，需要根据 URL 参数中的关键字来获取并展示搜索结果。这通常涉及与后端服务的交互，获取匹配关键字的壁纸列表，并在页面上展示这些结果。

可以使用以下提示语：

“请开发一个搜索结果页面，在页面加载时，通过参数 key 带入上一级页面传过来的关键字参数，检索数据库 w_Wallpapers 的 Description 字段，将获取到的列表内容显示到页面的 gridView 中。”

结果如下：

页面结构（searchResult.wxml）

```
<view class="container">
  <view class="search-input">
    <text>搜索结果</text>
  </view>
  <view class="grid-view">
    <block wx:for="{{results}}" wx:key="index">
      <view class="grid-item">
        <text>{{item.Description}}</text>
      </view>
    </block>
  </view>
</view>
```

页面逻辑（searchResult.js）

```
Page({
  data: {
    results: []
  },

  onLoad: function (options) {
    const key = options.key;
    if (key) {
      this.fetchSearchResults(key);
    }
  },
fetchSearchResults: function (key) {
    const db = wx.cloud.database();
```

```
    db.collection('w_Wallpapers')
      .where({
        Description: db.RegExp({
          regexp: key,
          options: 'i' // 不区分大小写
        })
      })
      .get({
        success: res => {
          this.setData({
            results: res.data
          });
        },
        fail: err => {
          console.error('搜索失败', err);
        }
      });
  }
});
```

在 onLoad 函数中，通过 options 对象获取 URL 参数中的搜索关键字，然后编写检索逻辑获取搜索结果，最终通过 setData 方法更新页面数据，展示搜索结果。

通过以上步骤，实现了小程序首页的搜索功能，包括获取输入值、跳转到搜索结果页以及展示搜索结果，最终效果如图 7-9 所示。

这样的搜索功能能够提升用户体验，让用户能够快速找到他们想要的壁纸。

• 图 7-9　壁纸搜索结果页

7.3.3　壁纸库列表预览功能

壁纸库列表预览功能是壁纸小程序中最为关键的功能之一。它不仅在首页发挥着重要作用，还在搜索结果页、分类列表页等多个页面中得到广泛应用。实现这一功能需要考虑的编程技巧包括 GridView 样式设置、自适应计算图片高度、图片格式的转换等。

1. GridView 样式与分页获取

每行显示两列的 GridView 样式，确保布局的整洁与美观。从数据库中分页获取壁纸图片列表，确保数据的动态加载和流畅的用户体验。根据图片的高度比进行瀑布流显示，使得图片展示更加自然和吸引人。

在 Wallpreview.js 文件中 gridview 定义样式如下：

```
data: {
  imglist: [], // 初始的图片列表
  picHeights :[],//图片列表长度
  crossAxisCount: 2,
  crossAxisGap: 2,
  mainAxisGap: 3,
}
```

在 Wallpreview.wxml 中使用相关的样式如下：

```
<scroll-view scroll-y style="width: 100%; height: 100%">
</scroll-view>
<scroll-view scroll-y style="width: 99%; height: 90%" type="custom"bindscrolltoupper
="upper" bindscrolltolower="onScrollToLower">
  <grid-view type="masonry" cross-axis-count="{{crossAxisCount}}" cross-axis-gap="
{{crossAxisGap}}" main-axis-gap="{{mainAxisGap}}">
    <block wx:for="{{loadedImageUrls}}" wx:key="index">
      <view class="grid-item">
        <image src="{{item}}" bindtap="onImageTap" data-index="{{index}}" style="
width: 100%; height: {{picHeights[index]}};"></image>
      </view>
    </block>
  </grid-view>
</scroll-view>
```

以下是对<grid-view>中四个参数的解释：

1）type="masonry" 表示这是一个瀑布流布局（Masonry Layout）。瀑布流布局是一种流行的网页设计方式，如图 7-10 所示，表格元素根据高度自适应排列，通常用于图片展示。在这种布局中，每一列的高度可以不同，元素会自动填充每一列，直到填满为止。

2）cross-axis-count 表示在交叉轴（通常是垂直方向）上每行显示的列数。这个值是一个动态绑定的变量{{crossAxisCount}}，可以根据实际需求进行调整。例如，如果 crossAxisCount 设置为 2，那么每行将显示两列。

3）cross-axis-gap 表示交叉轴方向上的间距，即每列之间的间距。这个值也是一个动态绑定的变量{{crossAxisGap}}。

4）main-axis-gap 表示主轴方向上的间距，即每行之间的间距。这个值同样是一个动态绑定的变量{{mainAxisGap}}。

总之，type="masonry" 定义了瀑布流布局，cross-axis-count 控制每行显示的列数。cross-axis-gap 和 main-axis-gap 分别控制列间距和行间距。这些参数共同决定了 grid-view 组件的布局方式和间距设置，使得图片展示更加美观和灵活。

● 图 7-10　瀑布流列表展示

2. 动态高度计算

在图片列表和图片详情页中，图片的展示大小会根据不同的场景有所不同。为了确保图片的显示比例符合原图，需要根据图片的宽度重新计算其高度。为此请大模型设计了一个函数，输入图片的长宽比和当前场景的图片宽度，计算出合适的高度，并用这个尺寸进行展示。

提示语如下：

“请生成一个计算高度函数：getImageHeight，其输入的参数包括 宽高比以及宽度尺寸，计算的逻辑如下：宽高比有以下比例：1 表示 1∶1，2 表示 2∶3，3 表示 3∶4，4 表示 4∶3，9 表示 9∶16，16 表示 16∶9，单位用 rpx。”

大模型生成的结果如下：

```
function getImageHeight(ratio, width) {
  let height;
  switch (ratio) {
    case 1:
      height = width;
      break;
    case 2:
      height = width * (3 / 2);
      break;
    case 3:
      height = width * (4 / 3);
      break;
    case 4:
      height = width * (3 / 4);
      break;
    case 9:
      height = width * (16 / 9);
      break;
    case 16:
      height = width * (9 / 16);
      break;
```

```
    default:
      throw new Error('Invalid ratio');
  }
  return height;
}
```

3. 图片格式转换

为了提高图片访问速度和缓存效率，数据库中存储的图片标识是对象格式。要将其转化为页面可以访问的图片地址，需要使用 getTempFileURL 方法。由于转换时间较长，容易阻塞主线程。因此，在实现转换函数时，使用异步函数 async 来防止窗口阻塞。在更新列表时，一次转换一页的数据，需要等待该页图片全部转换完成后，才能刷新页面。

图片格式转换时需要注意以下几点。

1）由于 getTempFileURL 是异步操作，需要确保所有图片的转换操作完成后，再进行页面刷新。

2）使用 Promise.all 可以确保所有异步操作完成后再执行后续代码。

3）在异步操作过程中，可能会遇到网络问题或其他异常情况，需要有相应的错误处理机制。

4）一次性转换大量图片可能会导致性能问题，因此采用分页转换的方式，每次只转换一页的数据。

下面是大模型生成的图片转换函数代码：

```
/**
 * 将对象 ID 转化为文件地址
 * @param {string} objectId 图片对象 ID
 * @returns {Promise}返回图片文件地址
 */
async function ShowPic(objectId) {
  return new Promise((resolve, reject) => {
    wx.cloud.callFunction({
      name: 'getTempFileURL',
      data: {
        fileId: objectId
      },
      success: (res) => {
        resolve(res.result.fileID);
      },
      fail: (err) => {
        reject(err);
      }
    });
  });
}
```

下面是大模型生成的 getList 分页函数：

```
async function getList(page, pageSize) {
  return new Promise((resolve, reject) => {
    wx.cloud.database().collection('w_Wallpapers')
      .skip((page - 1) * pageSize)
      .limit(pageSize)
      .get({
        success: (res) => {
          resolve(res.data);
        },
        fail: (err) => {
          reject(err);
        }
      });
  });
}
```

通过大模型的协助，开发者可以成功地生成瀑布流的图片表格预览页面，并且能够在用户下拉时再加载下一页的内容，既保证了浏览的美观，也提高了检索效率。

7.3.4 AI 提示语缓存

在本节中，将探讨在创建 AI 提示语页面时遇到的技术难点。AI 提示语页面，如图 7-11 所示，在页面下方展示多种绘图风格，用户可以选择一种或多种绘图风格进行组合，从而创作出丰富多彩的绘图提示语。

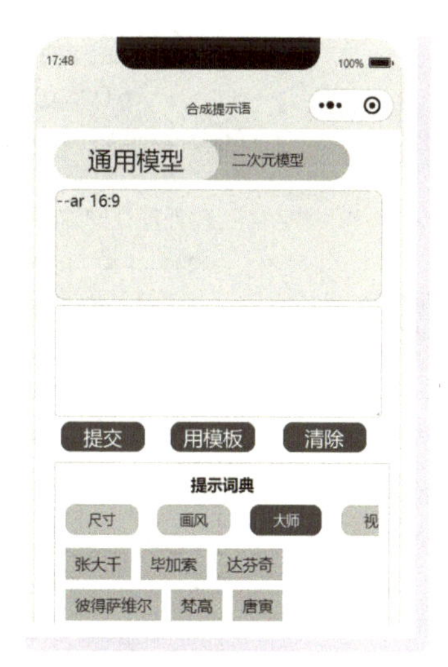

• 图 7-11　AI 提示语页面

随着绘图技术的不断提高，需要加入的提示词越来越多，页面的加载性能成为一个亟待解决的问题。在设计之初，提示语数据都存在数据库表格中，通过一个简洁直观的界面用户可以快速浏览不同的绘图风格，并选择自己心仪的提示语。但由于集合型数据库本身的性能问题，当提示语超过 1000 条时，数据的读取和加载时间已经变得难以忍受。

这给页面加载带来了显著的压力，因此需要找到一种有效的方法来提升性能。

最初的实现方式是将所有提示语存储在数据库中，并在用户进入提示语界面时一次性加载全部数据到内存中。具体代码如下：

```
// 获取数据库信息
async getTypeList() {
  if(! this.data.getDatabaseFlag) //防止在获取数据没有结束之前,有事件来访问分类信息。
  {
    this.setData({
      getDatabaseFlag: true
    });
  }
  else{
    return;
  }
  const db = wx.cloud.database();
  let skip = 0;
  let limit = 20;
  //定义需要查询的字段列表
  const fields = ['Style_Category','Style_Name_EN','Style_Name_ZH','Style_Niji_Flag'];

    while (true) {
      const res = await db.collection('AI_Styles_Table')
      .field({
        Style_Category: true,
        Style_Name_EN: true,
        Style_Name_ZH: true,
        Style_Niji_Flag: true

      })//添加指定字段查询
        .skip(skip)
        .limit(limit)
        .get();
      //处理查询结果
      const currentTypeList = res.data.map(item => ({
        Style_Category: item.Style_Category,
        Style_Name_EN: item.Style_Name_EN,
        Style_Name_ZH: item.Style_Name_ZH,
        Style_Niji_Flag: item.Style_Niji_Flag
      }));

      //将当前批次的数据添加到全局数据中
      this.setData({
        AITypeList: [...this.data.AITypeList, ...currentTypeList]
      });

      //可以在此处进一步处理 TypeList 数据,增加 skip 继续查找。
      skip += limit;
    }
```

```
    //使风格数据可以访问。
    this.setData({
      getDatabaseFlag: false
    });

  },
```

从代码中可见，由于加载函数在onLoad中执行，为了避免在加载数据未完成时，用户单击分类按钮出错，这里用了一个互斥变量getDatabaseFlag，把数据表锁住。当该参数为True时，表示正在读取数据库，别的事件不能调用。锁住数据表操作后，该函数循环读取整个AI_Styles_Table艺术风格表，将相关的记录写入内存数组。

这种方法虽然简单直接，但在提示语数量达到一定规模时，每次进入页面都会出现明显的数据加载迟缓，用户体验受到严重影响。对此提出如下解决方案：

（1）按需加载

为了解决这个问题，第一种解决方案是按需加载。具体来说，当用户进入大的分类时，再从数据库读取该分类下的提示语。这样做可以显著缩短初始加载时间，因为不是所有数据都需要立即加载。虽然这种方法将加载延迟减少到了秒级，但随着子分类的增加，每一类的提示词数量也可能变大，显示迟缓问题依然存在。

（2）预加载+增量更新

第二种解决方案采用了预加载加增量更新的方式。首先，将已知的所有提示词预加载到内存中的一个数组里。然后，通过数据库仅读取新增的部分提示词。每隔一段时间，会将这部分增量数据合并到内存中的数组中，从而保持数据的最新性。这种方式不仅解决了加载速度慢的问题，同时也保证了提示词数据的实时更新。

下面就是预加载数组示例和修改后的调用语句。

```
Page({
  /**
   *页面的初始数据
   */
  data: {
  AITypeList:[
    {
        "Style_Category": "1",
        "Style_Name_ZH": "迪士尼",
        "Style_Name_EN": "Disney",
        "Style_Niji_Flag": 1
    },
  …
})
```

在 onLoad 中不再需要调用 getTypeList，而是直接读取内存标签数组，页面可以很快展示。

```
onLoad(options) {

  // this.getTypeList();
    console.log('开始加载')

  this.SetLabels("general");
}
```

7.3.5 在 Unload 事件中更新点赞数量

在小程序中，当用户单击图片预览框时，如图 7-12 所示，可以选择点赞或收藏。

每次操作都会修改相应的数据库记录。然而，由于点赞和收藏按钮可能会被用户快速地单击和取消，如果每次单击都马上写入数据库，会造成一定的延迟，影响用户体验。因此，将数据处理逻辑放置在详情页的 unload 事件中。在用户单击时记录用户的动作（点赞或取消点赞），并在页面退出时查看最终的操作结果，然后处理相应的逻辑。

● 图 7-12　点赞收藏功能

为了确保在 unload 事件中正确更新点赞数量和处理点赞与收藏的关系，可以用大模型设计云函数。该云函数的生成提示语如下：

“设计一个云函数，执行以下操作：

1）修改 w_Wallpapers 表中的 FavoriteCount 字段：根据用户的动作（点赞或取消点赞），更新壁纸的点赞数量。具体来说，如果用户点赞，则增加 FavoriteCount 字段的数量；如果用户取消点赞，则减少 FavoriteCount 字段的数量。同时，更新 okvalue 字段，以反映点赞人数的变化。

2）处理 w_UserLikes 表中的点赞关系：根据用户的动作，插入或删除用户与壁纸之间的点赞关系。如果用户点赞，则在 w_UserLikes 表中插入一条新的记录；如果用户取消点赞，则从 w_UserLikes表中删除相应的记录。

3）处理 w_UserFavorites 表中的收藏关系：类似地，根据用户的动作，插入或删除用户与壁纸之间的收藏关系。如果用户收藏壁纸，则在 w_UserFavorites 表中插入一条新的记录；如果用户取消收藏，则从 w_UserFavorites 表中删除相应的记录。”

下面代码，就是使用通义千问生成的更新 w_Wallpapers 表的云函数，在实际的使用中与大模型还进行了多次沟通修改，最终满足了要求。

```
//云函数入口文件
const cloud = require('wx-server-sdk')

cloud.init({env: cloud.DYNAMIC_CURRENT_ENV }) // 使用当前云环境

exports.main =async (event, context) =>{
  const { id, ok, download, collect } = event;
  try {
    const db = cloud.database();
    const _ = db.command;
    let result = await db.collection('w_Wallpapers').doc(id).get();

    if (! result.data) {
      throw new Error('记录未找到');
    }

    // console.log("event is",event);
    //更新计数值

    let updateData = {};
    // console.log("result is",result.data);

    if (result.data && result.data.okvalue) {
      //值存在,执行相应的逻辑
      updateData.okvalue = result.data.okvalue+ok;
    // console.log("add ok is", ok);
    } else {
      //值不存在,执行相应的逻辑
      updateData.okvalue=1;
    }

    if (result.data && result.data.FavoriteCount) {
      //值存在,执行相应的逻辑
      updateData.FavoriteCount = result.data.FavoriteCount+collect;
    // console.log("add favor is", collect);
    } else {
      //值不存在,执行相应的逻辑
      updateData.FavoriteCount=collect;
    }
```

```
    if (result.data&& result.data.DownloadCount) {
      //值存在,执行相应的逻辑
      updateData.DownloadCount = result.data.DownloadCount+download;
      //console.log("add download is", download);
    } else {
      //值不存在,执行相应的逻辑
      updateData.DownloadCount=download;
    }
    console.log("update date is ",updateData);

    await db.collection('w_Wallpapers').doc(id).update({
      data: updateData
    });

    return {
      success: true,
      message: '更新成功'
    };
  } catch (err) {
    console.error(err);
    return {
      success: false,
      message: '更新失败',
      error: err
    };
  }
}
```

删除收藏和点赞关联表的代码如下：

```
//云函数入口文件
const cloud = require('wx-server-sdk')

cloud.init({env: cloud.DYNAMIC_CURRENT_ENV }) // 使用当前云环境
//初始化数据库
const db = cloud.database()

//云函数入口函数
exports.main =async (event, context) =>  {
  let { userId,wallpaperId, isFavorite, isLike } = event;

  const queryResult = await db.collection('w_UserFavorites').where({
    userId: userId,
```

```
    wallpaperId: wallpaperId
  }).get();
  //更新收藏状态
  if (isFavorite) {
    if (queryResult.data.length === 0) {
      await db.collection('w_UserFavorites').add({
        data: {
          userId: userId,
          wallpaperId: wallpaperId
        }
      });
    } else {
    }
  }
  else {
    if (queryResult.data.length > 0) {
      const docId = queryResult.data[0]._id;
      await db.collection('w_UserFavorites').doc(docId).remove();
      console.log('取消收藏成功');
    } else {
      console.log('找不到相应的收藏信息');
    }
  }

//获取喜欢状态
const queryResult2 = await db.collection('w_UserLikes').where({
  userId: userId,
  wallpaperId: wallpaperId
}).get();

//更新喜欢状态
if (isLike) {
  if (queryResult2.data.length === 0) {
    await db.collection('w_UserLikes').add({
      data: {
        userId: userId,
        wallpaperId: wallpaperId
      }
    });
    console.log('点赞成功');
  } else {
    console.log('已存在相同的点赞信息');
  }
}
```

```
  else {
    if (queryResult2.data.length > 0) {
      const docId = queryResult2.data[0]._id;
      await db.collection('w_UserLikes').doc(docId).remove();
      console.log('取消点赞成功');
    } else {
      console.log('找不到相应的点赞信息');
    }
  }
  return {
    message: 'Update success'
  };
}
```

通过这两部分代码，当用户点赞或收藏时，数据库就能很好地记录下用户的动作，以便在查询和排序时做出更好的响应。可以注意到，代码中存在很多 console.log 项，主要是为了方便调试，检测是否运行到了设计的位置。

7.4 AI 壁纸小程序运营与总结

【学习目标】

1）学习如何利用大模型运营一个小程序。
2）识别并解决大模型在小程序开发过程中常见的局限性与挑战。

对于壁纸小程序而言，大模型不仅能够帮助生成创意独特的壁纸图案，还能够在用户界面设计和交互逻辑上带来革新。然而，在这一过程中，开发者也会面临一系列的技术挑战，比如如何在有限的资源下最大化大模型的效能，如何克服大模型在特定应用场景下的局限性等。

本节将深入探讨如何更有效地将大模型技术应用于壁纸小程序的运营之中，同时提供建议以应对开发过程中可能出现的各种挑战。

7.4.1 小程序持续运营的技巧

当小程序用户数量突破 1000 人大关后，便可申请接入腾讯媒体主功能，或者与其他第三方广告平台合作，实现流量变现。但要让小程序在市场上脱颖而出，仅仅依赖广告是不够的。以下是一些关键的运营技巧，帮助开发者更好地管理小程序，吸引并保留用户。

1. 持续更新内容，保持新鲜感

使用便捷的内容管理系统（CMS），如图7-13所示，可以快速地为壁纸小程序添加流行壁纸和实用的提示语。紧跟时下热点，如热门游戏、动漫或知名IP，借助AI技术创作具有独特风格的壁纸，这不仅能吸引用户的注意力，还能增加用户黏性。定期更新内容不仅能让老用户感到惊喜，也能吸引更多新用户加入。

● 图7-13 持续内容更新

2. 运用数据分析，优化运营策略

微信后台提供了详尽的数据分析工具，通过这些工具，开发者可以实时监控小程序的各项指标，如访问量、流量分布等。了解哪些页面最受欢迎，哪些页面存在较高的退出率，可以帮助开发者快速定位问题所在，并采取相应的措施进行调整。此外，运用AI技术进行数据分析，能够进一步挖掘用户行为背后的模式，为精细化运营提供依据。

为了方便使用，也可以将小程序运营页面上的运营数据提供给大模型，让它根据这些数据分析，应该采取什么运营策略。如图7-14所示，这是通过微信运营平台看到的小程序运营数据分析，现在需要根据数据提高运营效能，给大模型如下提示语：

“请分析AI壁纸小程序的流量数据，看看应该如何优化运营策略，获得更好的效果。”

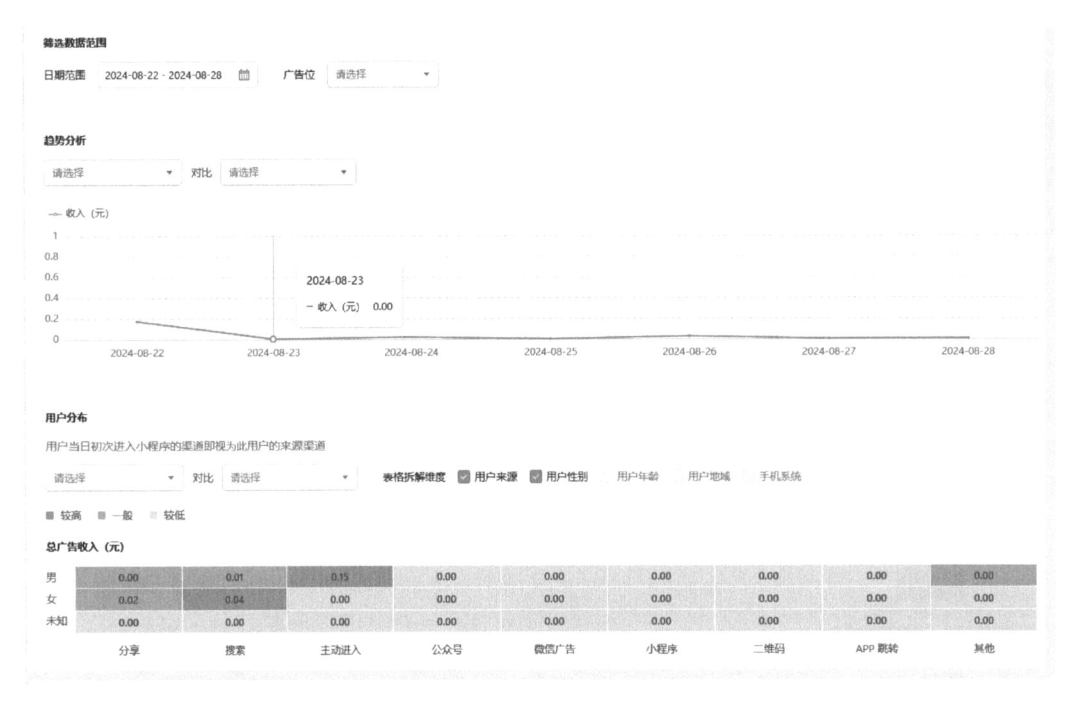

● 图 7-14　小程序运营数据

腾讯元宝大模型的回复如下：

根据小程序运营数据，我们可以从以下几个方面分析并提升小程序的运营效率：

1. 用户性别分析

男性用户：总广告收入为 0.16 元，搜索收入为 0.01 元，主动进入收入为 0.15 元。

女性用户：总广告收入为 0.06 元，分享收入为 0.02 元，搜索收入为 0.04 元。

未知性别用户：总广告收入为 0.00 元，分享收入为 0.00 元，搜索收入为 0.00 元。

建议：

男性用户：男性用户的主动进入收入较高，可以进一步加强小程序惯用功能，了解用户对内容的偏好，举办用户感兴趣的活动，提高男性用户参与度和活跃度。

女性用户：由于女性用户的搜索收入较高，可以进一步优化搜索功能，提供更多相关内容和服务，吸引更多女性用户使用。

2. 用户来源分析

分享：总收入为 0.02 元，全部由女性用户贡献。

搜索：总收入为 0.05 元，其中女性用户贡献了 0.04 元。

主动进入总收入为 0.15 元，全部由男性用户贡献。

公众号、微信广告、小程序、二维码、APP跳转、其他：这些渠道的收入均为0.00元。

建议：

分享：加强分享功能，提供分享激励（如积分、优惠券等），鼓励用户分享。

搜索：优化搜索算法，提高搜索结果的准确性和相关性。

主动进入：突出产品优势，强调产品卖点，吸引用户主动进入。

其他渠道：由于这些渠道的收入为0，需要进一步分析原因，可能是入口不明显或功能不完善。可以通过增加入口、优化用户体验等方式提升这些渠道的使用率和收入。

广告收入分析

……

由此可见，大模型在小程序运营方面也能提供宝贵的帮助。

3. 积极推广，扩大影响力

相较于传统的公众号，小程序具备更强的互动性和趣味性。为了让更多人知晓您的小程序，可以尝试更换不同的标题、图片或引入新功能，以激发用户的好奇心。同时，积极参与或创建相关的壁纸分享群和AI爱好者交流群，主动展示小程序的独特优势，也是一种有效的推广方式。通过社群的力量，可以迅速提升小程序的知名度，促进口碑传播。

举个例子，AI壁纸小程序上线后不久，便通过AI作图上传了接近1000个壁纸，丰富了壁纸库，使用户进来后就有内容可看。另外，作者还加了几百个微信群，每次有更新的热门作品都会及时推送到群中，引起观看和转发，通过这种简单的推广方式，AI壁纸小程序迅速积累了1000名用户，并成功开通了流量主功能。

目前，网络上有许多先进的运营工具，例如机器人流程自动化（Robotic Process Automation，RPA）工具，它能够模拟人类在计算机系统中执行各种操作，如鼠标单击、键盘输入、数据抓取和处理等，从而自动执行重复性、规则明确的业务流程。采用了RPA工具小程序的运营者可以减少人工推送和流程管理，每天编辑好运营动作，使用机器人帮助操作计算机就好。

综上所述，一个成功的小程序不仅仅是功能强大的产物，更是精心运营的结果。通过上述技巧，可以更好地理解和满足用户需求，最终实现小程序的成功运营。

7.4.2 大模型在小程序开发中的局限与挑战

在AI壁纸小程序的开发过程中，大模型展现出了其在市场分析、需求编写、原型设计、代码开发和市场运营等方面的巨大潜力。然而，尽管大模型带来了诸多便利，但目前仍存在一些显著的局限与挑战。

1. 专业性不够

大模型在生成代码时，通常会产生适用于网页环境的代码，而不是专为小程序设计的代码。

此外，生成的代码可能会引用过时的库或包含错误，这需要开发者投入额外的时间和精力去查阅文档或手动更正。开发者需要仔细检查并修正这些错误，确保代码在小程序环境中正常运行。

2. 大模型仍处于编程初级阶段

目前，大模型辅助编程还处于初级阶段，虽然能够在函数级别提供较为精确的代码生成，但在更大范围和更多上下文的情况下，其表现就不那么理想了。因此，开发者不仅需要掌握编程语言，还必须有清晰的编程思路和设计能力，能够设计出详尽的工作流程，以此来指导大模型进行开发。

在详细设计阶段，流程图是常用的工具。开发者可以借助流程图来记录程序的逻辑，包括顺序执行、判断逻辑和循环逻辑。通过清晰地描述函数流程，可以加速大模型生成代码的过程。

以下示例展示了如何利用流程图生成代码。

1）明确流程图的目的，例如，创建一个云函数以判断当前用户的喜好，并据此推荐相应的壁纸。

2）可以使用手工绘制、Visio、draw.io 等工具来绘制流程图，流程图符号定义如下。

① 开始/结束：通常用椭圆表示。

② 操作步骤：通常用矩形表示。

③ 决策点：通常用菱形表示。

④ 流程线：通常用箭头表示。

⑤ 循环操作：通常用梯形表示。

3）绘制流程图，如图 7-15 所示。

① 开始：从开始符号开始，绘制第一个操作步骤。

② 操作步骤：按照实际操作的顺序，绘制每个操作步骤。

③ 决策点：在需要做出决策的地方，绘制决策点，并列出可能的选项。

④ 连接线：用箭头连接各个步骤，确保流程的连贯性。

⑤ 结束：在流程的最后，绘制结束符号。

4）审核并提交给大模型。

审查流程图的准确性和完整性，必要时进行修改。将图 7-15 的流程图直接提交给能识别图像的大模型，比如智谱清言，请它生成代码。

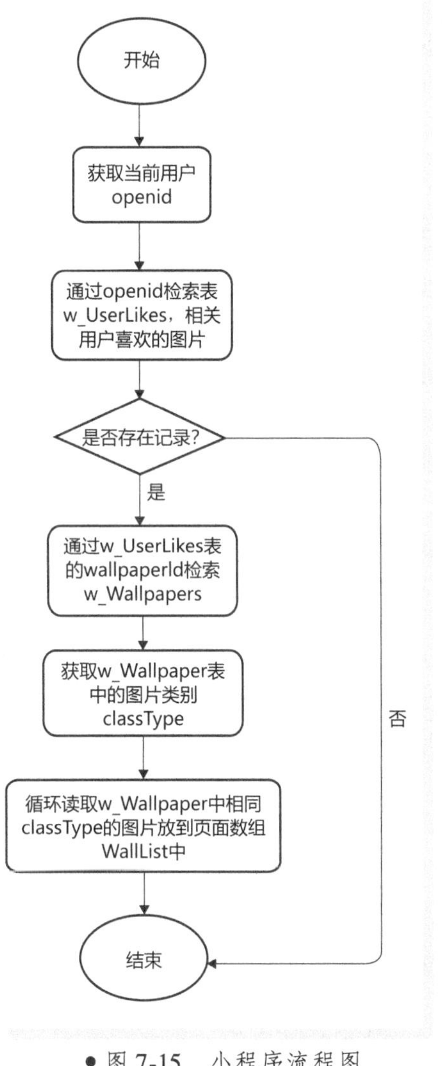

● 图 7-15　小程序流程图

提示语如下：

“小程序编程，请根据下面的流程图，生成一段小程序的 JS 函数，该函数用于检查用户的图片偏好，并从数据库中检索。”

以下是智谱清言生成的代码示例：

```
// 假设已经有一个数据库操作对象 db,以及一个页面数据对象 pageData

//检查用户图片偏好的函数
function checkUserPreferences() {
  // 1.获取当前用户 openid
  const openid = wx.getStorageSync('openid');

  // 2.通过 openid 检索表 w_UserLikes,相关用户喜欢的图片
  db.collection('w_UserLikes').where({
    openid: openid
  }).get().then(res => {
    if (res.data.length > 0) {
      // 3.是的话,通过 w_UserLikes 表的 wallpaperld 检索 w_Wallpapers
      const wallpaperId = res.data[0].wallpaperId;
      return db.collection('w_Wallpapers').where({
        wallpaperId: wallpaperId
      }).get();
    } else {
      // 4.否的话,结束
      return Promise.resolve([]);
    }
  }).then(res => {
    if (res.data.length > 0) {
      // 5.循环读取 w_Wallpaper 中相同 classType 的图片放到页面数组 WallList 中
      const classType = res.data[0].classType;
      return db.collection('w_Wallpapers').where({
        classType: classType
      }).get();
    }
    return Promise.resolve([]);
  }).then(res => {
    //将检索到的图片放入页面数组 WallList 中
    pageData.WallList = res.data;
    this.setData(pageData);
  }).catch(err => {
    console.error('检查用户图片偏好时出错:', err);
  });
}
```

这段代码首先获取当前用户的 openid，接着查询 w_UserLikes 表以确定用户是否有喜欢的图片。如果用户有喜欢的图片，程序将进一步查询 w_Wallpapers 表以获取相同类别的图片，并将这些图片放入页面的 WallList 数组中。如果用户没有喜欢的图片，程序将结束。请注意，这段代码假设您已经正确设置了数据库操作对象 db 和页面数据对象 pageData。

从上述代码可以看出，大模型能够有效地识别和解析流程图，并快速生成查询语句和代码。经过少量修改，这段代码便能顺利运行，极大地提升了开发效率。如果开发者对流程设计和开发有深入理解，也可以直接使用详细的提示语来描述，这样既节省了绘制流程图的时间，又能更精确地描述流程。

在探索大模型辅助小程序开发的过程中，令人深刻体会到技术进步为开发工作带来的便捷。然而，技术的力量并非万能，市场运营的智慧同样不可或缺。一个卓越的产品，不仅建立在坚实的开发技术之上，更在于精准的市场定位和精心的运营策略。在竞争激烈的市场中，有限的流量只会青睐那些经过精心策划和巧妙设计的精品。

因此，开发者与运营团队的紧密协作成为产品成功的关键。大模型的引入，无疑为小程序开发开启了新的可能，但其局限性亦是我们必须正视的挑战。开发者只有具备深厚的编程功底和创新能力，方能将大模型的价值最大化。唯有将开发的优势与运营的智慧相结合，才能铸就真正的成功产品，实现技术与市场的双重胜利。

CHAPTER 8

第8章

实战案例：AI大模型开发热门小程序

8.1 大模型辅助开发微短剧小程序

【学习目标】

1）掌握大模型设计微短剧小程序的产品逻辑。

2）学会如何制作视频播放页、视频列表预览页。

3）了解高效的小程序视频存储策略，确保良好的用户体验。

随着移动互联网的发展，用户对娱乐内容的需求日益增长，其中微短剧因其简短精悍的特点受到了广大用户的喜爱。与此同时，人工智能技术的进步也为微短剧的内容创作和分发提供了新的可能性。本节将深入探讨如何借助大模型的力量来提升微短剧小程序的开发效率与用户体验。首先分析大模型在微短剧业务中的潜在价值，然后介绍如何通过大模型构建视频播放组件，最终讨论合理的视频存储方案，确保在不影响性能的前提下为用户提供流畅的观看体验。

8.1.1 大模型辅助微短剧市场分析

本产品是一款基于微信小程序架构的微短剧平台，致力于为用户提供流畅、便捷的观看体验。通过集成搜索、热点追踪、个性化推荐等特性，打造一个能让用户快速发现并享受高质量微短剧作品的环境。

（1）微短剧小程序概述

微短剧作为一种新兴的内容形式，正逐渐受到年轻观众的青睐。这种短小精悍的视频内容通常长度在几分钟到十几分钟之间，能够迅速抓住观众的眼球，并且适应移动互联网时代的碎片化消费习惯。随着短视频平台的崛起，微短剧市场也迎来了爆发式增长。

从市场需求来看，用户对于高质量、高频率更新的内容有着强烈的渴望，而微短剧正好满足了这一需求。此外，广告主也开始意识到微短剧作为品牌宣传新渠道的巨大潜力，纷纷投入资源进行内容定制和投放。而微信小程序自带推广运营优势，很容易形成社交热点，产生爆品，在微短剧的推广和运营方面有着巨大的便利。

（2）如何使用提示语请大模型设计有关微短剧的小程序产品

大模型的强大之处在于它们能够理解和生成自然语言，并根据给定的任务创造有价值的内容。为了设计一个微短剧小程序产品，可以采用以下步骤与大模型进行交互。

1）需求定义：明确小程序的核心目标，比如提升用户参与度、增加内容发现的可能性或者构建社区氛围。

2）提示语设计：构建清晰且具体的提示语来引导大模型生成设计方案，举例如下：

“请帮忙设计一个基于小程序的微短剧平台需求规格说明，核心功能包括首页，追剧，个人中心。首页需要具备搜索、热点图、最新热播列表、推荐分类、最多分享、最多下载等功能。

追剧页面，用户可以随时查看已经收藏的剧目，也可以从关联推荐中选择热门剧目试看并加入推荐。

个人中心应包含观看历史、充值、消费记录、我的收藏等功能。”

（3）微短剧产品规格说明

在明确了市场需求并通过大模型得到了初步的产品设计方案后，接下来就需要细化产品的具体规格。大模型生成的产品规格说明如下：

1. 产品概述

本产品是一款基于微信小程序的微短剧平台，旨在为用户提供便捷的微短剧观看体验。平台集成了搜索、热点追踪、个性化推荐等功能，并支持用户收藏、追剧及个人账户管理。

2. 核心功能模块

2.1 首页

搜索：允许用户通过关键词搜索微短剧内容，支持模糊匹配，快速找到感兴趣的剧目。

热点图：展示当前最热门的微短剧剧照或预告片，吸引用户单击观看。

最新热播列表：显示最近上线且受欢迎的微短剧，按热度排序。

推荐分类：根据用户的观看历史和个人偏好，推荐相应的微短剧分类，如情感、悬疑、喜剧等。

最多分享：列出被用户分享次数最多的微短剧，增加社交互动性。

最多下载：展示下载量最高的微短剧，方便用户离线观看。

2.2 追剧页面

收藏剧目：用户可以在此页面查看已收藏的所有微短剧，便于继续观看。

关联推荐：根据用户已收藏或观看过的剧目，推荐相似类型的热门微短剧供用户试看。

试看并加入推荐：用户可以试看部分剧集，并选择是否将其添加到自己的收藏列表中。

2.3 个人中心

观看历史：记录用户最近观看过的所有微短剧，方便回溯。

充值功能：支持用户在线充值，以便购买付费内容或享受更多特权服务。

消费记录：显示用户的消费明细，包括购买的剧目、会员服务等。

我的收藏：集中展示用户收藏的所有微短剧，支持管理和编辑收藏列表。

3. 技术要求

前端开发：使用微信小程序框架进行开发，确保界面美观且响应速度快。

后端支持：搭建稳定的服务器，处理数据存储、用户认证、支付接口等功能。

数据安全：保证用户个人信息及交易记录的安全性，符合相关法律法规要求。

4. 用户体验

流畅性：确保视频播放顺畅无卡顿，加载速度适中。

个性化：通过算法优化推荐内容，提升用户体验满意度。

社交元素：鼓励用户通过分享、评论等方式参与到社区互动中，增强平台黏性。

由于这是一个示例项目，功能较为简单，因此就不再做原型，而是让大模型自动将需求规格转换成原型描述，基于这个描述进行页面的开发和设计。

（4）微短剧原型设计

将上面生成的产品规格说明，作为大模型的输入，请大模型生成微短剧的原型设计，结果如下：

1. 首页（Home）

顶部导航栏：包括小程序名称和搜索框。

搜索框：允许用户输入关键词搜索微短剧。

热点图：滚动显示当前最热门的微短剧海报或预告片。

最新热播列表：以列表形式展示最近上线且受欢迎的微短剧，每部剧旁边可附带播放按钮。

推荐分类：分为多个标签，如“情感”“悬疑”“喜剧”等，单击标签可以查看对应类别的微短剧。

最多分享：列出被分享次数最多的微短剧。

最多下载：展示下载量最高的微短剧。

2. 追剧页面（Following）

收藏列表：展示用户收藏的所有微短剧，每个条目包含剧名、封面图片和简要描述。

关联推荐：根据用户的观看历史推荐类似风格的热门剧目，每个推荐剧目都附有试看按钮。

试看并加入收藏：用户可以试看部分内容，并选择是否将其加入收藏列表。

3. 个人中心（My Profile）

观看历史：记录用户最近观看过的所有微短剧。

充值入口：提供在线充值入口，支持多种支付方式。

消费记录：列出用户的消费明细，包括购买的剧目或会员服务。

我的收藏：集中展示用户收藏的所有微短剧，并提供管理选项。

4. 播放页（Player Page）

播放器控件：位于屏幕底部，包含播放/暂停按钮、进度条、音量控制和全屏切换功能。

点赞按钮：用户可以点赞表示喜欢这部微短剧。

追剧按钮：用户可以将当前观看的剧目加入追剧列表。

收藏按钮：用户可以将喜欢的剧目添加到个人收藏夹。

分享按钮：提供社交分享功能，支持分享到微信朋友圈或其他社交媒体平台。

页面交互流程示例

进入首页：

用户打开小程序后直接进入首页。

可以通过顶部搜索框查找特定微短剧。

浏览剧目：

用户可以在最新热播列表、推荐分类等多个区域浏览不同的微短剧。

单击任一剧目的封面或播放按钮后，进入播放页。

播放页操作：

在播放页，用户可以控制视频播放、暂停、快进或快退。

用户可以选择点赞、追剧、收藏或分享当前观看的剧目。

进入追剧页面：

从底部导航栏切换到追剧页面，查看追剧列表。

从关联推荐中发现新剧，并选择试看或收藏。

访问个人中心：

从底部导航栏进入个人中心，管理观看历史、充值、消费记录和收藏列表。

通过以上功能设计，大模型为微短剧小程序设计了丰富多样的内容选择和个性化的观看体验，提升了用户的观看体验。接下来，通过大模型工具进一步深化设计和开发编码。

8.1.2 视频小程序编程技巧

1. 生成微短剧小程序的首页

首先生成微短剧小程序的首页，在智谱清言中输入了一个竞品的首页截图，及如下提示语：

“小程序设计，编程一个页面，如附件截图所示，上方是搜索框，接下来是可以滚动的轮播图 swiper，最下面是三个一行的推荐短剧，循环显示 dramaList 数组的数据，预览图为 9∶16 尺寸。”

智谱清言生成以下代码：

```
    <scroll-view scroll-y style="width: 100%; height: 100vh;"bindscrolltolower="bind-
scrolltolower">
    <!--搜索框 -->
    <view class="search-container">
```

```
      <input class="search-input" placeholder="请输入剧名进行搜索" />
    </view>

    <!--轮播图 Swiper -->
    <swiper class="swiper" indicator-dots="true" autoplay="true" interval="5000" dura-
tion="500">
      <swiper-item>
        <image class="swiper-image" src="../../images/1.png" />
      </swiper-item>
      <swiper-item>
        <image class="swiper-image" src="../../images/2.png" />
      </swiper-item>
      <!--可以添加更多轮播图项 -->
    </swiper>

  <view class="grid-container">
      <view class="grid-item " wx:for="{{dramaList}}" wx:key="*this">
        <image src="{{item.preview}}" bindtap="handleImageTap"  data-micro_drama_id=
"{{item.micro_drama_id}}" mode="aspectFill" />
        <text>{{item.title}}</text>
      </view>
    </view>
  </scroll-view>
```

然后需要从数据表 micro_drama_info 中获取数据，放置到 dramaList 数组结构中。

在 AI 微短剧的首页设计中，面临的一个重要技术难点是短剧列表的数据量可能非常大。如果一次性读取所有数据，将会导致页面加载缓慢，影响用户体验。为了解决这个问题，采用了分页读取和动态加载的技术。

（1）分页读取

当用户首次进入首页时，仅读取第一页的数据，即前 10 个短剧的预览信息。这样可以确保页面能够快速加载，减少用户的等待时间，当接收到下拉消息时，再读取下一页的信息。

请大模型生成分页读取函数，提示语如下：

“请为小程序生成一个读取 micro_drama_info 表中数据的函数，每次只读取最近的一页，页的大小由 page 确定，获取的数据存储到页面变量 dramaList 中。”

大模型生成的分页函数代码如下：

```
  fetchDramaList: async function () {
    const { page, pageSize } = this.data;
    let len = this.data.dramaList.length;

    //每次获取 10 条数据，根据当前页码计算起始位置(skip 的数量)
```

```
    let query = wx.cloud.database().collection("micro_drama_info")
      .orderBy("_createTime", "desc")
      .skip(len)
      .limit(pageSize);

    await query.get()
      .then(res => {
        if (res.data.length <= 0) {
          wx.showToast({
            title:'没有更多数据了',
          });
          return;
        }
        this.setData({
          dramaList: [...this.data.dramaList, ...res.data]
        });
      })
      .catch(res => {
        console.log('请求失败', res);
      });
  },
```

这个函数很好地读取了 micro_drama_info 表的内容，并且将一页的内容放到页面变量的尾部。

（2）动态加载功能

当用户向下滚动页面并触发 bindscrolltolower 事件时，再读取下一页的数据。每次滚动只读取 10 条数据，这样可以在保证列表的完整性的同时，也保证了响应的速度。

在下拉事件函数中定义相关的事件和调用：

```
  bindscrolltolower() {
    this.fetchDramaList()
  },
```

这些代码写完后，单击微信开发者工具左上角的“可视化”按钮，可以看到图 8-1 所示的首页效果。

可以看出，这个页面已经具备了搜索、轮播和预览图列表等常用功能，当用户向下拉取时，它会刷新出新的列表，以便满足用户查看更多内容的需求。

2. 视频播放页的跳转与参数传递

（1）视频播放页跳转

当用户单击一个短剧预览图时，需要跳转到对应的视频播放页。

为此设计了一个页面，名为 videoplay。使用了 navigateTo 方法来实现页面的跳转，并附带相

● 图 8-1　微短剧平台首页

关选择项的 ID 参数，以便播放页能够检索到对应的视频。

大模型生成的代码如下：

```
handleImageTap: function(e) {
    //获取 data-micro_drama_id 属性
    var microDramaId = e.currentTarget.dataset.micro_drama_id;
    //跳转到 videoplay 页面,并传递参数
    wx.navigateTo({
      url: '/pages/videoplay/videoplay? micro_drama_id=' + microDramaId
    });
  },
```

（2）参数传递

在跳转时，将短剧的 microDramaId 作为参数传递给播放页。播放页在加载时，根据这个 ID 来检索和加载对应的视频内容。当视频页初始化时，onLoad 函数从 options 中获取传进来的 micro-

DramaId，并用它到数据库中查询相应的记录。

智谱清言的提示语如下：

“在 videoplay 页面的 onload 函数中，获取 micro_drama_id 参数，再通过这个 ID 查询 micro_drama_info 表，获得 preview_video_url 字段，将其设置为当前的页面变量 videoSrc。记得将 micro_drama_id 转为数字。”

大模型生成的代码如下：

```
    onLoad: function(options) {
      this.videoContext = wx.createVideoContext('myVideo');

      var microDramaId = Number(options.micro_drama_id); // 从调用参数中获取 micro_drama_id
      console.log('micorDramaId',microDramaId);
      //直接查询数据库
      wx.cloud.database().collection("micro_drama_info")
        .where({
          micro_drama_id:microDramaId // 查询条件
        })
        .get()
        .then(res => {
          if (res.data.length > 0) {
            var previewVideoUrl = res.data[0].preview_video_url; // 获取第一条记录的 pre-
view_video_url
            this.setData({
              videoSrc: previewVideoUrl // 设置 videoSrc
            });
          } else {
            //处理没有找到数据的情况
            console.log('没有找到对应的 micro_drama_info 记录',res);
          }
        })
        .catch(error => {
          //处理查询错误
          console.error('查询 micro_drama_info 失败', error);
        });
    },
```

由于传值过来的 micro_drama_id 是字符串，在数据表中的字段类型是 number，这里需要通过 Number 函数将字符串转为数字。

3. 视频播放页的全屏展示与浮动图标

为了提供更好的观看体验，参考流行的小视频平台，视频播放页采用直屏进行全屏展示。同时，还需要在视频上放置浮动图标，用于点赞、收藏和分享。

（1）全屏展示

使用cover-view组件来实现全屏展示，并调整图片的绝对位置，使其竖直排列。

大模型生成的WXML页面代码如下：

```
<view class="container">
  <video
    id="myVideo"
    src="{{videoSrc}}"
    autoplay
    object-fit="cover"
    style="width: 100%; height: 100vh;"
    bindplay="onVideoPlay"
    bindpause="onVideoPause"
    bindtap="onTap"
    controls="{{showControls}}"
  ></video>
  <cover-view class="cover-view" style="opacity: 0.5;">
      <cover-view class="container">
        <cover-view class="flex-wrp" style="flex-direction:column;margin-top: 20rpx; ">
          <cover-image src="{{firstIcon}}" bindtap="toggleIcon1" style="opacity: 0.8;">
</cover-image>
          <cover-image src="{{secondIcon}}" bindtap="toggleIcon2" style="opacity: 0.2;
margin-top: 50rpx;"></cover-image>
              <cover-image src="分享.png"  style="opacity: 0.5;margin-top: 50rpx;">
</cover-image>
            </cover-view>
          </cover-view>
        </cover-view>
    </view>
```

（2）浮动图标

浮动图标的设计需要考虑用户体验，既要保证功能的可用性，又不能过于遮挡视频内容，因此采用了opacity属性将透明度设置为0.5，这个数字越接近0，透明度就越好，使得图标下面的视频仍然清晰可见。具体代码如下：

```
.container {
  position: relative;
}

.cover-view {
  position: absolute;
  top: calc(50% + 150rpx);
  left: calc(50% + 280rpx);
```

```
  /* opacity: .7; */
}

.flex-wrp{
  display: flex;
  flex-direction: column; /*添加此行,使子元素垂直排列 */
  align-items: flex-end; /*添加此行,使子元素在水平方向上靠右对齐 */
  justify-content: flex-end; /*添加此行,使子元素在垂直方向上靠底对齐 */
}
```

为了防止图标被挤到视频外面，在代码中采用了 absolute 绝对位置，把顶部放在中线向下 150 像素的位置，左侧放在中心向右 280 像素的位置，最终的视频播放器样式如图 8-2 所示。打开页面就会全屏播放，右侧是浮动图标。

● 图 8-2　全屏播放微短剧

4. 视频播放页的控制条显示与隐藏

为了达到更好的观赏效果，参考抖音的设计，在视频播放页默认隐藏了工具栏。当用户触碰屏幕时，视频将切换为暂停状态，并显示工具栏。再次触碰时，视频将继续播放，并隐藏工具栏。使用 showControls 变量来控制工具栏的显示和隐藏。当 showControls 为 true 时，显示工具栏；当 showControls 为 false 时，隐藏工具栏。

大模型生成的控制条单击代码如下：

```
onTap() {
    if(this.data.isPlaying)
    {
      this.setData({ isPlaying: false });
      this.videoContext.pause(); // 如果正在播放,则暂停
      this.setData({
        showControls: true
      });
    }
    else
    {
      this.setData({ isPlaying: true });
      this.videoContext.play(); // 如果正在暂停,则播放
      this.setData({
        showControls: false
      });
    }

  },
```

通过这个修改，用户无须单击系统播放工具下方很小的按钮，只要单击视频，就能实现播放和暂停，暂停效果如图 8-3 所示，暂停后可以显示工具栏，用户能够通过这个工具栏快进或者再次播放。与上一节的界面不同的是，这个视频下方不仅显示了可拖动的工具栏，上方的标题也改成了当前剧目的名称。

这是因为在 Onload 函数中增加了以下代码，从数据表中获得剧目的标题，并设置到标题栏上。

```
//获取并设置标题
var title = res.data[0].title;
//获取第一条记录的 title 字段
//更改当前页面的标题
wx.setNavigationBarTitle({
  title: title //新的标题
});
```

● 图 8-3　暂停状态视频画面

通过以上技术难点的解决，小程序能够为用户提供一个流畅、易用的微短剧观看体验。

8.1.3 微信小程序视频存储方案

在微信小程序中播放视频，不仅涉及技术问题，更涉及运营资质问题。由于视频上传和审核都有严格的规范，特别是文娱类和教育类视频，个人运营者往往不具备相应的运营资质。

微信小程序微短剧运营资质如图 8-4 所示，微信小程序微短剧运营资质规定，必须具备专用的《广播电视节目制作经营许可证》以及《信息网络传播视听节目许可证》才可以运营这些类目。

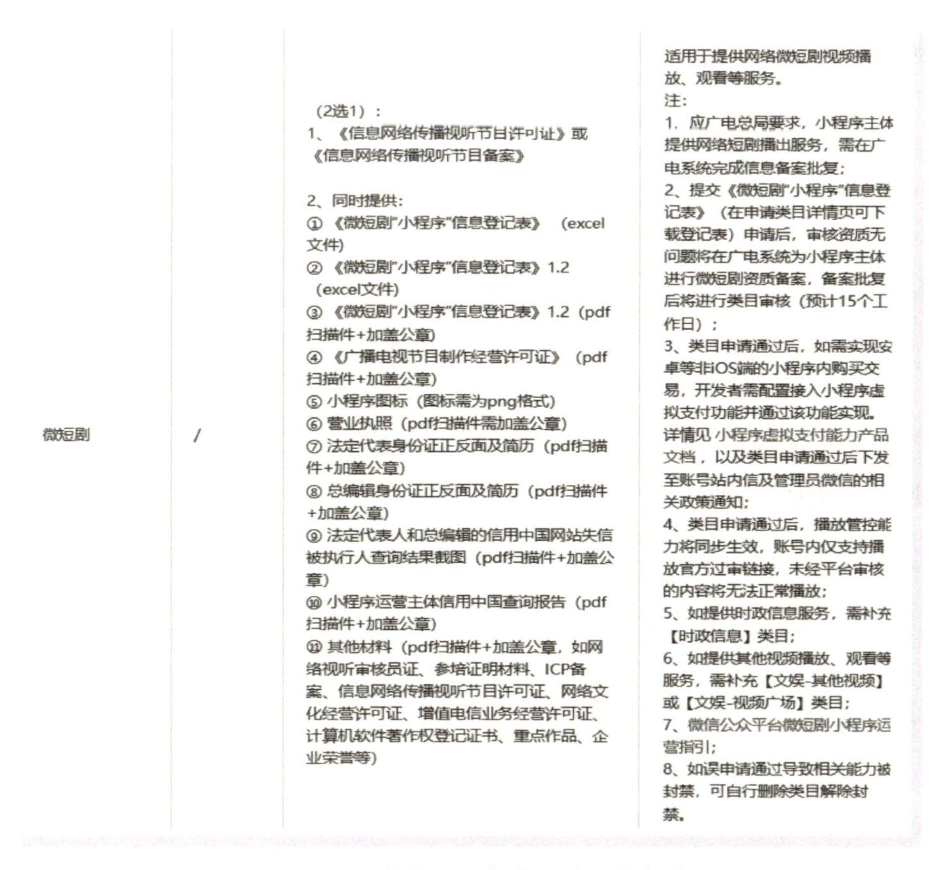

微短剧	/	（2选1）： 1、《信息网络传播视听节目许可证》或《信息网络传播视听节目备案》 2、同时提供： ① 《微短剧"小程序"信息登记表》（excel文件） ② 《微短剧"小程序"信息登记表》1.2（excel文件） ③ 《微短剧"小程序"信息登记表》1.2（pdf扫描件+加盖公章） ④ 《广播电视节目制作经营许可证》（pdf扫描件+加盖公章） ⑤ 小程序图标（图标需为png格式） ⑥ 营业执照（pdf扫描件需加盖公章） ⑦ 法定代表身份证正反面及简历（pdf扫描件+加盖公章） ⑧ 总编辑身份证正反面及简历（pdf扫描件+加盖公章） ⑨ 法定代表人和总编辑的信用中国网站失信被执行人查询结果截图（pdf扫描件+加盖公章） ⑩ 小程序运营主体信用中国查询报告（pdf扫描件+加盖公章） ⑪ 其他材料（pdf扫描件+加盖公章，如网络视听审核员证、参培证明材料、ICP备案、信息网络传播视听节目许可证、网络文化经营许可证、增值电信业务经营许可证、计算机软件著作权登记证书、重点作品、企业荣誉等）	适用于提供网络微短剧视频播放、观看等服务。 注： 1、应广电总局要求，小程序主体提供网络短剧播出服务，需在广电系统完成信息备案批复； 2、提交《微短剧"小程序"信息登记表》（在申请类目详情页可下载登记表）申请后，审核资质无问题将在广电系统为小程序主体进行微短剧资质备案，备案批复后将进行类目审核（预计15个工作日）； 3、类目申请通过后，如需实现安卓等非iOS端的小程序内购买交易，开发者需配置接入小程序虚拟支付功能并通过该功能实现。详情见 小程序虚拟支付能力产品文档，以及类目申请通过后下发至账号站内信及管理员微信的相关政策通知； 4、类目申请通过后，播放管控能力将同步生效，账号内仅支持播放官方过审链接，未经平台审核的内容将无法正常播放； 5、如提供时政信息服务，需补充【时政信息】类目； 6、如提供其他视频播放、观看等服务，需补充【文娱-其他视频】或【文娱-视频广场】类目； 7、微信公众平台微短剧小程序运营指引； 8、如误申请通过导致相关能力被封禁，可自行删除类目解除封禁。

● 图 8-4　微信小程序微短剧运营资质

那么，在这种情况下，个人运营者如何播放视频呢？可以选择做微短剧的解说，这样就不需要运营资质了。另外，为了规避资质限制，个人运营者可以采取以下几种解决方案：

1. 使用视频号视频

小程序在播放同一位运营者视频号上的视频时，通过 channel-video 组件来播放。

示例代码：

```
<channel-video feed-id="your-video-id"></channel-video>
```

（1）优点

1）视频号上传的视频都经过审核，理论上不存在合规性问题。

2）不需要额外占用小程序的云空间。

（2）缺点

channel-video 组件的灵活性不如原生视频组件，设置选项有限。

2. 使用腾讯视频制作视频自媒体内容

将视频上传到腾讯视频相关自媒体账号的内容区，然后在小程序中调用腾讯视频的内容。

示例代码：

```
<video src="https://v.qq.com/x/page/e08304qf518.html"></video>
```

（1）优点

1）腾讯视频的内容都经过了审核，解决了审核问题。

2）不需要额外占用小程序的云空间，节省了空间费用。

（2）缺点

需要额外的步骤将视频上传到腾讯视频，另外这个网页也不能插入自己的特色效果。

3. 使用第三方播放插件

视频上传到第三方库，由有运营资质的第三方进行审核。

（1）优点

解决了个人运营者没有资质的问题。

（2）缺点

1）第三方可能会插入广告，影响用户体验。

2）需要与第三方进行合作，可能涉及额外的费用和合作条款。

作为个人运营者，对于视频内容和运营要有通盘的规划。根据目标用户群体和内容类型，提前做好准备，避免小程序开发完成却无法播放视频的情况。例如，微短剧这类内容必须由具备娱乐视频经营资质的企业才能运营和使用。

在选择视频存储方案时，需要综合考虑技术实现、审核要求、用户体验和运营成本等因素，选择最适合自己小程序的方案。

8.2 大模型辅助开发电商小程序

【学习目标】

1）在移动互联网背景下，了解小程序作为电商群体私域流量运营工具的重要性。

2）掌握利用大模型技术辅助设计电商小程序的方法。

3）通过学习电商小程序的编程技巧，了解界面设计、功能实现等方面知识。

4）探讨电商小程序的扩展功能，了解如何通过小程序提升商业效率和服务体验。

随着移动互联网技术的不断发展，越来越多的企业意识到线上交易的重要性，并构建自有的电商平台。小程序作为一种轻量级的应用形式，因其便捷性和高效性，逐渐成为众多行业尤其是服务业的重要组成部分。无论是餐饮业、连锁业还是超市，都可以看到小程序的身影，它们为企业提供了一种全新的与顾客互动的方式，并有效地促进了业务的增长。

本节将重点探讨如何利用大模型技术来辅助设计专门针对餐饮行业的电商小程序。从餐饮小程序的实际应用场景出发，介绍如何运用先进的大模型技术来满足餐饮小程序的设计需求。此外，还会分享一些编程技巧，帮助开发者更好地完成小程序的功能开发，包括支付集成、订单管理等关键模块的设计。同时，本节也会介绍电商小程序的一些扩展功能，如社交分享、会员积分系统等，这些功能不仅能够增强用户黏性，还能帮助企业更好地管理客户关系。

8.2.1 大模型辅助电商小程序设计

随着移动互联网的普及与人工智能技术的不断进步，小程序成为连接线上与线下服务的重要桥梁。特别是在餐饮行业，小程序因其便捷性、低成本以及高效率等特性而备受青睐。无论是大型连锁快餐品牌还是小型独立餐馆，都在积极探索利用小程序来提升顾客体验，同时降低成本。

在餐饮小程序设计过程中，大模型可以用于理解自然语言输入的指令，自动分析并生成相应的功能模块。这种方式极大地简化了传统软件开发过程中烦琐的需求分析和文档编写环节，使得即使是非专业的开发者也能快速上手。

在餐饮小程序的设计初期，首要任务是明确小程序的核心功能。例如，在一个典型的餐饮订餐平台上，最基本的功能应该包括浏览菜单、下单支付、查看订单状态等。使用大模型技术，可以通过简单的自然语言输入来定义这些功能。

为了使大模型能够更好地理解设计意图，要精心构造输入提示语。比如以下提示语：

“希望小程序能够让顾客轻松找到他们喜欢的食物，根据口味、价格等因素进行筛选。”

“请设计一个功能，顾客可以在其中输入他们的特殊要求，比如不吃辣、少油等。”

这些提示语应当清晰地表达出客户的实际需求，以及小程序期望实现的目标功能。通过这种方式，大模型能够快速生成初步的产品规格说明，为后续的开发工作打下坚实的基础。

下面是一个生成餐饮小程序的提示语示例：

“请帮助设计一个餐饮小程序的页面，这个小程序包括菜单页，商品详情页，购物车，以及订单查看等功能，用户能够方便地选购菜品，搭配小食，并能够根据购物车收集多个订单合并付款。”

通义千问大模型生成的产品页面设计方案如下所示。

设计一个餐饮小程序页面时，需要考虑用户体验（UX）和用户界面（UI）的最佳实践，以确保用户能够方便快捷地完成订餐流程。下面是一个基本的页面设计方案，涵盖菜单页、商品详情页、购物车以及订单查看等功能。

1. 菜单页（Menu Page）

设计要点：

导航栏：顶部固定导航栏应包含小程序的logo、搜索框以及购物车图标。单击购物车图标可以快速跳转至购物车页面。

分类标签：提供不同的菜品分类标签，如“主菜”“小吃”“饮料”等，以便用户快速定位所需菜品类型。

菜品展示：每个分类下展示对应的菜品列表，每道菜品都应有清晰的图片、名称、价格、简短描述和营养信息（可选）。可以使用网格布局来提高视觉效果。

排序与筛选：允许用户根据价格、热度、新品等维度进行排序，同时提供筛选功能，如素食、无糖等选项。

加入购物车按钮：每个菜品下方都有一个“加入购物车”按钮，用户可以直接添加到购物车。

2. 商品详情页（Product Detail Page）

设计要点：

详细信息：展示菜品的高清图片、详细介绍、成分列表、烹饪方式等信息。

评论区：展示其他用户的评价，增加信任度。

推荐搭配：推荐与当前菜品相匹配的小食或饮品，鼓励用户增加订单金额。

立即购买/加入购物车按钮：方便用户直接购买或加入购物车。

3. 购物车（Shopping Cart）

设计要点：

清单展示：列出购物车内的所有菜品，包括图片、数量、单价和总价。

修改数量：用户可以调整菜品的数量。

删除选项：每个菜品旁边都有一个删除图标，方便移除不需要的菜品。

优惠券选择：如果有可用的优惠券，提供一个选择优惠券的区域。

结算按钮：页面底部有一个显眼的结算按钮，引导用户进入下一步操作。

4. 订单查看（Order Review）

设计要点：

订单确认：显示最终的订单详情，包括菜品清单、总价、优惠信息等。

收货信息：填写或选择收货地址、联系方式等信息。

支付方式：提供多种支付方式供用户选择，如微信支付、支付宝等。

提交订单按钮：确认无误后，用户单击此按钮完成订单提交。

5. 订单跟踪（Order Tracking）

设计要点：

订单状态：显示订单的当前状态，如“已接单”“正在准备”“配送中”“已完成”。

预计送达时间：给出大概的送达时间，提升用户体验。

联系客服：提供客服联系方式，便于解决可能出现的问题。

通过以上设计，用户可以流畅地浏览菜品、选择菜品、查看购物车并完成支付，整个过程简单明了，易于操作。此外，考虑到移动设备的屏幕尺寸，页面布局应该简洁且易于触控操作。

可以看到大模型非常用心地设计了交互页和功能页，还能够协助设计者想到很多细节，充分考虑了用户的需求。接下来，将使用大模型生成相关的数据库表格。

在餐饮小程序中，商品列表和订单列表是最核心的部分。商品列表需要展示所有可售的菜品及其相关信息，如图片、价格、简介等；而订单列表则记录了所有已完成或正在进行中的订单详情。这两个列表的设计直接关系到用户的操作便利性和商家的管理效率。

借助大模型生成数据表，只需要详细描述设计目标。提示语如下：

“请为餐饮小程序生成数据表，它主要包括商品表和订单表，字段采取微信小程序数据库的 MongoDB 格式，其中商品表应包括商品分类、商品名称、商品详情、商品图以及价格等内容，订单表包括订单号、订单桌号、订单相关菜品和份数、订单金额、订单状态等子项。再生成一个订单菜项表，记录每个订单和菜品份数的关联信息。”

通义千问生成的数据表和代码如下：

明白了，为了更清晰地管理订单中的商品信息，可以添加一个表来专门记录订单中的商品详情。这将使得数据模型更加模块化，同时也方便查询和维护。以下是调整后的数据模型：

商品表（Goods Collection）用于存储所有可售商品的信息。

```
{
  "_id": "ObjectId('64a8f3b83e2d3a3a3a3a3a3a')",
  "category": "主菜",
  "name": "宫保鸡丁",
  "description": "传统川菜,鸡肉嫩滑,口感酸甜。",
  "image": "https://example.com/images/gongbaojiding.jpg",
  "price": 35.00
}
```

订单表（Orders Collection）仅包含订单的基本信息，不再直接存储商品详情。

```
{
  "_id": "ObjectId('64a8f3b83e2d3a3a3a3a3a3b')",
  "orderNumber": "ORDER123456",
  "tableNumber": "A01",
  "totalAmount": 95.00,
  "status": "已支付"
}
```

订单菜单项表（OrderItems Collection）用于关联订单和商品，记录每个订单中的具体商品及其数量。

```
{
  "_id": "ObjectId('64a8f3b83e2d3a3a3a3a3a3c')",
  "orderId": "ObjectId('64a8f3b83e2d3a3a3a3a3a3b')", // 订单表中的_id
  "itemId": "ObjectId('64a8f3b83e2d3a3a3a3a3a3a')", // 商品表中的_id
  "quantity": 2
}
```

这样的设计使得订单和商品之间的关系更加明确，也方便了对订单详情的查询。

通过这样的提示，大模型能够在短时间内生成符合要求的数据库结构，甚至直接生成相关的后端逻辑代码。可以直接在微信开发者工具中，把代码文件导入到数据表格中。也可以在CMS 数据管理工具中，快速创建相关的数据表格，如图 8-5 所示。

通过上述步骤，可以看到大模型技术在设计餐饮小程序时的巨大潜力。它不仅简化了需求分析的过程，还能够自动生成初步的产品规格说明甚至数据库设计方案，大大提高了开发效率。

对于那些希望快速推向市场、抢占先机的餐饮企业来说，利用大模型来设计小程序无疑是一个极具吸引力的选择。在未来，随着技术的不断成熟，相信大模型将在更多领域展现出其独特的价值。

• 图 8-5　CMS 创建菜单数据表

8.2.2　电商小程序编程技巧

在开发一个餐饮小程序时，菜单列表和购物车的设计至关重要，直接影响到用户的使用体验。以下是一些关键的开发技巧，帮助读者更好地实现这两个功能。

1. 菜单列表的开发技巧

菜单列表通常分为两个主要部分：菜类列表栏和菜品列表栏。为了提供更好的用户体验，这两部分通常在一个区域内并排显示，如图 8-6 所示，左侧是菜单分类，右侧是某个分类下的菜品。

这种设计使得用户能够快速切换不同的菜品分类，并及时查看相应分类下的菜品详情。并排滚动框的设计要点如下：

1）并排布局：使用 Flexbox 或 Grid 布局来实现左右并排的效果。左侧为菜类列表，右侧为对应的菜品列表。

2）动态更新：当用户单击左侧的某个分类时，右侧的菜品列表应该立即更新为该分类下的菜品。可以通过监听事件来实现这一功能。

3）响应式设计：确保在不同设备上都能良好显示，尤其是在屏幕较小的移动设备上。

4）数据绑定：使用框架提供的数据绑定功能，实时同步分类选择与菜品列表的变化。

5）事件监听：为分类列表中的每个元素添加单击事件监听器，当用户选择新的分类时，触发事件来更新菜品列表。

下面是用于生成分类列表和菜单窗口页面及代码的提示语：

“请在页面上生成两个并排列表，一个靠左，占四分之一的页面宽度，显示菜单分类的图片和类名，一个靠右，显示餐名、大图、以及价格，可以单击进行分类选择。”

采用智谱清言的小程序智能体，其生成的代码和说明如下：

● 图 8-6　餐饮小程序菜单

根据您的要求，我将设计一个页面的布局，其中包含两个并排的列表：

一个靠左显示菜单分类的图片和类名，另一个靠右显示餐名、大图以及价格，并允许单击进行选餐。

以下是相应的 WXML 代码示例：

```
<!-- index.wxml -->
<view class="container">
  <!--分类列表 -->
  <view class="category-list">
    <block wx:for="{{categories}}" wx:key="unique">
      <view class="category-item">
        <image class="category-image" src="{{item.imageUrl}}" mode="aspectFill" />
        <text class="category-name">{{item.name}}</text>
      </view>
    </block>
  </view>

  <!--餐品列表 -->
  <view class="item-list">
    <block wx:for="{{items}}" wx:key="unique">
```

```
      <view class="item-item">
        <image class="item-image" src="{{item.imageUrl}}" mode="aspectFill" />
        <text class="item-name">{{item.name}}</text>
        <text class="item-price">¥{{item.price}}</text>
      </view>
    </block>
  </view></view>
```

相应的WXSS样式示例：

```
/* index.wxss */
.container {
  display: flex;
  flex-direction: row;
}
.category-list {
  width: 25%;
  background-color: #f3f3f3;
}
.category-item {
  padding: 10px;
  border-bottom: 1px solid #ddd;
}
.category-image {
  width: 100px;
  height: 100px;
}
.category-name {
  font-size: 16px;
  margin-top: 10px;
}
.item-list {
  width: 75%;
  padding: 10px;
}
.item-item {
  display: flex;
  flex-direction: column;
  margin-bottom: 10px;
}
.item-image {
  width: 100%;
  height: 200px;
}
```

```
.item-name {
  font-size: 16px;
  margin-top: 10px;
}
.item-price {
  color: #e64340;
  font-size: 14px;
  margin-top: 5px;
}
```

在这个示例中，categories 和 items 是需要定义的数据数组，分别包含菜单分类信息和餐品信息。每个分类项包含一个图片和类名，而每个餐品项包含一个图片、餐名和价格。

2. 菜品列表的优化

在开发餐饮小程序时，为了提供更流畅的用户体验，需要优化从数据库获取菜品列表的过程。特别是当用户选择某个类别时，需要从数据库中获取该类别的所有菜品，并将云 ID 转换为临时图片 URL，而这个转换的工作需要消耗很长时间。如果按顺序处理每个菜品图片的 URL 转换，将会显著增加等待时间，影响用户体验。因此，采用 Promise 并发处理的方式，同时转换一个类别中多张图片的 URL 地址，来加快图片加载速度。

以下是一个详细的示例，展示了如何使用 Promise 并发处理图片 URL 转换，并更新数据以快速展示商品列表。

发给腾讯元宝大模型的提示语如下：

“请修改这个转换文件的函数 convertCloudIdToImageId，将之修改成并行转换多个图片的 url 地址。函数代码如下。

```
async convertCloudIdToImageId(dataArray) {
  for (let item ofdataArray) {
    if (item.imageUrl && item.imageUrl.startsWith('cloud://')) {
      try {
        const imageId = await this.getTempFileURL(item.imageUrl);
        item.imageUrl = imageId; // 更新为图片 ID
      } catch (error) {
        console.error('获取图片 ID 失败:', error);
      }
    }
  }
  this.setData({ items: dataArray}); // 更新数据
  return 0;
},
```

元宝大模型给出的响应如下：

“根据之前的讨论，可以将 convertCloudIdToImageId 函数优化为并行处理图片 URL，并且使用 Promise.allSettled 来处理所有的异步操作。下面是优化后的函数：

```
// 将云 ID 转换为图片 ID 的方法
async convertCloudIdToImageId(dataArray) {
  // 使用 map 方法创建一个新的 Promise 数组,每个 Promise 都尝试获取图片的临时文件 URL
  const promises =dataArray.map(async (item) => {
    if (item.imageUrl && item.imageUrl.startsWith('cloud://')) {
      try {
        const imageId = await this.getTempFileURL(item.imageUrl);
        return { ...item, imageUrl: imageId }; // 返回更新后的对象
      } catch (error) {
        console.error('获取图片 ID 失败:', error);
        return item; // 即使出错也返回原始对象,以便后续处理
      }
    }
    return item; // 如果 imageUrl 不符合条件,直接返回原始对象
  });

  // 使用 Promise.allSettled 等待所有 Promise 完成
  const results = await Promise.allSettled(promises);

  // 将结果映射回 dataArray 的格式
  const updatedDataArray = results.map(result => result.status === 'fulfilled' ? re-
sult.value : result.reason);

  // 更新数据
  this.setData({ items: updatedDataArray });

  return 0;
},
```

请注意，这段代码假设 this.setData 是小程序框架中的一个方法，用于更新页面数据。如果小程序框架不是微信小程序或者该方法名称不同，请相应地修改。

此外，如果环境中没有 Promise.allSettled，可能需要引入一个 polyfill，或者使用 Promise.all 结合 .catch 来处理每个 Promise 的错误。

最后，如果小程序对性能有特别高的要求，还可以考虑使用 Web Worker 在后台线程中处理这些操作，以避免阻塞主线程。

这次大模型的响应很快，直接将优化后的函数复制到 JS 文件中替换原来的函数，没有出现任何错误，加载菜单速度显著加快。

这个案例也说明了，只要用户的逻辑和目标没有歧义，通过大模型很容易得到正确的结果。因为提供了现有的函数作为参考，所以小程序的理解和生成都非常有效率。

3. 如何在菜单页显示购物车

在餐饮小程序中，设计一个浮动的购物车可以显著提升用户体验，使用户能够随时查看和管理购物车中的商品。

为了让购物车始终浮现在画面前方，如图 8-7 所示下方是购物车，需要使用布局定位的技巧，这涉及小程序组件的显示位置和层次关系。

● 图 8-7　浮动购物车工具栏

（1）固定位置（Fixed Positioning）

固定位置布局是指将元素相对于浏览器窗口固定在特定的位置，不随页面滚动而移动。在小程序中，可以使用 fixed 定位来实现这一效果。例如，一个固定在页面底部的购物车图标，可以始终显示在屏幕上，方便用户操作。

（2）相对位置（Relative Positioning）

相对位置布局是指将元素相对于其正常位置进行偏移。在小程序中，可以使用 relative 定位来实现。当元素设置相对定位后，可以通过 top、right、bottom 和 left 属性来设置其偏移量。相对定位的元素仍然占据文档流中的原始位置。

（3）z-index 概念

z-index 属性用于控制元素的垂直堆叠顺序，即元素之间的层次关系。z-index 值越大，元素越靠近用户。即显示在越上层。这个属性仅在定位元素（如 position：absolute；、position：relative；

或 position：fixed；）上有效。

购物车功能通常需要结合固定位置和 z-index 来实现。例如，购物车图标可以设置为固定在屏幕的某个角落，使用 fixed 定位。当用户单击购物车图标时，可以弹出一个购物车详情面板，这个面板可以通过设置一个较高的 z-index 值来确保它显示在其他元素的上方。

输入元宝大模型的提示语如下：

“在页面下方放一个浮动工具栏，左边显示一个购物车图标，中间是已选购的商品数量，右边显示去结算圆弧按钮。”

“再加一个功能，在单击购物车图标时，浮起一个购物车的餐品详情，在背景页的上方，购物车的下方，最上面是标题：餐品详情，标题右侧是清空购物车按钮，下方是餐品列表，每一行分别是餐品图片、名称、价格、数量。”

这里输入了两次提示语生成购物车的代码，因为大模型目前的理解能力有限，范围越小结果越精确，所以用两条提示语来减少干扰，以便生成更合适的代码。

元宝大模型的响应和部分代码如下：

根据您的需求，我将提供一个浮动工具栏的示例代码，其中包含购物车图标、已选购的商品数量和去结算按钮。首先，在页面的 WXML 文件中添加浮动工具栏的结构：

```
<view class="container">
<! -- 其他页面内容 -->
  <view class="floating-toolbar">
    <view class="cart-icon" bindtap="showCartDetails">
      <image src="/path/to/cart-icon.png" mode="aspectFit"></image>
      <text class="cart-count">{{cartCount}}</text>
    </view>
    <button class="checkout-button" bindtap="goToCheckout">去结算</button>
  </view>
  <! -- 购物车详情面板 -->
  <view wx:if="{{showCartDetailsPanel}}" class="cart-details-panel">
    <view class="cart-details-header">
      <text class="title">餐品详情</text>
      <button bindtap="clearCart">清空购物车</button>
    </view>
    <view class="cart-items">
    <! -- 这里将动态生成购物车中的餐品列表 -->
    </view>
  </view>
</view>
```

在 WXSS 文件中添加相应的样式：

```
.floating-toolbar {
  display: flex;
  justify-content: space-between;
  align-items: center;
}
```

在 index.js 中，需要添加一个计算属性 cartCount 来显示购物车中的商品数量，并且为 check-out-button 添加单击事件处理函数。为了实现单击购物车图标时弹出一个购物车的餐品详情，我们需要创建一个新的组件来显示购物车详情。这个组件将包含标题、清空购物车按钮和餐品列表。以下是实现这一功能的步骤：

1）创建一个新的组件 cart-detail。

2）在 WXML 中引入 cart-detail 组件，并为其绑定显示/隐藏的状态。

3）在 JS 中添加处理购物车详情显示/隐藏的逻辑。

4）在 cart-detail.wxml 中编写购物车详情的布局。

5）在 cart-detail.wxss 中编写购物车详情的样式。

以下是具体的代码示例：

```
<!--购物车详情 -->
<view class="cart-detail" wx:if="{{showCartDetail}}">
  <view class="cart-detail-header">
    <text class="cart-detail-title">餐品详情</text>
    <button class="clear-cart-button"bindtap="clearCart">清空购物车</button>
  </view>
  <scroll-view scroll-y class="cart-detail-list">
    <block wx:for="{{cartList}}" wx:key="unique">
      <view class="cart-item">
        <image class="cart-item-image" src="{{item.imageUrl}}" mode="aspectFill" />
        <view class="cart-item-info">
          <text class="cart-item-name">{{item.itemName}}</text>
          <text class="cart-item-price">¥{{item.price}}</text>
          <text class="cart-item-quantity">数量：{{item.quantity}}</text>
        </view>
      </view>
    </block>
  </scroll-view>
</view>
```

购物车详情页的 z-index 值是 1000，介于菜单页和购物车工具栏之间，样式代码如下：

```
/* cart-detail.wxss */
.cart-detail {
  position: fixed;
```

```
  bottom: 0; /*修改为固定在底部 */
  left: 0;
  right: 0;
  z-index: 1000; /*确保购物车详情在其他内容之上 */
  background-color:rgba(255, 255, 255, 0.9); /* 不透明白色背景 */
  padding: 10px;
  border-top-left-radius: 10px; /*可选:添加圆角 */
  border-top-right-radius: 10px; /*可选:添加圆角 */
}
```

下面是增加购物车菜品和清空购物车的代码，当用户单击购物车图标时就会显示/隐藏购物车详情页，如图 8-8 所示。

● 图 8-8　购物车详情显示

```
// 添加商品到购物车
clearCart:function(){
  this.setData({
    cartList: [], // 重置购物车数组为空数组
    cartCount:0
  });
},
```

```
addToCart: function (event) {
  const itemId = event.currentTarget.dataset.id;
  console.log("get item:",itemId)
  //查找购物车中是否存在该商品
  const cartItem = this.data.cartList.find(i => i.itemId === itemId);

  if (cartItem) {
    //如果商品已存在,增加 count
    this.setData({
      cartList: this.data.cartList.map(i => {
        if (i.itemId === itemId) {
          return { ...i, count: i.count + 1 };
        }
        return i;
      }),
      cartCount: this.data.cartCount+1
    });
  } else {
    //如果商品不存在,添加新商品并设置 count 为 1
    const item = this.data.items.find(i => i.itemId === itemId);
    if (item) {
      this.setData({
        cartList: [...this.data.cartList, {
          itemId: item.itemId,
          price: item.price,
          itemName: item.itemName,
          imageUrl: item.imageUrl,
          count: 1
        }],
        cartCount: this.data.cartCount+1
      });
    }
    cartCount: this.data.cartList.length + 1
  }
},
```

此外，购物车功能还涉及数据存储和状态管理。在小程序中，可以使用页面变量来保存购物车中的商品信息。当用户添加或删除商品时，更新页面变量数据，并相应地更新购物车图标上的商品数量提示。

通过合理使用固定位置、相对位置和 z-index 属性，结合数据存储和状态管理，可以实现一个功能完善的购物车。

8.2.3 电商小程序的扩展功能

电商小程序的成功不仅仅依赖于其基本功能，如商品展示和购物车管理，还在于其扩展功能的丰富性和用户体验的提升。支付功能和会员积分是电商小程序中重要的扩展功能。

1. 支付功能

支付功能是电商小程序的核心。用户在选购商品后，需要通过支付功能完成交易。小程序支付通常集成微信支付等第三方支付平台，提供安全、便捷的支付体验。支付功能的实现需要开发者对接支付接口，处理支付回调，并确保交易的安全性。

小程序支付有两种方式，一种是绑定商户号直接支付，另一种是服务商对接商户获得支付授权。

（1）绑定商户号直接支付

如果小程序本身已经具备相应的支付资质，可以根据工作流程直接接入支付系统。在这种情况下，支付时会直接转到与支付系统相关的页面，用户可以通过微信账户完成支付。这种方式要求小程序已经开通了微信支付功能，并且绑定了商户号。

（2）服务商对接商户获得支付授权

获得商户授权后需要合作方的相关支付资质和支付账户。这种方式下，支付款项会直接流入商户的账户。这通常涉及更复杂的流程，包括商户授权、证书管理、支付接口的调用等。

此外微信云开发还提供了一种简单高效的支付实现方式——云开发便捷通道，它也属于通过服务商支付，只要开发者具备相应类目支付资质即可调用。开发者无须关心证书、签名等复杂细节，只需调用相应的函数即可实现支付功能。这种方式基于微信私有协议实现，官方通过服务商提供支付接口对接支持，降低了敏感信息泄露的风险。

但开发者也必须具备相应类目的支付资质，并且有些类目不支持云调用方式。云开发流程通常包括以下几个步骤：

1）小程序端调用云函数。

2）云函数中调用统一下单接口，并传入支付结果回调的云函数名和云环境 ID。

3）统一下单接口返回的支付信息中包含小程序端发起支付所需的所有信息。

4）小程序端使用这些信息调用 wx.requestPayment 发起支付。

5）支付完成后，云函数收到支付结果通知。

2. 会员积分系统

用户在购买商品、参与活动或完成特定任务后可以获得积分，这些积分可以用于兑换商品、优惠券或享受其他特权。实现会员积分系统需要跟踪用户的积分变动，并提供积分查询和兑换的界面。

会员积分系统的核心逻辑是通过积分奖励机制来提高用户的黏性和购买意愿。以下是该系统的几个关键方面：

1）积分获取途径：用户可以通过注册账户、完成订单、参加平台活动、对商品进行评价等多种方式获得积分。

2）积分使用方式：用户可以将积分用于兑换商品、优惠券或参与特定促销活动。

3）积分管理与查看：用户可以随时查看自己的积分余额以及积分的获取和使用记录。

4）积分有效期：积分通常有一定的有效期，超过这个期限未使用的积分会被清除。

5）积分等级制度：根据用户积分的累积情况，可以晋升到不同的等级，每个等级都有相应的优惠和特权。

在设计电商平台的会员积分系统时，需要综合考虑用户体验、系统性能和商业目标。以下是一些重要的设计要素：

1）用户界面设计：会员积分系统应具备直观且易于操作的用户界面，使用户能够方便地查看积分余额、获取和使用积分。

2）数据存储与管理：积分数据需要被安全地存储，并且能够迅速地进行查询和更新。常用的数据库管理系统包括 MySQL 和 MongoDB。

3）积分计算准确性：积分的获取和使用逻辑必须精确无误，以确保积分的准确性和一致性。

4）安全性与防作弊：系统应采取必要的安全措施，以防止恶意刷积分等不正当行为。

5）积分兑换策略：设计合理的积分兑换策略，如确定积分兑换比例和可兑换的商品种类，以刺激用户消费。

6）数据分析与使用：通过对积分数据的分析，可以深入了解用户的行为和偏好，从而为制定营销策略提供有力的支持。

由于积分系统的管理比较复杂，采用现有的 CMS 后台管理工具较难完成，这时就可以依托腾讯的模板库，创建新的后台管理页面。数据库也可以选择功能更为强大的 MySQL 来实现，以便完成对大数据的高效处理。

8.3 大模型辅助开发 AIGC 工具小程序

【学习目标】

1）了解 AIGC 工具小程序的市场需求和种类。

2）掌握构建基于大模型的对话客服机器人的基本流程和技术要点。

3）探索AI绘图的基本原理及其在小程序中的实现方法。

4）学会设置文件存储权限，确保用户数据的安全性和合规性。

随着人工智能技术的飞速发展，尤其是大模型技术的成熟，AIGC工具小程序已经成为连接人与数字世界的重要桥梁。这些小程序不仅能够提供丰富多样的功能，如情感对话和AI绘画等，还能极大地提升用户体验，满足个性化需求。

本节将深入介绍如何利用大模型技术开发AIGC工具小程序。学习如何搭建一个基本的情感对话客服机器人，并介绍其背后的技术栈；探讨AI绘图的一些实用技巧，以及如何将其集成到小程序中；讨论在图片相关的开发过程中不可或缺的一个环节——文件存储权限的设置，以确保应用程序的稳定运行和数据安全。

8.3.1 AIGC工具小程序市场分析

随着AIGC（AI Generated Content）技术的迅猛发展，越来越多的AIGC工具小程序迅速涌入市场，成为数字化时代的一大亮点。这些工具涵盖了多种类型的应用，包括对话类、绘图类、视频类以及音乐类等。人们借助于这些强大的AI助手，不仅创造出丰富多彩的内容，而且极大地丰富了整个社会的信息容量和文化多样性。

在微信小程序平台上，AIGC技术的应用呈现出多样化的趋势，涵盖领域从日常娱乐到专业创作。以下是几种有代表性的AIGC应用及其特点：

1）对话类小程序：这类小程序通常内置了基于大模型的情感对话客服机器人，能够模拟人类语言进行自然流畅的交流。用户可以通过与这些虚拟助手互动来获取信息、解决问题或仅仅是消遣娱乐。其特点是高度拟人化且能根据用户的反馈自我进化，提高服务质量。

2）AI绘图类小程序：随着AI绘图技术的发展，许多小程序提供了简单易用的绘图工具，允许用户上传照片或输入文本生成艺术风格的图画。图8-9就是一个AI绘图工具的界面。这类应用往往集成了神经网络算法，能够快速生成高质量的艺术作品，适合那些希望轻松创作个性化内容的人群。

3）视频编辑类小程序：利用AI技术，这类小程序能够帮助用户自动剪辑视频、添加特效或调整色彩，使得视频制作变得更加简便快捷。这类应用的特点在于能够智能识别视频内容

图8-9 AI绘图工具小程序

并进行优化处理，使最终成品更具观赏性。

4）音乐创作类小程序：对于音乐爱好者来说，这类小程序提供了基于 AI 的音乐创作平台，用户可以利用预设的旋律模板或通过简单的操作生成独特的音乐作品。这种应用的优势在于降低了音乐创作的门槛，让更多人有机会体验创作的乐趣。

5）内容创作类小程序：这类小程序专注于内容的自动生成或编辑，如文章撰写、诗歌创作等。这些应用通常具备智能推荐功能，可以根据用户的需求快速生成符合预期的文章段落或完整作品。

微信小程序上的 AIGC 应用不仅丰富了用户的生活方式，也为开发者提供了广阔的创新空间。通过结合先进的 AI 技术，这些小程序正在重新定义人机交互的方式，推动内容生产的边界不断拓展

8.3.2 AIGC 对话客服机器人编程技巧

开发一个基于大模型的 AIGC 对话客服机器人时，首先需要构建一个直观易用的对话界面。

最快的设计方法是通过微信搜索，找到类似的设计，截取一个符合预期的界面，并将其发送给智谱清言进行辅助设计，提示语如下：

“小程序，请参考这个截图编程一个页面，上方是承载内容的文档区域，下方是一个输入框和按钮，用于和 AI 对话。另外，为了使显示更合理，请调整这个对话框，使用户输入的内容靠右显示，并设置为显眼的绿色底色。”

根据提示语，智谱清言大模型生成的代码如下：

WXML 文件：

```
<view class="container">
  <!-- ...其他内容 ...-->

  <view class="options">
    <view class="option" wx:for="{{chatHistory}}" wx:key="unique">
      <text class="option-label">{{item}}</text>
    </view>
  </view>

  <view class="input-section">
    <input style="width: 506rpx; display: block; box-sizing: border-box" class="input-box" placeholder="输入你的问题" bindinput="onInput" />
    <button class="send-btn" style="width: 124rpx; display: block; box-sizing: border-box; left: 0rpx; top: 0rpx" bindtap="onSend">
```

```
      <image style="width: 102rpx; display: inline-block; box-sizing: border-box" src
="/images/icon-paper-plane.png" class="send-icon" />
    </button>
  </view>
</view>
```

JS 文件：

```
Page({
  data: {
    inputValue: '',
    chatHistory: []
  },
  onInput: function(e) {
    this.setData({
      inputValue: e.detail.value
    });
  },
onSend: function() {
    const inputValue = this.data.inputValue;
    if (inputValue.trim() !== '') {
      this.setData({
        chatHistory: [...this.data.chatHistory, inputValue],
        inputValue: ''
      });
      wx.cloud.callFunction({
        name:'d_getchat',
        data: {
          input:inputValue
        },
        success: res => {
          this.setData({
            chatHistory: [...this.data.chatHistory, res.result]
          });
        },
        fail: error => {
          console.error('云函数调用失败', error);
        }
      });
    }
  }
});
```

在这个示例中，定义了一个名为 chatHistory 的数组来存储聊天历史，并在 options 视图中使用 wx:for 指令来循环显示聊天历史。在 input-section 中，添加了 bindinput 和 bindtap 事件来处理用户输入和按钮单击操作。

在 onSend 函数中，首先检查输入值是否为空，如果不为空，将输入值添加到 chatHistory 数组中，并清空输入框。然后，调用云函数 d_getchat，并将输入值作为参数传递。在云函数调用成功后，我们将返回的响应也添加到 chatHistory 数组中。

页面搭建完成后，接下来的任务是实现云端的对话处理逻辑。此次，选择使用在线的通义千问 7B 对话 API 作为对话小程序的算法支持。

为了指导大模型如何编写与 API 交互的云函数，从平台的文档中找到了一个 API 调用的例子，并请大模型按照这个内容生成相应的对话 API。云函数的主要功能包括接收前端传来的用户问题，并向后端 API 发起请求，然后将 AI 的响应结果返回给前端。

提示语内容如下：

“请设计一个名为 d_getchat 的云函数，根据输入 inputValue，获得 AI 对话的返回结果，相关的 API 调用请参考下面的内容（省略复制的示例代码内容），请注意，不要遗漏任何参数，尤其是 Header 参数。”

因为大模型偶尔会丢参数，所以提醒它不要漏掉参数，大模型生成的云函数代码如下：

```
//云函数入口文件
const cloud = require('wx-server-sdk')
const axios = require('axios')

cloud.init()

//云函数入口函数
exports.main =async (event, context) => {
  const {inputValue } = event;

  // AI 对话 API 的 URL
  const apiUrl = 'https://api.siliconflow.cn/v1/chat/completions';

  // API 请求的 Headers
  const headers = {
    'accept':'application/json',
    'authorization':'XXX', // 请替换为您的实际 API Key
    'content-type':'application/json'
  };

  // API 请求的 Data
  const data = {
```

```
      "model": "Qwen/Qwen2-72B-Instruct",
      "messages": [
        {
          "role": "user",
          "content":inputValue
        }
      ],
      "stream": false,
      "max_tokens": 512,
      "temperature": 0.7,
      "top_p": 0.7,
      "top_k": 50,
      "frequency_penalty": 0.5,
      "n": 1
    };

    try {
      // 发起 API 请求
      const response = await axios.post(apiUrl, data, { headers });

      // 返回 API 的响应数据
      return response.data;
    } catch (error) {
      // 错误处理
      console.error('AI 对话 API 调用失败', error);
      return { error: 'AI 对话 API 调用失败' };
    }
  }
```

需要注意的是，在配置云函数时，应当将默认的执行超时时间从 3s 调整为 30s。这是因为 AI 对话生成的响应时间较长，如果超时时间设置得太短，可能会导致请求失败。

超时时间设置的位置在云开发控制台，如图 8-10 所示，进入云函数的高级配置属性，找到“超时时间”，把超时时间设置为 30s。云函数创建成功之后上传，可以先在云端进行调试，输入对话内容，测试对话输出是否有异常。

● 图 8-10 “超时时间”配置

调试方法包括本地调试和云端测试，云端调试可以打印日志，本地调试需要配置好相应的库，查看每一步调试结果和变量。

在前端页面中调用编写好的云函数，大模型生成调用代码如下：

```
onSend: function() {
const inputValue = this.data.inputValue;
if (inputValue.trim() !== '') {
  const newChatHistory = [...this.data.chatHistory, { text: inputValue, isUser: true }];
    this.setData({
      chatHistory: newChatHistory,
      inputValue: ''
    });
    console.log("继续提问",inputValue)
    this.scrollToBottom();
    wx.cloud.callFunction({
      name:'d_getchat',
      data: {
        "inputValue": inputValue
      },
      success: res => {
        console.log("云函数响应结果 :",res)

        const getChatHistory = [...this.data.chatHistory, { text: res.result.assistantContent, isUser: false }];
        this.setData({
          chatHistory: getChatHistory
        });
        this.scrollToBottom();
      },
      fail: error => {
        console.error('云函数调用失败', error);
      }
    });
  }
},
```

如图 8-11 所示，用户每次输入，都能收到大模型给出的对话回复，如同和真人对话一样。

在 chatHistory 更新后，都会有一个 scrollToBottom( ) 的操作，这是为了触发滚屏事件，以便让最新的数据显示到屏幕上，否则最新的数据就会被隐藏。

滚屏事件的处理代码如下：

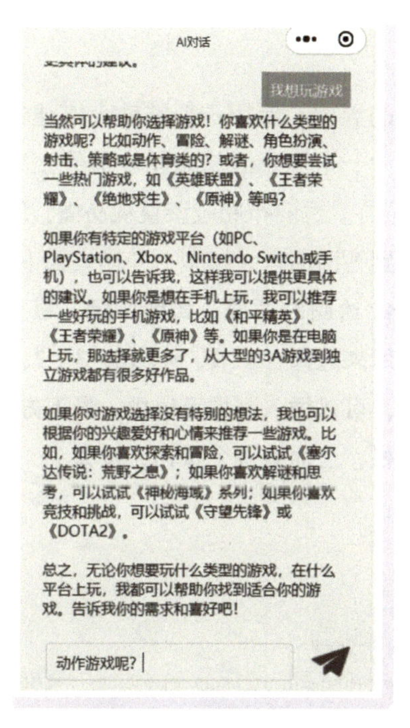

● 图 8-11　AI 对话框

```
scrollToBottom() {
    wx.createSelectorQuery().select('.options').boundingClientRect((rect) => {
      if (rect) {
        wx.pageScrollTo({
          scrollTop: rect.height,
          duration: 300
        });
      }
    }).exec();
  },
```

通过对云函数的调用，每次小程序获得 AI 的最新回应就会触发滚屏动作 wx.pageScrollTo，将最新的内容滚到当前窗口，以便让用户看到最新的回复结果。

在这一过程中，还需要确保正确配置云函数的域名以及响应数据的位置。经过简单的调试，大模型成功地实现了从前端到后端再到 AI 服务的完整对话流程。

8.3.3　AIGC 绘图工具编程技巧

在实现基于 AI 的绘图应用时，可以借鉴对话客服机器人的开发思路，先构建前端界面，然后设计后端云函数来处理逻辑运算。具体来说，该流程涉及以下几个关键方面。

1. 实现 AIGC 绘图页面

首先需要构建一个用户友好的界面，使用户能够输入描述性的文本或关键词，并选择生成图像的分辨率。此外，还需要设计一个展示区域来呈现最终生成的图像，以及相应的操作按钮（如“生成图片”和“保存图片”）。页面布局应该直观易懂，确保用户能够轻松地与之交互。

找一个类似的竞品页面上传到智谱清言大模型，并输入如下提示语：

“小程序编程，帮我做一个 AI 绘画的页面，如图所示，最上方是多行输入框，提示请输入关键字，接下来是一排可选项，用来选择：1∶1、9∶16、3∶2、3∶4、16∶9、1∶2，这些比例只能选一项。然后是一排关键字，可以插入到提示语中，最下方是一个图片框，用于显示生成的图片。然后屏幕下方是悬浮工具栏，上面有两个按钮，按钮 1：生成图片，按钮 2：下载图片。”

大模型给出的页面逻辑如下：

WXML 页面结构：

```
<view class="container">
  <view class="input-section">
    <textarea class="keyword-input" placeholder="请输入关键字" />
  </view>

  <view class="ratio-section">
    <view class="ratio-option" wx:for="{{ratios}}" wx:key="unique">
      <text class="ratio-label" bindtap="onRatioSelect" data-ratio="{{item}}">{{i-
tem}}</text>
    </view>
  </view>

  <view class="keyword-section">
    <view class="keyword-option" wx:for="{{keywords}}" wx:key="unique">
      <text class="keyword-label" bindtap="onKeywordSelect" data-keyword="{{item}}"
>{{item}}</text>
    </view>
  </view>

  <view class="image-section">
    <image class="generated-image" src="{{generatedImageUrl}}" />
  </view>

  <view class="toolbar">
    <button class="generate-btn" bindtap="onGenerateImage">生成图片</button>
    <button class="download-btn" bindtap="onDownloadImage">下载图片</button>
  </view>
</view>
```

WXSS 样式文件：

```
.container {
  display: flex;
  flex-direction: column;
  align-items: center;
  background-color: black;
  color: white;
  padding: 20px;
}

.input-section {
  width: 100%;
  margin-bottom: 10px;
}

.keyword-input {
  width: 100%;
  height: 100px;
  padding: 10px;
  box-sizing: border-box;
  border: 1px solid #ddd;
  border-radius: 5px;
}

.ratio-section {
  display: flex;
  flex-wrap: wrap;
  justify-content: space-between;
  width: 100%;
  margin-bottom: 10px;
}

.ratio-option {
  margin: 5px;
}

.ratio-label {
  padding: 5px 10px;
  border: 1px solid #ddd;
  border-radius: 5px;
  cursor: pointer;
}
```

```
//省略部分代码....
.generate-btn, .download-btn {
  width: 48%;
  padding: 10px;
  border: none;
  background-color: #333;
  color: white;
  border-radius: 5px;
}
```

为了实现单选比例和多选标签的功能，在JS文件中监听单击事件，根据事件的触发，切换标签是否选定，代码如下：

```
Page({
  data: {
    ratios: ['1:1', '9:16', '3:2', '3:4', '16:9', '1:2'],
    keywords: [
      { key: '电影海报风格', isSelected: false },
      { key: '人物摄影风格', isSelected: false },
      { key: '动漫风格', isSelected: false },
      { key: '抽象', isSelected: false },
      { key: '科幻', isSelected: false },
      { key: '幻想', isSelected: false }
    ],
    selectedRatio: '1:1',
    keywordInput: '两包薯片',
    generatedImageUrl: '43.webp'
  },
  onRatioSelect: function(e) {
    const ratio = e.currentTarget.dataset.ratio;
    this.setData({
      selectedRatio: ratio
    });
  },
  onKeywordSelect(e) {
    const keyword = e.currentTarget.dataset.keyword;
    const selectedKeywords = this.data.keywords.map(k => {
      if (k.key === keyword) {
        return { ...k,isSelected: !k.isSelected };
      }
      return k;
    });
    this.setData({
      keywords:selectedKeywords
    });
  },
```

最终效果如图 8-12 所示，上方是输入框、比例及关键字，下方为生成图片以及相关的按钮，实现了设计的效果。

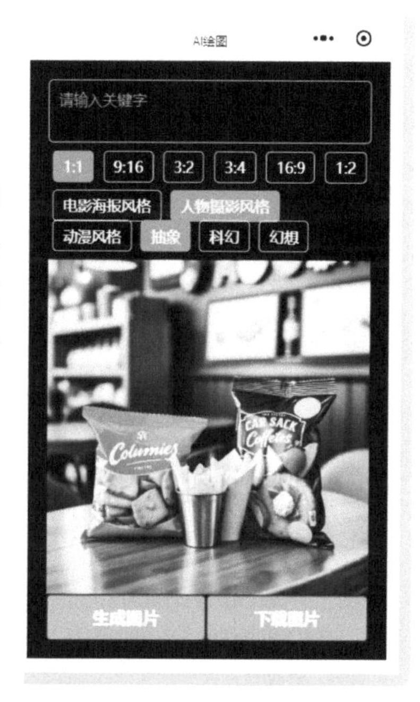

● 图 8-12　AI 绘图页面

2. 实现云函数调用远端 AIGC 绘图 API

接下来，需要编写云函数来处理前端的请求，并调用远端的 AI 图形生成 API。在这个阶段，正确配置请求参数至关重要，并且需要仔细调试返回的数据，确保能够正确解析 API 响应中的 JSON 格式内容。云函数不仅需要处理来自前端的请求，还应该具备错误处理机制，以便在遇到问题时能够给出适当的反馈。

发送给腾讯元宝大模型的提示语如下：

“请编写生成图片的函数：d_generateImage ( )，当生成图片时，接收输入的提示语，调用云端 AI 绘图 API 生成图片，并返回图片 url。API 调用范例代码如下：... 省略相关的 AI 调用示例代码”

元宝大模型根据范例生成了如下云函数代码：

```
    const express = require('express');
    const fetch = require('node-fetch');
    const bodyParser = require('body-parser');

    const app = express();
    const port = 8010;

    app.use(bodyParser.json());

    const token = 'sk-qpugisskdgwbeefipeaxnemsyhhfjtliqtxjxzkworzoniks'; //请确保这是一个
有效的 token

    app.post('/generate-image',async (req, res) => {
      const { prompt, resolution } =req.body;

      const imageSize = resolution.split('x').map(Number);

      const options = {
        method:'POST',
        headers: {
          'accept':'application/json',
          'type':'application/json',
```

```
        'authorization':'Bearer'+ token
      },
      body: JSON.stringify({
        prompt: prompt,
        image_size: `${imageSize[0]}x ${imageSize[1]}`,
        num_inference_steps: 20
      })
    };

    try {
      const response = await fetch('https://api.siliconflow.cn/v1/black-forest-labs/
FLUX.1-schnell/text-to-image', options);
      const data = await response.json();
      res.json({ imageUrl: data.images[0].url });
    } catch (error) {
      console.error('Error:', error);
      res.status(500).json({ error: 'Internal Server Error' });
    }
  });

  app.listen(port, () => {
    console.log(`Server running at http://localhost: ${port}`);
  });
```

同时还提示了如何在页面中调用这个云函数，代码如下：

```
      onGenerateImage() {
      const chtext = this.data.keywordInput;
      const selectedKeywords = this.data.keywords.filter(k => k.isSelected).map(k =>
k.key);
      const allText = [chtext, ...selectedKeywords].join(',');

      wx.cloud.callFunction({
        name: d_generateImage,
        data: {
          prompt:allText,
          resolution:'800x600' //你可以根据需要调整分辨率
        },
        success: res => {
          console.log(res.result);
          this.setData({
            generatedImageUrl: res.result.imageUrl
          });
        },
```

```
      fail: err => {
        console.error(err);
      }
    });
  }
```

3. 展示生成的图像

一旦从云函数接收到图像数据，就需要在前端界面上展示生成的图像。为了确保图像能够适应各种屏幕尺寸，开发者应该调整图像的显示属性，使其宽度能够填满屏幕宽度，而高度则根据原始图像宽高比例自动调整。

实现代码如下所示：

```
<view class="image-section">
  <image class="generated-image" src="{{generatedImageUrl}}" mode="widthFix" />
</view>
```

4. 保存图像至本地

为了让用户能够保存他们喜欢的图像，开发者需要在小程序后台配置好 wx.downloadFile 接口所需的域名白名单。

打开小程序管理后台，选择“开发管理”→“开发配置”找到“服务器域名”配置，如图 8-13所示。这一步骤是非常必要的，因为只有配置了正确的域名，才能保证用户能够顺利地下载和保存图像。

服务器域名　本月还可修改50次　修改

使用 微信云开发 或 微信云托管，无需配置服务器域名，省心省力。如业务访问需要安全防护，可使用 Donut 安全网关，防爬防刷防攻击，实现业务安全。点击了解更多 域名配置要求

服务器配置	域名	可配置数量
request合法域名	https://aegis.qq.com https://aip.baidubce.com https://api.douban.com ...等23个查看	300个
socket合法域名	-	200个
uploadFile合法域名	-	200个
downloadFile合法域名	https://aliyuncs.com https://sf-maas-uat-prod.oss-cn-shanghai.aliyuncs.com	200个
udp合法域名	-	200个
tcp合法域名	-	200个
DNS预解析域名	-	5个

● 图 8-13　后台服务器域名配置

同时还需要实现一个保存图像的功能，用户可以通过单击“保存图片”按钮将图像存储到自己的设备中。

下面是保存图像到本地的代码：

```
//保存图片到相册按钮单击事件处理函数
onDownloadxfile() {
 console.log("start");
  //获取授权
  wx.getSetting({
    success: res => {
      if (!res.authSetting['scope.writePhotosAlbum']) {
        //用户未授权,发起授权请求
        wx.authorize({
          scope: 'scope.writePhotosAlbum',
          success() =>{
            console.log("授权成功")
          //授权成功后,执行下载并保存图片的操作
            this.doSaveImage();
          },
          fail() => {
            //授权失败,提示用户
            wx.showModal({
              title: '提示',
              content: '需要您的授权才能保存图片到相册,请允许授权后再试!',
              showCancel: false,
              confirmText: '去授权'
            });
          }
        });
      } else {
        //已经授权,直接执行下载并保存图片的操作
        this.doSaveImage();
      }
    }
  });
},
```

通过上述步骤，开发者可以掌握如何创建一个功能完整、用户体验良好的 AIGC 绘图小程序，也能根据这些知识接入更多的第三方 API，让小程序的功能更加丰富。

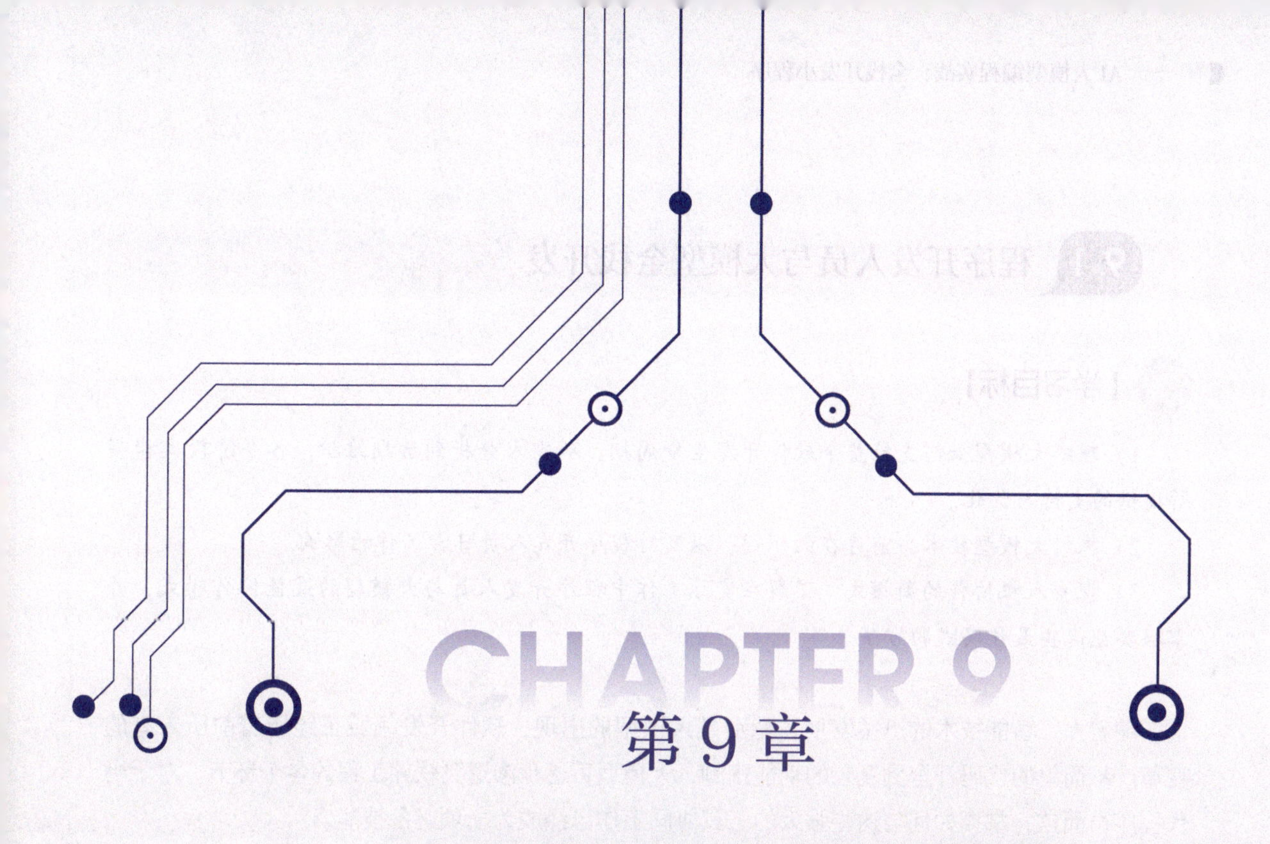

CHAPTER 9

第9章

AI技术改变程序员的未来

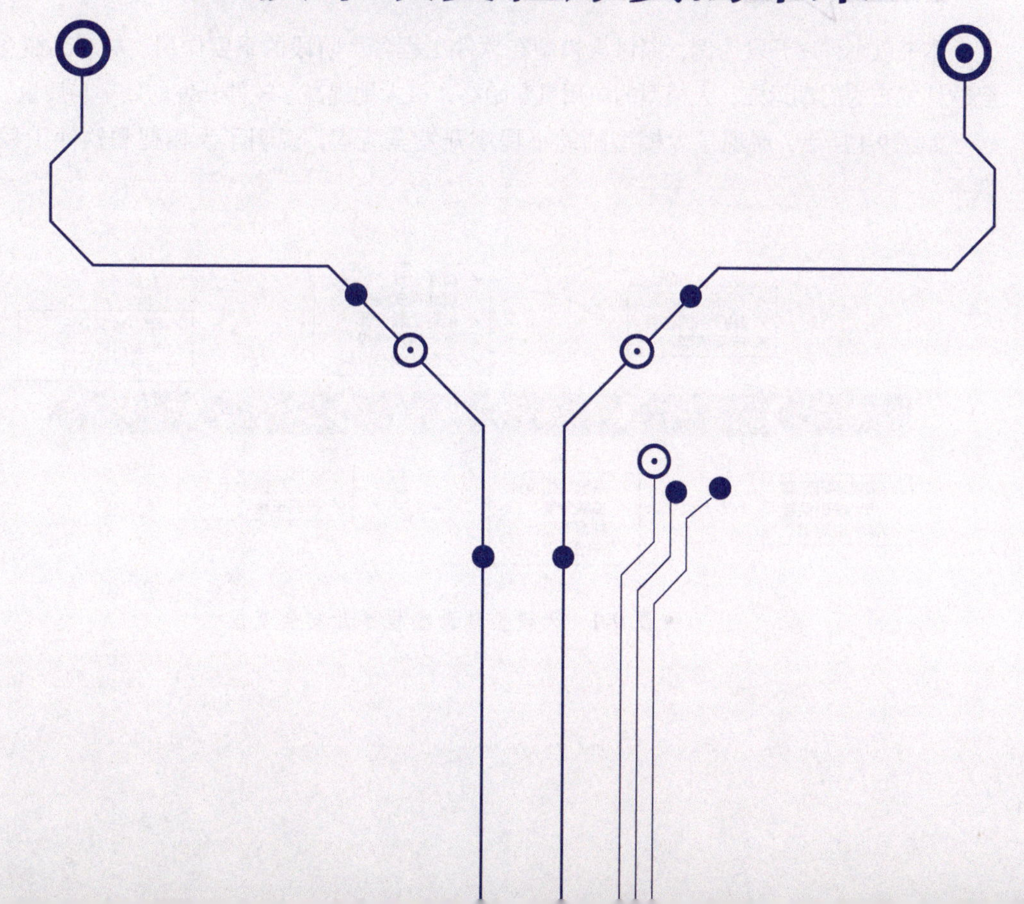

9.1 程序开发人员与大模型全栈开发

【学习目标】

1）理解大模型如何支持整个软件开发生命周期，从需求分析到后期维护，各个阶段大模型所提供的支持与优化。

2）探讨大模型技术当前存在的问题，以及对程序开发人员日常工作的影响。

3）探索人机协作的新模式，了解在实际工作中程序开发人员与大模型的最佳协作模式，并掌握实施这些最佳实践的方法。

随着人工智能技术的迅猛发展，特别是大模型的出现，软件开发领域正经历着前所未有的变革。从简单的代码补全到复杂的功能预测，大模型正逐步渗透到软件工程的各个环节。对于当代程序员而言，掌握如何与这些强大的工具协同工作已经成为一项必备技能。

9.1.1 大模型在开发全流程的作用

本书以小程序开发为例，探讨大模型在软件工程各个阶段的重要作用。从产品概念的萌芽到软件发布的后期运维，大模型的应用贯穿始终，极大地提高了软件开发的效率与质量。

如图 9-1 所示，展现了大模型辅助小程序开发全流程，说明了大模型和软件工程的密切联系。

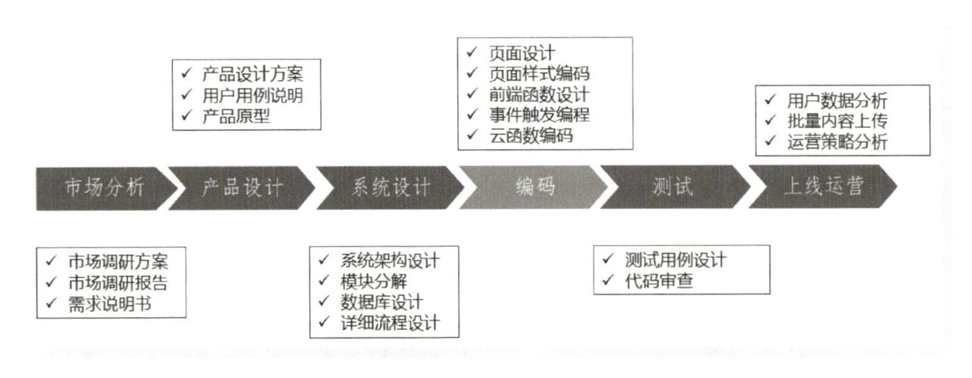

● 图 9-1 大模型辅助小程序开发全流程

1. 市场分析和产品设计阶段

在项目的初期，确定一个清晰且可行的产品概念至关重要。此时，大模型可以通过分析海量数据来洞察市场趋势和用户需求，帮助团队快速形成基于数据驱动的初步软件需求规格。

例如，在开发一款 AI 壁纸小程序时，大模型能够通过对目标市场的调研，提炼出用户最关心的功能点，从而指导产品设计方向。此外，它还能生成产品原型的详细说明文档，加速从概念到实现的转化过程。

2. 系统设计阶段

进入设计阶段后，大模型继续发挥其优势，辅助完成系统架构的设计。基于对现有技术栈的理解，它可以推荐最适合项目需求的技术选型，如选择合适的框架、库或微服务架构模式等。同时，在数据库设计方面，大模型也能提供专业建议，确保数据结构既满足业务逻辑又易于扩展，并能对数据库进行优化设计。

对于复杂的业务流程设计，大模型同样能够提供有价值的参考，帮助开发者构建更高效、更合理的系统框架。

3. 编码和测试阶段

开发阶段是软件工程的核心环节，也是大模型展现强大能力的关键时刻。根据所使用的开发语言和平台特性，大模型能够自动生成高质量的代码片段，不仅加快了前端和后台页面的搭建速度，还保证了代码的一致性和可维护性。更重要的是，它可以根据不断反馈的用户需求进行实时调整，使得开发过程更加贴近最终用户的期望，从而提升用户体验。

同时，与编码相伴的测试工作，也可以使用大模型作为工具，帮助设计测试用例，进行代码审查，以便发现项目中的漏洞和问题。

4. 上线运营阶段

当小程序上线后，大模型的作用并未结束。通过持续监控用户行为数据，它可以协助分析运营状况，识别潜在的问题区域，并提出改进建议。无论是优化用户界面、提升响应速度，还是增加新功能，大模型都能提供有力的数据支持，帮助团队做出更为明智的决策。

从概念形成到最终产品的运营更新，大模型以其卓越的数据处理能力和智能化水平，成为软件开发全流程中不可或缺的伙伴。它不仅简化了许多烦琐的工作流程，还促进了创新思维的应用，让开发人员能够将更多精力投入到创造性的任务中去。

9.1.2 大模型在小程序开发中暴露出的问题

通过本书的学习和编程实践，可以清楚地看到，大模型虽然显著提高了软件开发的效能，但它并非万能之策。在实际应用中，特别是在小程序开发过程中，大模型也暴露出了一些不容忽视的问题。这些问题提醒我们在享受技术进步带来的便利的同时，也需要正视并解决随之而来的挑战。

大模型的一大特点是能够根据提示语快速生成代码，但在实际操作中，大部分案例中生成的代码或者方案，往往需要经过多次测试和修正才能达到预期的效果。

这种现象背后的原因是多方面的，主要有以下原因：

1）微信小程序作为一个相对封闭的生态系统，其规则和框架主要限于微信平台的使用和传播。这导致了用于训练大模型的相关数据集较为有限，特别是成功案例的数量较少。因此，当大模型尝试生成适用于微信小程序的代码时，由于缺乏足够的代表性样本作为参考，生成的结果常常不够流畅，甚至可能出现错误。

2）模型也可能会误用其他框架或方法，例如使用HTML网页的方法，而不是遵循微信小程序的标准API和组件规范。这要求开发者在使用大模型生成代码之后，还需进一步限定范围，提高准确度，并进行必要的调整和修正。

3）当前的大模型主要依靠自然语言处理技术来理解开发者的意图，并据此生成代码。然而，自然语言本身具有模糊性和多义性，这使得大模型难以精确捕捉到开发者的具体需求。尤其是在生成复杂的算法或调用特定的语法和代码时，模型的表现往往不尽如人意。

为了解决上述问题，开发人员需要具备一定的软件基础知识，能够使用更精确的流程化语言来描述自己的需求。此外，还要将生成的目标限定在较小的范围内，如函数级别或更细粒度的分支流程，以便提高模型生成代码的准确性。

最重要的一点，大模型的存在并不是为了取代程序员，而是作为一种辅助工具，帮助开发者提高工作效率。在程序的生成和调试过程中，仍然需要开发人员具备一定的基础知识和技能。特别是在调试和纠错阶段，对代码的基础越熟悉，就越容易发现问题所在，并指导大模型进行更正。

从这个角度来看，大模型与开发人员的关系更像是乘积效应：开发者的技能水平越高，大模型所带来的增益也就越大。因此，作为程序开发人员，应该积极接纳大模型所带来的开发能力，而不是对其感到恐惧或排斥。

为了更直观地理解上述问题，通过一个具体的案例来进行分析。假设需要开发一款用于生成个性化AI壁纸的小程序，该程序需要根据用户的喜好动态生成不同的壁纸图案。在这个过程中，大模型可以快速生成初始的代码框架，但实际运行时可能会遇到以下几个问题：

1）在初次生成代码后，发现某些部分不符合微信小程序的规范，例如错误地使用了HTML元素或JavaScript函数。

2）生成的算法在某些情况下无法正确执行，需要进一步细化描述，以确保模型能够生成正确的代码。

3）在调试过程中，发现代码存在逻辑错误或性能瓶颈，需要结合自身的编程经验和技巧来进行优化。

针对上述问题，可以采取以下几种策略来提高大模型在小程序开发中的应用效果：

1）增强训练数据集：积极收集更多与微信小程序相关的数据，尤其是成功的开发案例，生成小程序相关的智能体和知识库。如图 9-2 所示，是一个小程序开发智能体的配置页面。

● 图 9-2　小程序开发智能体配置

2）精细化需求描述：鼓励开发者使用更具体、更明确的语言来描述自己的需求，减少自然语言处理中的不确定性和歧义。如果有很好的例程，建议直接使用代码实例作为输入，以便进一步地提高大模型理解编程意图的精度，如 8. 3. 2 小节，开发 AIGC 对话机器人的例子就在提示语中直接输入相关联的调用代码。

3）模块化开发：将小程序开发任务分解为更小的模块，逐一使用大模型生成代码，这样不仅便于管理和调试，也能更好地控制生成结果的质量。

4）持续学习与适应：开发人员不断提升自身的编程技能，充分利用大模型的优势，同时也要意识到技术的局限性，保持开放的心态，随时准备调整和改进。

尽管大模型在小程序开发中存在一些挑战，但只要正确地认识和应对这些问题，就能够最大限度地发挥其潜力，为我们的开发工作带来实质性的帮助。未来，随着技术的不断发展和完善，相信大模型将在软件开发领域发挥越来越重要的作用。

9.1.3 程序开发人员与大模型最佳协作模式

随着小程序生态的蓬勃发展，开发成本与团队资源之间的矛盾日益凸显。一方面，市场对小程序的需求不断增长，另一方面，有限的开发资源和团队成员的专业局限性成为制约小程序发展的瓶颈。随着大模型技术的进步，这一矛盾得到了显著的缓解。结合了大模型生成代码能力的程序开发人员，效能往往能提升30%以上。

大模型不仅能够帮助程序开发人员快速掌握跨领域的知识与技能，降低开发成本，而且为团队成员提供了向多元角色转型的机会，从而更好地服务于软件的开发与推广。

1. 降低开发成本

在传统软件开发过程中，面对复杂多变的市场需求，开发团队往往需要具备广泛的知识背景和技术储备。这不仅增加了招聘难度，也推高了人力成本。而大模型的引入，则有效地解决了这一难题。如图9-3所示，通过大模型，程序开发人员能够在短时间内学习并应用不同领域的专业知识，比如UI/UX设计原则、数据库管理技巧甚至是营销策略。

● 图9-3 得到大模型（LLM）帮助的程序员

这意味着，即使是专精于某一技术领域的开发者，也能迅速适应新的开发需求，无需额外依赖外部专家，从而大幅降低了项目的总体成本。

2. 团队成员的多角色转换

除了降低开发成本外，大模型还赋予了程序开发人员更多的可能性，使其能够跨越传统的职能界限，承担起产品经理、项目经理、运营专家乃至销售顾问的角色，成为“全栈”程序开发人员，做自己的老板。

例如，在开发一款 AI 壁纸小程序时，开发者可以利用大模型来模拟用户场景，设计出更符合用户习惯的交互界面；同时，还能运用大模型进行市场分析，预测用户需求的变化趋势，提前做好产品迭代准备。此外，大模型还能帮助程序开发人员理解和掌握基本的运营知识，使他们能够在产品推广过程中发挥积极作用，提升软件的市场表现。

通过共享由大模型生成的知识资源，团队成员之间可以更容易地交流想法，共同解决问题。这种跨学科的合作方式不仅增强了团队的凝聚力，也为软件产品的持续优化提供了源源不断的动力。

大模型的到来为解决小程序开发中的成本与资源矛盾提供了全新的解决方案。它不仅极大地提高了开发效率，降低了成本门槛，还促进了团队成员的多元化发展，使得每个参与者都能在软件生命周期的不同阶段发挥更大的价值。这对于小程序乃至软件行业来说，无疑是一次重要的技术革新。

9.2 流行的大模型编程软件

【学习目标】

1）了解主流的大模型编程软件及其特点，包括微软的 GitHub Copilot 和腾讯云 AI 代码助手，掌握它们的基本使用方法和应用场景。

2）了解什么是低代码平台，以及大模型对低代码平台的促进作用。

3）掌握 AI 编程软件的最佳实践，学会如何利用这些工具提升编程效率，优化代码质量和解决实际开发中的常见问题。

随着人工智能技术的快速发展，越来越多的软件公司开始将 AI 技术融入编程工具中，以提升开发效率和代码质量。这些工具不仅能够根据开发者的意图自动生成代码，还能提供智能建议、自动补全等功能，极大地减轻了程序开发人员的工作负担。

本节将介绍几款流行的大模型编程软件，重点讨论微软的 Copilot 和腾讯云 AI 代码助手，以及近年来备受关注的低代码平台如何利用大模型技术来加快开发速度。

9.2.1 GitHub Copilot 使用技巧

随着人工智能技术的发展，越来越多的工具被应用于软件开发过程中，以提高开发效率和代码质量。GitHub Copilot 是一个流行的大模型代码工具，如图 9-4 所示。它是由 GitHub 和

OpenAI 共同开发的智能代码生成工具。

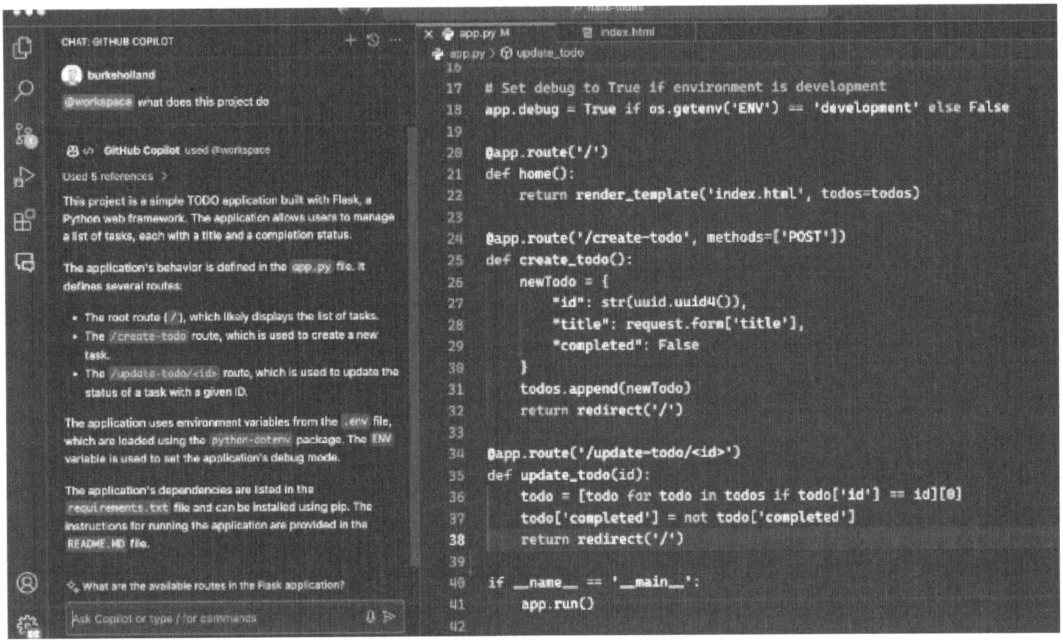

● 图 9-4　VS Code 中 Copilot 插件提供编程建议

1. 什么是 GitHub Copilot

GitHub Copilot 是一款基于人工智能的编程助手，它能够根据开发者的上下文和提示生成代码。这款工具利用了大量的开源代码库进行训练，因此能够在多种编程语言和环境中提供有效的代码建议。

通过与 Visual Studio Code 等集成开发环境（IDE）的无缝集成，GitHub Copilot 能够在开发者编写代码时实时提供帮助，从而加速开发进度。

2. GitHub Copilot 的使用方式

GitHub Copilot 支持两种主要的使用方式：

1）通过提示语获得代码：开发者可以通过编写注释或提示语来引导 GitHub Copilot 生成代码。这种方式适用于从头开始构建新功能或解决特定问题。

2）在输入代码时获得指引：当开发者在 IDE 中编写代码时，GitHub Copilot 会根据当前上下文自动提供代码补全建议。这种方式适用于在已有代码基础上进行开发工作。

3. 使用 GitHub Copilot 的编程技巧

为了更好地利用 GitHub Copilot，开发者需要掌握一些关键的技巧：

（1）告诉 Copilot 项目背景和业务背景

在使用 GitHub Copilot 之前，最好先向它提供足够的上下文信息。这包括项目的整体目标、技术栈的选择以及具体的功能需求。例如，在创建一个新的功能模块时，可以在文件顶部添加详细的注释，描述该模块的目的和预期行为。

举个例子，做电商的商品详情页，提示语如下：

“创建一个移动电商的详情页，具有以下功能：

最上方是产品主图，可以放置 1 到 6 张可滑动页面；下面是商品名称和描述，再往下是富文本的详情页，可显示文本和图片，最下方是购买按钮，左侧可以输入购买商品的数量。”

这样的注释有助于 GitHub Copilot 更好地理解开发者的意图，并生成符合需求的代码。

（2）避免问题偏离，缩小范围到函数级别或一个分支片段级别

为了提高 GitHub Copilot 生成代码的准确性和实用性，建议开发者将问题分解为更小的部分。可以将一个复杂的功能拆分为多个小函数或逻辑分支，逐个请求代码生成。这样做不仅可以降低一次性生成大量代码的不确定性，还能更好地控制每个部分的质量。

（3）反复调整，修改问题描述

即使提供了详细的上下文信息，GitHub Copilot 生成的代码也可能不完全符合预期。这时，开发者需要反复试验不同的提示语或修改已有的代码，直到达到满意的效果。在这个过程中，可以尝试不同的表述方式，或者提供具体的示例来引导 GitHub Copilot 更准确地生成代码。

GitHub Copilot 可以被视为一个大型的智能体，它利用了大量的训练数据来生成代码。这种集成使得 Copilot 在生成代码时更加精准和直接。然而，在处理全新的对象或特定领域的代码（如微信小程序）时，由于训练样本的局限性，可能出现偏差或不准确的情况。因此，在使用 GitHub Copilot 生成代码时，开发者仍需保持警惕，仔细审查生成的结果，并根据实际情况进行调整。

此外，由于 GitHub Copilot 只针对编程进行了智能体优化，对于产品设计、数据库设计等高层逻辑，并没有太多的特长，此时需要配合自然语言处理的大模型来共同完成。GitHub Copilot 作为一款先进的编程助手，极大地简化了开发过程，提高了开发效率。通过合理地使用提示语、逐步细化问题、反复调整以及利用其丰富的训练数据，开发者可以充分发挥 GitHub Copilot 的潜力，创造出高质量的代码。尽管在某些特定领域或全新对象的处理上可能存在局限性，但通过不断实践和优化，GitHub Copilot 仍然是提升开发效率的强大工具。

9.2.2 腾讯云 AI 代码助手使用技巧

随着人工智能技术在软件开发领域的广泛应用，国内也涌现出了许多优秀的 AI 编程工具。

腾讯云 AI 代码助手便是其中之一。作为一款国产工具，腾讯云 AI 代码助手不仅能够很好地兼容 Visual Studio Code（VS Code），还具备进口替代能力，确保开发过程的合规性。

1. 功能介绍

腾讯云 AI 代码助手是一款由腾讯云推出的智能编程助手，它专门为开发者设计，可以方便地在线使用或者集成到 VS Code 中，旨在通过 AI 技术提高编程效率。如图 9-5 所示，展示了腾讯云 AI 代码助手在线编码的 IDE 形态。

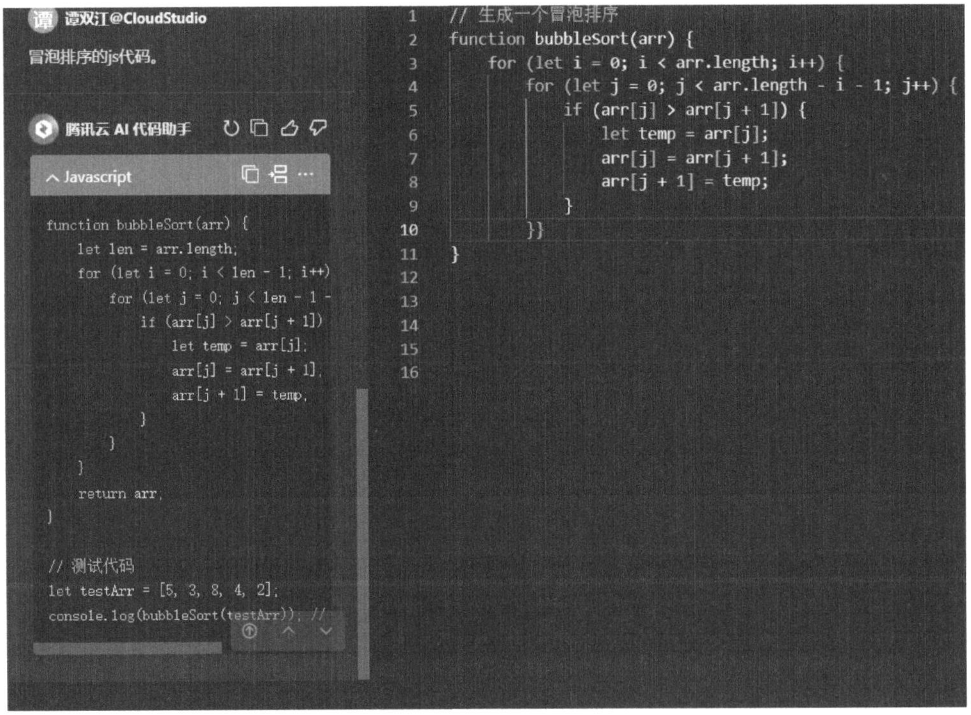

• 图 9-5　VS Code 中腾讯云 AI 代码助手插件提供编程建议

作为一款国产工具，腾讯云 AI 代码助手具备以下特点：

1）兼容性：腾讯云 AI 代码助手可与 VS Code 等主流 IDE 无缝集成，使得开发者可以轻松使用这款工具。

2）合规性：作为国产工具，腾讯云 AI 代码助手在数据安全和隐私保护方面有着严格的规定，确保开发者的代码和数据不会泄露。

3）智能补全：腾讯云 AI 代码助手能够根据开发者的输入自动补全代码，减少手动输入的工作量。

4）技术支持：腾讯云AI代码助手提供技术支持，帮助开发者解决使用过程中遇到的问题。

2. 使用技巧

为了更好地利用腾讯云AI代码助手，以下是一些使用技巧，帮助开发者提高开发效率。

（1）使用腾讯云AI代码助手实现代码补全

打开或导入相关代码文件。确保所有相关文件都处于打开状态，并导入所有需要用到的代码文件。腾讯云AI代码助手会从IDE中自动推断需要用到的上下文信息，从而提供更加准确的代码建议。

按〈Enter〉键，下方会显示提示代码信息；按〈Tab〉键接受建议；其他键则继续编辑。

（2）提供顶层注释

在文件顶部添加顶层注释，描述文件的主要功能和预期目标。这有助于腾讯云AI代码助手理解整体上下文，提供更恰当的代码建议。例如：

```
1/*
2 此文件用于处理用户上传的数据。
3 加载数据文件
4 清洗数据
5 生成统计报告
6*/
```

（3）提供有意义的变量和函数名

使用有意义的变量和函数名有助于腾讯云AI代码助手更好地理解代码意图。例如下面这个函数表示冒泡排序，AI助手能够很轻松地识别用户的目的是编辑一个冒泡排序函数。

```
function bubbleSort(arr)
```

（4）使用指令提升沟通效率

腾讯云AI代码助手支持多轮对话，提供了类似于ChatGPT的交互体验。通过内置指令，可以更便捷地引用编辑器中的上下文以及完成常见任务。在对话框中输入斜杠“/”，就可以快速调用相关的AI编程命令，如图9-6所示。

（5）指定需要使用的包或模块

当需要使用特定版本的包时，最好在对话中主动指定版本号，以确保腾讯云AI代码助手使用正确的包版本。

（6）选中相关代码向AI提问

选中需要提问的代码片段，然后右击菜单选择相应功能向AI提问，以获得解决方案。

从使用体验上看，腾讯云AI代码助手与GitHub Copilot在功能上并无本质区别，但腾讯云AI代码助手目前不收费，对于小程序的编程特别适配。对于有一定代码基础的开发者来说，腾讯云

● 图 9-6　腾讯云 AI 代码助手的命令模式

AI 代码助手是一个非常实用的工具，可以显著提高开发效率。例如，针对一段百度翻译的云函数，在 VS Code 中选定代码，再使用腾讯云 AI 代码助手的 /test 命令，请它协助测试，腾讯云 AI 代码助手就会贴心地生成一段单元测试的代码及提醒，生成的代码和提示如下：

“为了编写单元测试，需要模拟 wx.cloud.callFunction 的行为。可以使用 Jest 框架来编写和运行这些测试。以下是一组详细的单元测试函数：

```
// FILEPATH: f:\src\cha5\pages\trans\trans.test.js
const wxCloudMock = require('./wxCloudMock'); // 假设我们有一个模拟 wx.cloud.callFunction 的模块
const trans = require('./trans'); // 导入需要测试的模块

describe('trans module', () => {
  beforeEach(() => {
    // 在每个测试之前重置模拟
    wxCloudMock.reset();
  });
```

```
  it('should call the success callback with correct translation result',async () => {
    const successResult = {
      result: {
        result: {
          trans_result: [
            {dst: '你好,世界!' }
          ]
        }
      }
    };
   wxCloudMock.mockSuccess(successResult);

    const textInput = 'Hello, world!';
    const from = 'en';
    const to = 'zh';
    await trans.translate(textInput, from, to);

    expect(wxCloudMock.called).toBeTruthy();
    expect(wxCloudMock.lastCall.data.q).toBe(textInput);
    expect(wxCloudMock.lastCall.data.from).toBe(from);
    expect(wxCloudMock.lastCall.data.to).toBe(to);
    // 假设 setData 是 trans 模块的一个方法
    expect(trans.setData).toHaveBeenCalledWith({ result: '你好,世界!' });
  });

  it('should call the fail callback with error',async () => {
    const error = new Error('API Error');
    wxCloudMock.mockFail(error);

    const textInput = 'Hello, world!';
    const from = 'en';
    const to = 'zh';

    await trans.translate(textInput, from, to);

    expect(wxCloudMock.called).toBeTruthy();
    expect(wxCloudMock.lastCall.data.q).toBe(textInput);
    expect(wxCloudMock.lastCall.data.from).toBe(from);
    expect(wxCloudMock.lastCall.data.to).toBe(to);
    expect(console.error).toHaveBeenCalledWith(error);
  });
});
```

在这个测试文件中，假设有一个 wxCloudMock 模块来模拟 wx.cloud.callFunction 的行为。这个模块应该有两个方法：mockSuccess 和 mockFail，分别用于模拟成功和失败的云函数调用。

请注意，这个测试假设 trans 模块有一个 translate 方法，它封装了 wx.cloud.callFunction 的调用，并且有一个 setData 方法来更新数据。如果实际的实现不同，你需要根据实际情况调整测试代码。

此外，使用了 Jest 的 describe 和 it 函数来组织测试用例，并使用了 expect 来进行断言。这些断言检查了云函数是否被正确调用，以及是否正确处理了成功和失败的情况。

最后，确保项目已经安装了 Jest，并且在 package.json 中配置了测试脚本。例如：

```
{
  "scripts": {
    "test": "jest"
  }}
```

然后可以通过运行 npm test 来执行测试。"

腾讯云 AI 代码助手是一款功能强大的智能编程助手，兼容主流 IDE，还具备国产工具的合规性优势。通过合理使用上述技巧，开发者可以更好地利用腾讯云 AI 代码助手提高编程效率，尤其是在小程序开发领域。腾讯云 AI 代码助手已经为众多开发者提供了智能编程服务，值得广大开发者尝试和使用。

9.2.3 低代码与大模型编程

低代码开发平台（Low-Code Development Platform，LCDP）是一种可视化应用程序开发环境，它允许非技术或技术背景较弱的用户通过图形化界面创建应用软件。

目前常见的低代码平台主要包括以下几个：

1）爱速搭（Aisuda）：百度智能云推出的这款低代码开发工具旨在帮助企业快速构建和部署企业级应用，加速数字化转型。它支持多种业务场景，并且集成了百度的多项先进技术。

2）织信（Informat）：基石协作推出的织信是一个专注于企业级应用的低代码平台，能够帮助企业快速搭建各种数据管理系统，如 ERP、CRM 和 PLM 等。它提供了丰富的功能，支持从前端到后端的全栈开发。

3）轻流：上海易校信息科技有限公司推出的无代码平台轻流因其易用性和灵活性而受到欢迎，平台提供了丰富的应用模板和组件，支持拖拽式操作，非常适合非技术背景的用户。轻流还拥有强大的工作流程引擎，支持业务流程自动化。

4）宜搭（Yida）：阿里巴巴集团推出的宜搭是一个专注于移动端应用开发的低代码平台。它提供了多种模板和自定义选项，支持响应式布局和跨平台开发。

这些平台通常会提供一套预设的组件和模板，使得用户可以通过拖拽的方式完成大部分的开发工作。这不仅极大地降低了开发门槛，还缩短了开发周期，尤其是在处理如表单填写、数据管理等较为标准化的任务时，表现得尤为出色。然而，低代码平台也有其局限性。由于各平台往往采用的是专有标准，导致了生态系统的相对封闭性。这意味着在一个平台上开发的应用很难移植到另一个平台，增加了跨平台使用的难度。

尽管低代码平台能快速搭建出基础功能，但在支持复杂业务逻辑方面相对较弱，尤其在需要高度定制化或创新性解决方案时显得力不从心。长期依赖于特定平台也可能导致后期维护成本上升，由于大部分低代码平台不开源，当企业需要添加新功能或进行系统升级时，有可能面临找不到开发人员的困境。

相比之下，基于大模型的编程方法则更加灵活多变。类似 GitHup Copilot 或者腾讯云 AI 代码助手这样的插件，稳定且能快速生成底层代码，灵活适配各类需求。

经过大规模训练的数据驱动型算法，能够根据具体应用场景自动生成代码片段或整个应用的骨架。这种编程模式不仅能够覆盖更为广泛的功能需求，还能随着技术的进步不断进化。更重要的是，大模型编程允许开发者在底层设计上拥有更高的自由度，可以根据实际需求灵活组合或扩展模块，从而实现更为复杂的业务逻辑。

值得注意的是，低代码与大模型编程并非互相排斥的关系，而是有着互补的趋势。许多现代低代码平台已经开始引入人工智能技术，利用大模型增强其自动化能力，例如自动识别业务需求并生成相应的应用架构。同时，随着大模型技术的发展，其在易用性和便捷性方面也在不断提升，逐渐缩小与低代码平台之间的差距。

未来，可以预见低代码开发将会更多地融合大模型编程的特点，形成一种新的编程模式，既具备低代码平台易于上手的优点，又能充分发挥大模型编程在灵活性和扩展性上的优势。与此同时，随着开放标准的推广和技术的成熟，低代码平台间的壁垒也将逐步被打破，形成更加开放和谐的生态系统。

9.3 结语：拥抱大模型，程序开发人员的未来

【学习目标】

1）了解软件工程历史上几次重大的技术革新及其意义。

2）明确目前大模型辅助编程的局限性，以及未来智能开发环境的关键要素和发展趋势。

3）明确自身在未来软件开发领域所需的技能升级方向。

4）探索程序开发人员与大模型技术协同共存的可能性与路径。

随着人工智能技术的迅猛发展，软件开发领域正经历着前所未有的变革。大模型不仅作为辅助工具在帮助开发者提升效率和质量，更是在逐渐改变着整个开发流程与模式。面对这样的时代机遇，每一个开发者都需要思考如何更好地利用大模型技术，为自己赋能，为行业创造价值。

本节将回顾软件工程的历程与成就，展望未来智能开发环境的美好愿景，并探讨个人技能与大模型技术如何共生共进，共同塑造一个充满无限可能的未来。

9.3.1 软件工程发展的现状与成就

《人月神话》是软件工程领域的一部经典著作，自1975年首次出版以来，一直被视为该领域的必读书之一。书中，作者Fred Brooks通过对IBM System/360操作系统开发过程中所遇到的问题进行反思，提出了著名的“Brooks定律”——向已经延期的项目增加人力只会使它继续延期。

这一理论深刻揭示了软件开发中的一个核心挑战：即如何在需求不断膨胀的同时，克服有限的开发能力所带来的限制。随着时间的推移，业界涌现出了一系列旨在提高软件开发效率的方法论和技术手段，从传统的瀑布流项目管理到后来的敏捷开发，再到近年来兴起的低代码平台和基于大模型的编程技术，每一步都代表着对这一矛盾的不懈探索与突破。

1. 瀑布流项目管理

在软件工程的早期阶段，瀑布流模型因其清晰的阶段划分和严格的线性顺序而广受欢迎。这种方法要求在每个阶段结束前必须完成该阶段所有的工作，才能进入下一个阶段。尽管瀑布流模型在某些情况下能够有效控制项目进度，但它也存在着显著的缺点，比如缺乏灵活性，难以应对需求变更等问题。

此外，瀑布流模型假设项目的所有需求都能在一开始就明确无误地确定下来，这在实践中往往是不现实的。

2. 敏捷开发

随着互联网时代的到来，市场环境变得日益复杂多变，传统瀑布流模型的局限性愈发明显。敏捷开发应运而生，它强调快速迭代、用户反馈和持续改进。通过短周期的冲刺（sprint），团队可以更快地交付可工作的软件，并根据用户的实际体验调整方向。敏捷开发不仅提高了开发速度，还增强了产品的适应性和市场竞争力。然而，敏捷开发同样面临着挑战，如过度追求速度可能导致代码质量下降，以及团队协作和沟通方面的困难。

大模型辅助编程技术不需要详细的长篇设计文档和流程记录，轻松地与编程助手对话即可达到效果，可以说是敏捷开发的最佳搭档。

3. 低代码平台

为了进一步简化软件开发过程，降低技术门槛，低代码平台在基于数据库的大量表单应用

中广受欢迎。这类平台通过提供可视化界面和预置组件，使得即使是非专业开发人员也能参与到应用构建之中。

低代码平台大大缩短了从构思到实现的时间，使得企业能够更迅速地响应市场需求。不过，正如前面提到的，低代码平台的封闭性以及对特定平台的依赖性也是其潜在的风险。

4. 大模型编程

大模型辅助开发已经成为软件工程领域的一个重要发展方向。通过结合自然语言处理、机器学习等前沿技术，大模型能够在多个层面辅助软件开发，包括但不限于需求分析、代码生成、测试验证等方面。借助自然语言处理技术，大模型能够更准确地捕捉用户需求，并自动生成详细的设计文档，减少因沟通不畅导致的返工情况。基于大模型的代码补全工具能够根据上下文预测下一行代码，大幅提高编码效率。同时，大模型还可以帮助识别冗余代码，提出优化建议，提升代码质量。大模型在自动化测试领域的应用也非常广泛，可以自动编写测试用例，执行测试流程，并快速定位 bug，从而缩短了软件发布周期。除了开发阶段，大模型还在运维工作中发挥着重要作用。通过实时监控系统状态，它能够及时发现异常情况，并采取预防措施，保障系统的稳定运行。

尽管大模型辅助开发已经在很大程度上改善了软件工程的效率和质量，但依然有许多难题亟待解决。例如，如何更好地将大模型融入现有的开发流程，如何保证生成代码的安全性和可维护性，以及如何构建更加开放兼容的开发环境等等。

随着技术的不断进步，我们有理由相信，未来的软件开发将更加高效、智能，软件工程师们也将从烦琐的重复劳动中解放出来，将更多精力投入到更具创造性的工作中去。在这个过程中，大模型无疑将成为推动软件工程向更高层次发展的重要力量。

9. 3. 2　对未来智能开发环境的设想

当前，人工智能技术已经在软件开发中发挥了重要作用，尤其是在辅助编程、自动化测试以及智能运维等方面取得了显著成效。然而，现有技术仍存在诸多局限，如自然语言处理的不精确性、执行过程中出现的“幻觉”现象以及在复杂任务面前的无力感等。展望未来，理想的智能开发环境应当能够在更深层次上理解项目需求，并具备独立完成高质量代码的能力。本小节将探讨这一理想环境的若干特征与可能性。

在未来，智能开发环境将能够更准确地理解自然语言指令，不仅仅停留在表面的文字匹配，而是能够真正“读懂”开发者的意图。这意味着大模型将具备更强的情境感知能力，能够根据不同的开发环境和版本动态调整其行为，减少错误的发生。例如，在处理多语言混合编程项目时，大模型将能够无缝切换语言并确保代码风格统一、逻辑连贯。

当前的大模型虽能辅助完成一些基本任务，但在面对大型项目时往往力不从心。未来的智能开发环境将具备处理复杂逻辑的能力，能够自主分解任务，并按优先级有序执行。例如，在开发一个全新的企业级应用时，大模型可以自动分析业务需求、设计系统架构、编写核心模块并协调前后端接口的对接工作。此外，它还能根据项目进展动态调整开发策略，确保按时保质完成任务。

随着技术的发展，未来的智能开发环境将具备自我学习和不断进化的能力。通过与开发者互动来积累经验，大模型能够逐渐适应不同的开发风格和习惯，提供更加个性化的服务。同时，它还能主动收集反馈，对自身的算法进行优化，降低错误率。更重要的是，这种自适应学习机制将使得大模型能够快速适应新兴技术，为开发者引入最新工具和最佳实践，保持项目的前瞻性和竞争力。

综上所述，未来的智能开发环境将是一个高度智能、自适应、开放且协作紧密的生态系统。它将以更深层次的理解为基础，提供全方位的支持，助力开发者轻松应对复杂挑战，释放创造力。随着技术的进步，我们有理由相信这样一个理想的开发环境终将成为现实，引领软件工程迈向新的高度。